普通高等教育建筑及工程管理类专业系列规划教材

中外建筑史

(第3版)

主　编 张　弘 田茂旺
副主编 黄辛建 刘　芳

Construction Project

西安交通大学出版社
XI'AN JIAOTONG UNIVERSITY PRESS
国家一级出版社
全国百佳图书出版单位

内容简介

本书以翔实的史料和大量的图片，叙述了中外建筑的起源与发展概况，对中国古建筑发展、古建筑特征、各建筑类型、近现代建筑以及国外各历史阶段最具代表性的建筑风格、建筑流派、代表人物与代表作品进行了详细的阐述和分析。

本书内容精练、重点突出、图文并茂、言简意赅、通俗易懂，可作为普通高等院校或高职高专院校建筑设计、建筑学、建筑装饰、城市规划、环境艺术、工程管理、工程造价等相关专业的必修或选修课教材，也可作为建筑行业从业人员的岗位培训教材和参考书。

图书在版编目(CIP)数据

中外建筑史 / 张弘，田茂旺主编. — 3版. — 西安：西安交通大学出版社，2020.7(2023.1重印)
ISBN 978-7-5605-7477-6

Ⅰ. ①中… Ⅱ. ①张… ②田… Ⅲ. ①建筑史-世界
Ⅳ. ①TU-091

中国版本图书馆CIP数据核字(2020)第130745号

书　　名 中外建筑史(第3版)
主　　编 张　弘　田茂旺
责任编辑 史菲菲
责任校对 唐永利

出版发行 西安交通大学出版社
(西安市兴庆南路1号　邮政编码710048)
网　　址 http://www.xjtupress.com
电　　话 (029)82668357　82667874(市场营销中心)
(029)82668315(总编办)
传　　真 (029)82668280
印　　刷 西安明瑞印务有限公司

开　　本 787mm×1092mm　1/16　**印张** 14.75　**字数** 368千字
版次印次 2012年2月第1版　2016年8月第2版
2020年7月第3版　2023年1月第3次印刷(累计第12次印刷)
书　　号 ISBN 978-7-5605-7477-6
定　　价 39.80元

如发现印装质量问题，请与本社市场营销中心联系、调换。
订购热线：(029)82665248　(029)82667874
投稿热线：(029)82668133　(029)82665379
读者信箱：xj_rwjg@126.com

第3版前言

学习建筑史,可以了解到建筑始终围绕着满足人们使用功能和物质技术、建筑艺术等方面的要求而发展。公元前1世纪古罗马一位名叫维特鲁威的建筑师曾经称实用、坚固、美观为建筑的三要素,他用最简练的语言概括了建筑所包含的基本内容。

在学习19世纪末以前的建筑史中,可以发现建筑的艺术发展远远比功能、技术等的发展变化丰富得多,因此占有比较瞩目的地位。而且,建筑艺术的水平并不和技术的高低、功能的繁简相一致。建筑创作的卓越成就,有许多主要是艺术上的。但是我们决不能以为建筑的艺术形象一成不变是建筑创作的主要内容。随着社会的发展,各种类型的大型公共建筑和住宅建筑的建设,使建筑的使用功能、物质技术条件等摆到了非常重要的地位上。

在社会的历史发展进程中,皇帝和贵族曾长期统治着物质世界,僧侣和教会则统治着精神世界。因此,在19世纪以前的建筑中,宫殿、府邸、庙宇、教堂甚至陵墓,垄断了当时最好的工匠和最好的材料,使用了当时最先进的技术,成为建筑成就的主要代表。它们相当灵敏地反映着社会的各种变动和生产力的进步,经历了复杂的发展过程,因而成为建筑历史的主要内容。而建筑的创造者劳动人民,他们自己的住宅建筑功能十分简单,技术手段和艺术手段也十分有限,因而不能代表一个时期建筑技术和艺术的最高成就。但这并不能抹杀劳动人民为建筑的发展所做出的伟大贡献。正是劳动人民的聪明才智在宫殿、庙宇、教堂、陵墓之类的建筑物上的充分表现,才使得建筑材料、结构、设备、形制、艺术手法得以完善发展。

本书以翔实的史料和大量的图片,将中外建筑历史按时间和建筑类别加以论述,重点介绍每个时期和每种建筑类型最具代表性的建筑,并介绍一些有代表性的建筑大师及其设计理论和设计观点。对中国与外国不同历史时期的建筑背景、建筑的发展和成就、建筑风格、建筑实例、建筑师与建筑理论也进行了介绍。

全书分为两大部分:中国建筑史部分和外国建筑史部分。

中国建筑史部分古代建筑所占分量较重,内容较系统,对木构建筑特征和清式建筑做法进行了全面介绍;近现代建筑部分则着重于建筑发展的概括论述和典型实例的分析,使读者对近现代中国建筑的发展有一个完整而具体的了解。此部分主要采用编年分章、以建筑类型分节的方式。

外国建筑史部分以典型的历史发展时期和重要的有代表性的国家和建筑风格为章节内容，展示古代建筑、欧美中世纪至19世纪中叶建筑、欧美资产阶级革命时期建筑等世界建筑史的宏大画面。此外，对外国建筑作品、建筑师与建筑理论进行了综合分析。

本书第2版于2016年出版后，被多所院校选用，深受师生好评。此次在第2版的基础上对书中的错误进行了订正，对个别内容进行了修改和完善。

本书由张弘和田茂旺担任主编，由黄辛建、刘芳担任副主编。具体编写分工如下：西南民族大学田茂旺和黄辛建编写第1章、第2章、第4章、第5章，河北工业职业技术学院刘芳和河北大学苏薇编写第3章、第6章、第7章，成都大学张弘和四川音乐学院林吕编写第8章、第9章、第10章、第11章。

限于编者水平，书中可能还有纰漏或不妥之处，恳望读者批评指正。

编　者
2020.5

目录

第一编　中国建筑史

第 1 章　原始社会、夏、商、周、秦、汉建筑 (002)

1.1　原始社会建筑 …… (002)

1.2　夏、商建筑 …… (005)

1.3　西周、春秋建筑(公元前 11 世纪—前 476 年) …… (007)

1.4　战国建筑（公元前 475—前 211 年） …… (011)

1.5　秦代建筑 …… (015)

1.6　汉代建筑 …… (016)

第 2 章　三国、两晋、南北朝、隋唐、五代建筑 (022)

2.1　城市与宫殿 …… (022)

2.2　住宅与园林建筑 …… (028)

2.3　宗教建筑 …… (029)

2.4　陵墓建筑 …… (039)

2.5　建筑技术和艺术 …… (041)

第 3 章　宋、辽、金、西夏建筑 (043)

3.1　城市与宫殿 …… (043)

3.2　住宅与园林建筑 …… (047)

3.3　宗教建筑 …… (049)

3.4　陵墓建筑 …… (052)

3.5　建筑技术和艺术 …… (054)

第 4 章　元、明、清建筑 (059)

4.1　城市与宫殿 …… (059)

4.2　住宅与园林建筑 …… (065)

4.3　宗教建筑 …… (071)

4.4　礼制与教育建筑 …… (074)

4.5 陵墓建筑 …………………………………………………………………… (074)
4.6 建筑著作 …………………………………………………………………… (076)
4.7 建筑技术和艺术 …………………………………………………………… (077)

第5章 中国近代建筑(1840—1949年) (081)
5.1 中国近代建筑的发展 ……………………………………………………… (081)
5.2 近代中国城市规划与建设 ………………………………………………… (083)
5.3 居住建筑 …………………………………………………………………… (085)
5.4 公共住宅 …………………………………………………………………… (089)
5.5 近代中国建筑教育与建筑设计思潮 ……………………………………… (095)

第二编 外国建筑史

第6章 外国古代建筑 (106)
6.1 古埃及建筑 ………………………………………………………………… (106)
6.2 两河流域和波斯建筑 ……………………………………………………… (111)
6.3 古希腊建筑 ………………………………………………………………… (115)
6.4 古罗马建筑 ………………………………………………………………… (122)
6.5 美洲古代建筑 ……………………………………………………………… (127)

第7章 中世纪至18世纪建筑 (131)
7.1 拜占庭建筑 ………………………………………………………………… (131)
7.2 西欧中世纪建筑 …………………………………………………………… (135)
7.3 意大利文艺复兴建筑 ……………………………………………………… (143)
7.4 法国古典主义建筑 ………………………………………………………… (152)
7.5 欧洲其他国家16—18世纪建筑 …………………………………………… (157)
7.6 亚洲封建社会建筑 ………………………………………………………… (160)

第8章 欧美18世纪—19世纪下半叶建筑 (166)
8.1 英国资产阶级革命时期建筑 ……………………………………………… (166)
8.2 18世纪下半叶—19世纪下半叶欧洲及美国建筑 ………………………… (168)

第9章 欧美的新建筑运动 (175)
9.1 欧洲的新建筑运动 ………………………………………………………… (175)
9.2 美国探求新建筑运动 ……………………………………………………… (179)

第10章　现代建筑与代表人物 (182)
10.1　第一次世界大战前后的建筑思潮及建筑流派 …… (182)
10.2　20世纪20年代后的建筑思潮及代表人物 …… (185)
10.3　两次世界大战之间的主要建筑活动 …… (197)

第11章　第二次世界大战后的建筑思潮与建筑活动 (199)
11.1　二战后各国建筑概况 …… (199)
11.2　二战后建筑设计的主要思潮 …… (216)
11.3　现代科学技术对建筑的影响 …… (225)

参考文献 …… (228)

第一编　中国建筑史

中国是一个幅员辽阔、资源丰富、人口众多的国家，也是一个具有悠久历史和灿烂文化的国家。中国建筑是中国灿烂文化的一个重要组成部分，创造了中国木构建筑这种独具特色的建筑体系。

在原始社会，人们逐步掌握了营建地面建筑的技术，由此中国木构建筑有了萌芽。进入奴隶社会，奴隶的劳动和青铜器的使用，促进了生产力的提高，推动了建筑的发展，出现了都城、宫殿、宗庙、陵墓等建筑，此时木构建筑已初步形成。而后经过长期的封建社会，中国建筑逐步形成了一种成熟的、完整的、独特的建筑体系，在城市建设、个体建筑、群体建筑、园林造景、建筑材料、建筑技术、建筑艺术及设计方法等方面，具有卓越的创造和贡献。中国进入半殖民地半封建社会后，西方建筑如雨后春笋在中国大地不断出现，改变了中国建筑的发展方向，打破了中国建筑的固有格局，从而使中国建筑转入近代时期。

通过本书第1章到第5章的学习，我们将了解中国古建筑体系的成因、发展及衰落这一系列过程，了解中国各个时期建筑的材料、技术、艺术的发展状况。学习中国建筑史对于我们建设现代建筑具有重要的参考和借鉴价值。

第1章 原始社会、夏、商、周、秦、汉建筑

学习要点

1. 原始社会、夏、商、周、秦、汉建筑的特征
2. 原始社会、夏、商、周、秦、汉建筑材料、技术和艺术
3. 西周时期居住建筑的类型
4. 秦始皇陵建设的特点

1.1 原始社会建筑

1.1.1 原始社会建筑活动的产生与发展

1. 传说中的原始建筑

中国古代许多文献资料都记载了许多有关原始社会建筑的传说，在一定程度上反映了人类活动与原始社会建筑之间的关系。《易经》中说："上古穴居而野处，后世圣人易之以宫室，上栋下宇，以待风雨，盖取诸大壮。"这说明了在人类与自然界抗争的过程中，为了更好地满足遮风避雨的需求，穴居生活逐渐向屋室生活过渡，原始建筑也就应运而生了。《韩非子》中说："上古之世，人民少而禽兽众，人民不胜禽兽虫蛇。有圣人作，构木为巢以避群害，而民悦之，使王天下，号之曰有巢氏。"这更是直接指出原始建筑的出现，是人类与禽兽分离的明显标志，促进了人类社会属性的生成，在原始社会的形成发展中有着重要的作用。中国古文献中类似的记载比比皆是，不胜枚举。当然，这些记载大多是传说故事，有的还带有浓厚的神话色彩，不足为信。真正的中国原始建筑还得求助于考古发掘，它通过时间、地点、实物等揭示了原始社会建筑风貌。

2. 考古发掘中的原始建筑

我国是世界上历史悠久、文化发展最早的国家之一。在近些年发现的古人类遗址中，我国境内最早的人类是距今170万年前的云南元谋人。现代考古发现表明，北京猿人在大约距今70万年至20万年的时期内居住在北京周口店的天然洞穴内，可见天然洞穴是原始社会长时间被利用作为住所的一种较普遍方式。

原始社会经历了原始人群和氏族公社两个时期。氏族公社又经历了母系氏族公社和父系氏族公社两个阶段。长江流域的河姆渡氏族和黄河流域的半坡氏族是母系氏族公社的繁荣时期。在这一时期，建筑的幼苗得以发展，产生了两种十分重要的建筑形式：一种是长江流域多水地区所见的干栏式建筑；另一种是黄河流域的木骨泥墙房屋。所以说原始社会建筑是我国古代建筑史的开端，是我国古代木构建筑的基础。

➢1.1.2 原始社会建筑的主要类别

中国史前建筑分为穴居和巢居两大类。大体上，由于北方比较干旱，所以多穴居；南方比较湿润，林木多，所以多巢居。正如《孟子》中说，“下者为巢”，即为巢居，“下”就是指低湿之地；“上者为营窟”，即为穴居，“上”即指高地。

1. *穴居*

黄河流域有广阔而丰厚的黄土层，土质均匀，便于挖洞，因此在原始社会晚期，穴居成为这一区域氏族部落广泛采用的一种居住方式。穴居经历了竖穴、半穴居、地面建筑三个阶段。由于不同文化、不同生活方式的影响，在同一地区还存在着竖穴、半穴居及地面建筑交错出现的现象，但地面建筑更具有它的适用性，最终取代穴居、半穴居，成为建筑的主流。但总体来说，黄河流域建筑的发展基本遵循了从穴居到地面建筑这一过程，可以说穴居的构造孕育着墙体和屋顶，木骨泥墙建筑的产生也就是原始人群经验积累和技术提高的充分体现。

根据考古发掘，在陕西西安的半坡，挖掘到许多史前时期的建筑遗址。这些聚落距今已达6000余年，属仰韶文化。半坡居住区房屋多为半地穴式，有方形和圆形两种(图1-1)。仰韶后期建筑已从半穴居进展到地面建筑，并已有了分隔几个房间的房屋，所用材料加工的工具有石刀、石斧、石锛、石凿等。仰韶房屋的平面有长方形和圆形两种。长方形的多为浅穴，其面积约20 m^2，最大的可达40 m^2；圆形的一般建造在地面上，直径为4～6 m(图1-2)。

图1-1 西安半坡房屋遗址

图1-2 西安半坡圆形建筑剖面图

2. 巢居

巢居在我国南方比较多见。据考古学家分析，最早人们是住在树上的。开始时只是在一棵大树上居住，后来变成数棵树合一个居所，最后发展成人工插木桩建屋，形成典型的巢居。后来逐渐变成如今尚存的干栏式建筑(图 1 - 3)。

图 1 - 3　现今典型的干栏式建筑

干栏式建筑最具代表性的遗址是位于长江流域的浙江余姚河姆渡遗址。已发掘的木构建筑遗迹部分长约 23 m，进深约 8 m，推测原是一座长条形的干栏式建筑(图 1 - 4)。木构件遗物有柱、梁、枋、板等，且许多构件上都带有榫卯(图 1 - 5)，这是我国已知的最早使用榫卯技术的一个实例。

图 1 - 4　河姆渡巢居复原图

图 1 - 5　河姆渡遗址的榫卯结构

1.2 夏、商建筑

从夏朝开始中国进入了财产私有、王位世袭、大量使用奴隶劳动的奴隶制社会。公元前16世纪的商朝已经进入奴隶社会的成熟阶段,创造了灿烂的青铜文化。商朝都城筑有高大的城墙,城内修建了大规模的宫室建筑群以及苑囿、台池等。从河南偃师二里头商朝宫殿遗址等实例中,可以看出商朝建筑技术水平有了很大提高,并设计出了木构夯土建筑和庭院结合的大建筑物。夯土版筑技术是当时的一项创造,广泛用来筑城墙、高台及建筑物的台基。土和木两种材料开始正式成为中国古代建筑工程的主要材料。

1.2.1 夏朝

据文献记载,夏朝活动的区域主要是黄河中下游一带,统治中心区是在嵩山附近的豫西一带。夏朝已开始使用铜器,且有规则地使用土地。同时人们学会了适应自然。禹率领人们整治河道,防治洪水,挖掘沟渠,进行灌溉,使人们生命安全得以保障,农业得以丰收。为了加强奴隶主阶级的统治,夏朝还修建城郭、沟地和宫室。据考古发现,在河南登封告成镇北面嵩山南麓发现的4000年前的城址,可能是夏朝初期的遗址,其中包括东西紧靠在一起的两座城堡。东城已被洪水冲去,西城平面呈方形(约90 m见方),筑城方法比较原始,是用卵石夯土筑成的。在山西夏县,也曾发现了一座时代上相当于夏朝的城址,规模为140 m见方,这座城的地理位置和传说中的夏都安邑相吻合。

1.2.2 商朝

商朝是我国奴隶社会的大发展时期,建筑技术水平也有了明显的提高。夯土技术已趋向成熟,同时木构技术也有鲜明的发展与进步,这些从甲骨文字中足以看出。下面就分析几个具有代表意义的商代建筑。

1.河南偃师二里头一号宫殿遗址

商代建筑正处于我国古代木构建筑体系初具形态的阶段,宫室建筑是奴隶主居住的场所,得以优先发展。在考古发掘中得到了一些商朝宫室建筑的遗址。河南堰师二里头一号宫殿遗址被认为可能是商初成汤都城——西亳的宫殿遗址(图1-6)。夯土台高约0.8 m,东西长约108 m,南北长约100 m,台上有面阔八间、进深三间的殿堂一座,周围有回廊环绕,南面有门。殿堂面积约350 m^2,柱径达40 cm,柱列整齐,前后左右互相对应,开间较统一,可见木构技术已有了较大提高。这座建筑遗址是至今发现的我国最早的规模较大的木构夯土建筑和庭院的实例。从这里已经可以看出这种格局已经是内向性的空间形式了,与后来的许多朝代的宫殿,在空间布局上是一致的。

2.河南安阳的殷墟遗址

商朝的首都曾数次迁移,最后迁都于殷,在今河南安阳西北2 km的小屯村一带(图1-7),遗址范围为24 km^2,中部紧靠洹河,曲折处为宫殿区,西面、南面有制骨、冶铜作坊区,北面、东面有墓葬区。居民则散布在西南、东南与洹河以东的地段。宫殿区东面、北面临洹河,西南有壕沟防御。遗址大体分北、中、南三区。北区基址15处,大体作东西向平行布置,基址下无人

图 1-6　河南偃师二里头一号宫殿复原图

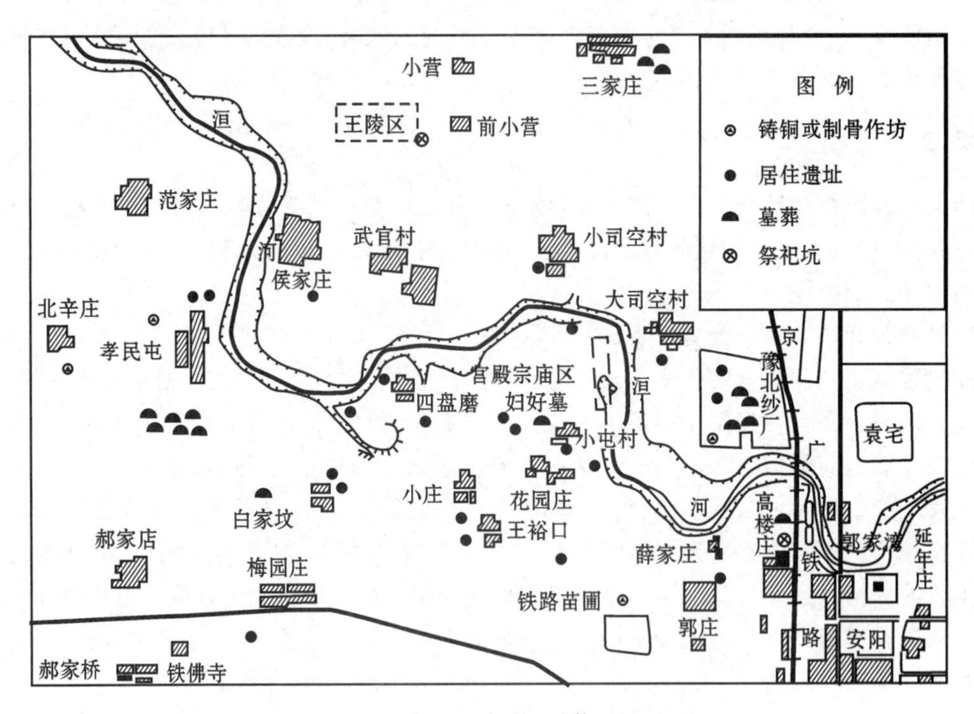

图 1-7　安阳殷墟遗址总体平面图

畜葬坑，推测是王宫居住区。中区基址作庭院式布置，轴线上有门址三道，轴线最后有一座中心建筑，基址和门址下有人畜葬坑，推测这里是商王朝庭、宗庙部分。南区规模较小，大小遗址17处，作轴线对称布置，牲人埋于西侧房基之下，牲畜则埋于东侧，整齐不紊，无疑是商王祭祀场所。但其建造年代比北区和中区为晚，由此可见殷的宫室是陆续建造的，并且用单体建筑，沿着与子午线大体一致的纵轴线，有主有从地组合成较大的建筑群。后来中国封建时代的宫室常用的前殿后寝和纵深的对称式布局方法，在奴隶制的商朝后期宫室中已略具雏形了。

3.陵墓

丧葬制度在我国古代是一项很重要的礼制。自商朝起，统治阶级厚葬之风盛行，大修陵墓，且愈演愈烈。那时奴隶主统治者死后的墓葬十分考究，陵墓分地下和地上两部分。地下是安置棺柩的墓室，由开始时的木椁室发展到后来的砖石墓室；地上部分则为环绕陵体而形成的一组设施，是为影响后人而设的。

商朝王陵大都集中于殷墟附近洹河北岸侯家庄及武官村一带。墓的形状有“亚”字形、“中”字形和“甲”字形等。“亚”字形陵墓在土层中有一方形深坑为墓穴，墓穴向地面掘有斜坡形羡道。羡道是埋葬棺木和殉葬物时，上下运输用的通道，南羡道做成斜坡状，其他各羡道多成台阶状。小型墓仅有南羡道，中型墓有南北二羡道，大型墓则具有东西南北四羡道。穴深一般在 8 m 以上，最深的达 13 m，小墓的墓穴面积约 50 m^2，最大的墓面积达 460 m^2，羡道各长 32 m，穴中央用巨大的木料砍成长方形断面互相重叠构成井干式墓室，称为椁。武官村大墓椁室为方形，四面各用巨木 9 根作壁，底面及上面各用巨木 30 根作底和盖，木料在转角处绞角咬合形成井干式结构。椁中置棺柩，其外表雕刻花纹，饰以彩绘。

1.2.3 夏、商时期建筑材料、技术和艺术

1.建筑材料

(1)奴隶制初期，继承原始社会遗产，土、木、砂、石等天然产品仍作为建筑材料得到广泛应用。随着生产力的发展和营造技术的提高，一些大的宫室建筑中开始使用一些人工材料。

(2)这一时期陶质材料和青铜制品在建筑上开始使用。在二里头遗址和殷墟遗址中已发现用作排水的陶管，这是我国城市建筑史上的一项创举。殷墟宫殿的擎檐柱，为防止雨水侵蚀柱脚，在石础和柱之间，置一铜锧，既起取平、防护作用，又具装饰效果。青铜锧是目前所知我国最早用于建筑上的金属材料。

(3)建筑工具已有了青铜制的斧、凿、钻、铲等。

2.建筑技术

在建筑技术上，夏、商时期较原始社会有了相当的进步。夯土技术逐步应用到建筑中，它不仅在功能上解决了地面的防潮问题，而且在形式上使宫室显得高大威严。在宫室建筑中木柱的稳定有自己的特点：将木柱栽埋在夯土基内，柱底铺垫卵石，防止柱下沉，埋深 50～200 cm。在商朝多个遗址中还发现排水的水沟。

3.建筑艺术

在建筑艺术上，商墓中发现有白玉雕琢的鸟兽等雕刻作品。

1.3 西周、春秋建筑(公元前 11 世纪—前 476 年)

公元前 11 世纪，周武王灭商，为西周。周初由于政治斗争的需要，都城从丰京迁到镐京，同时还建立了东都洛邑，加强了对东方的控制。周朝经历了 300 余年后，由于国内的变乱和异

族的侵扰，迁都洛邑，史称东周。东周的春秋时期是中国奴隶社会瓦解和封建制度萌芽阶段。在这一时期，私田大量出现，井田制日益瓦解，随着农业的进步和封建生产关系的产生和发展，手工业和商业也相应发展，从而又推动和促进了建筑的发展。

1.3.1 西周时期建筑（公元前11世纪—前771年）

1. 城市建设

西周开国之初，曾掀起一次城市建设高潮。以周公营洛邑为代表，建造了一系列奴隶主实行政治、军事统治的城市，而城市建设的体制则按宗法分封制度，所以城市的规模按等级来定，诸侯的城大的不超过王都的1/3，中等的不超过1/5，小的不超过1/9；城墙高度、道路宽度以及各种重要建筑物都必须按等级来建造。周朝的都城镐京由于年代久远，已无从确切知道，但史书《考工记》中记载了周朝都城制度，“匠人营国，方九里，旁三门，国中九经九纬，经涂九轨，左祖右社，面朝后市，市朝一夫”（图1－8）。这种以宫室为中心的都城布局突出表现了奴隶主贵族至高无上的地位和尊严，同时也便于统治的需要，王宫位于城中心，围墙高筑，既便于防守，也利于对全城的控制。可见周朝在城市总体布局上已形成了理论和制度，规划井井有条，这对我国城市建设传统的形成和发展具有深远的影响，在世界城市建设史上也有一定的地位。

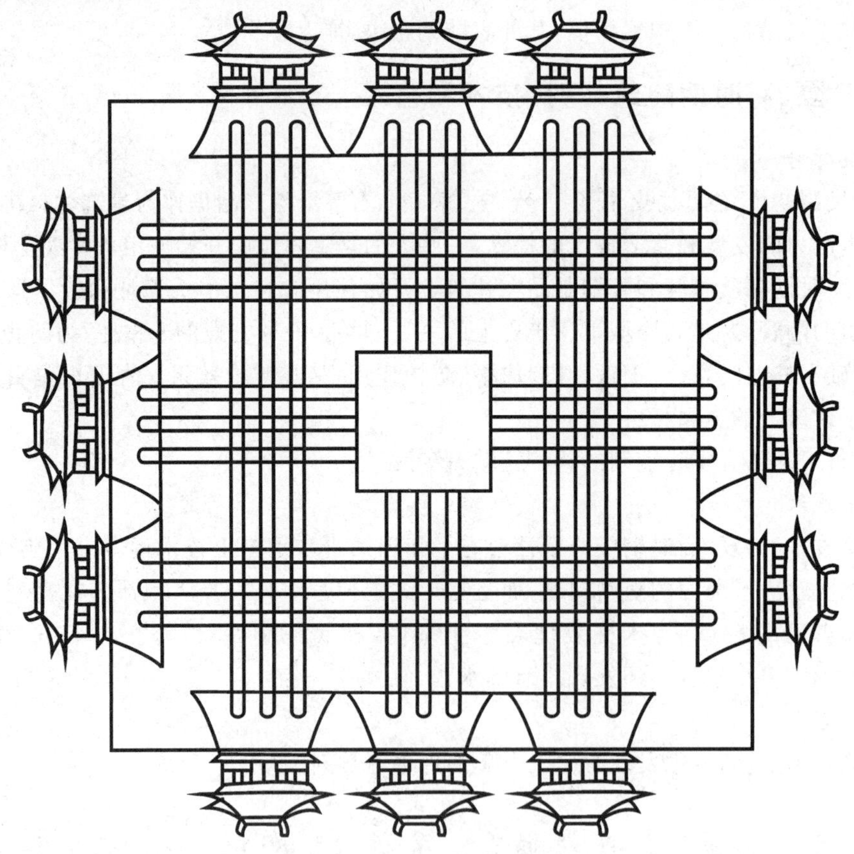

图1－8　周王城臆复图

2. 建筑遗址

西周代表性建筑遗址有陕西岐山凤雏的早周遗址和湖北蕲春的干栏式木构建筑。

陕西岐山凤雏遗址是一座相当严整的四合院式建筑，这是我国已知的四合院最早实例（图1-9）。建筑规模不大，南北约45.2 m，东西约32.5 m。它由二进院落组成，中轴线上依次为影壁、大门、前堂、后室。前堂与后室之间用廊连接。前堂、后室的两侧为通长的厢房，将庭院围成封闭空间，院落四周有檐廊可环绕。基址下设有陶管和卵石叠筑的暗沟。墙体全部采用版筑形式，并有木柱加固，这是目前所知有壁柱加固的版筑墙的最早实例。根据西厢出土的17000余片甲骨，推测此处是一座宗庙遗址。

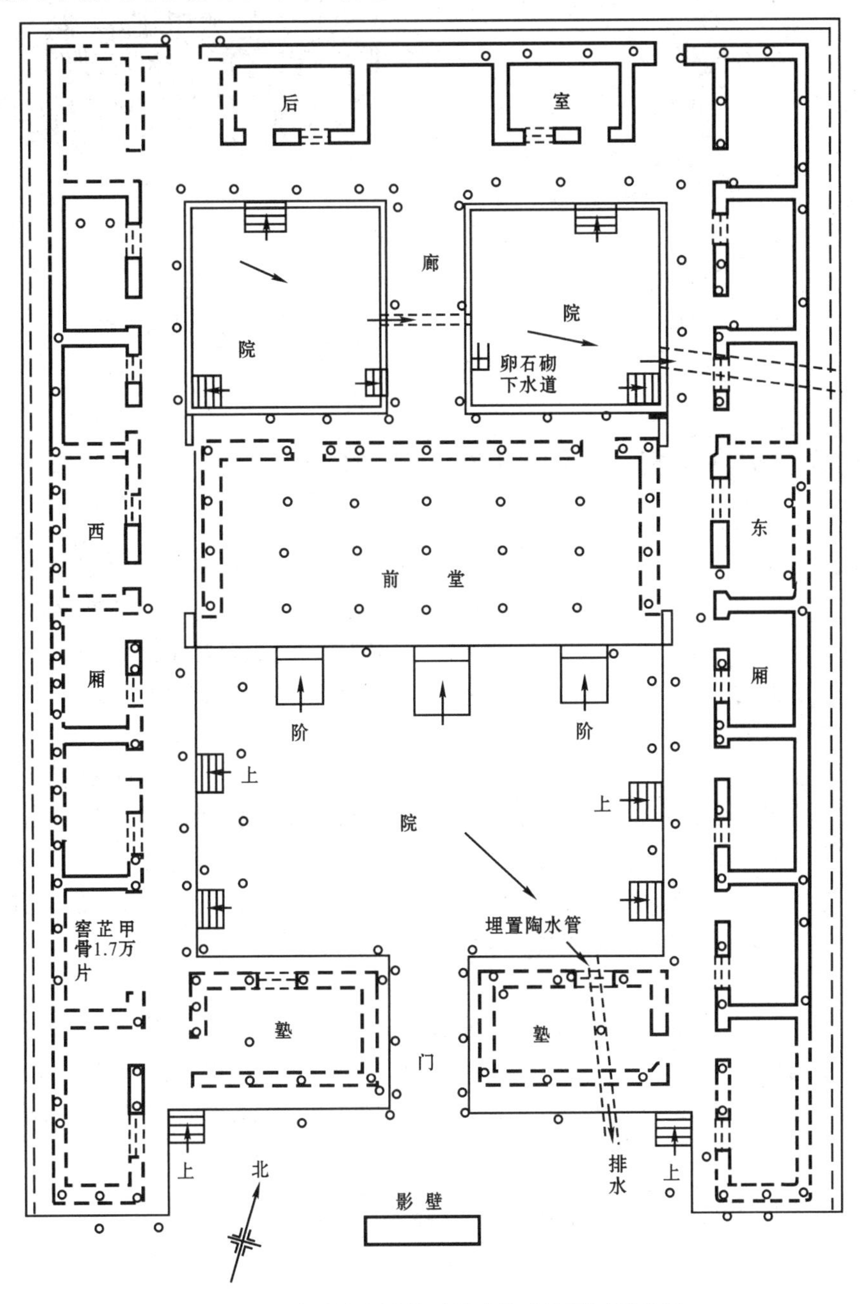

图1-9 陕西岐山凤雏西周建筑遗址平面示意图

湖北蕲春西周木构建筑遗址散布在约 5000 m^2 的范围内(图 1-10)。建筑密度很高,遗址留有大量木板、木柱、方木及木楼梯残迹,故推测是干栏式建筑。类似的建筑遗址在附近地区及荆门也有发现,因此干栏式木构架建筑可能是西周时期长江中游一带常见的居住建筑类型。

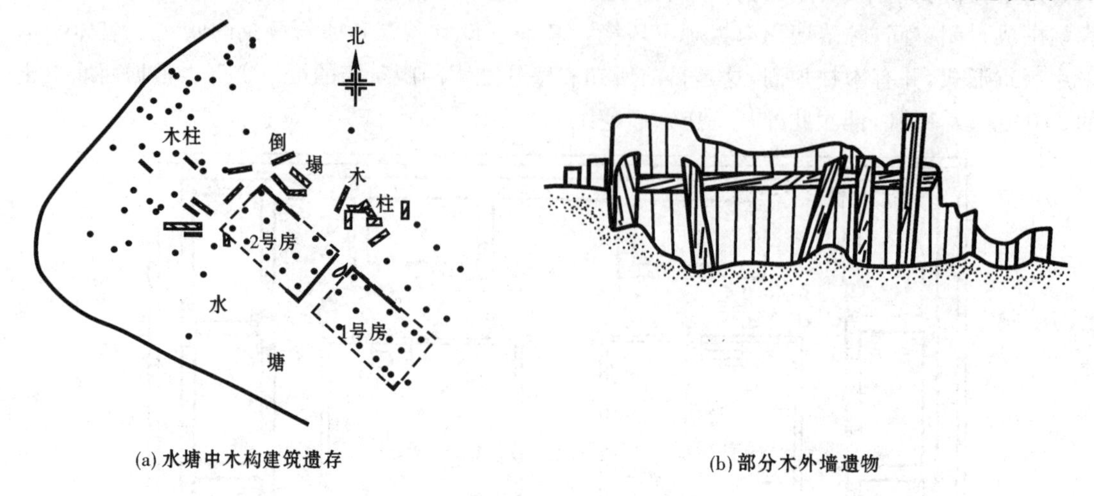

(a) 水塘中木构建筑遗存

(b) 部分木外墙遗物

图 1-10 湖北蕲春西周干栏建筑遗址

1.3.2 春秋时期建筑(公元前 770—前 476 年)

1. 筑城方法

春秋时期存在着 100 多个大小诸侯国,各国经济不断发展,生产力水平不断提高,城市不断壮大,各国之间战争频繁,于是夯土筑城成为当时各国必不可少的一项重要的防御工程,因此各国均有或大或小的城。由于筑城活动的增多,逐渐形成一套筑墙的标准方法。据《考工记》记载,墙高与基宽相等,顶宽为基宽的 2/3,门墙的尺度以“版”为基数。

2. 高台建筑

高台建筑是我国古代建筑中一种历史悠久、生命力极强、贯穿于整个建筑发展过程的独特建筑形式,它常与宫殿、楼阁融为一体,不可分割。春秋时期各诸侯国由于政治、军事上的要求和生活享乐的需要,建造了大量高台宫室,其基本方法是在城内夯筑高数米至十几米的若干座方形土台,四面有很大的侧脚向下延伸,然后在高台上建殿堂、屋宇。如山西侯马晋国遗址中的夯土台,高 7 m 多,面积为 75 m 见方。

3. 春秋墓

至今发现的春秋墓均为小型古墓,如山东淄博磁村的春秋墓。此墓距磁村西南约 1 km,共 4 座,排列有序,方向一致,是一处齐国贵族墓地,古墓形制均为竖穴土坑墓。最完整的一座古墓位于墓区最南部,长 3.5 m,宽 2.1 m,深 1.2 m,一椁一棺,棺底高出墓底 20 cm,随葬品置于棺外前部两侧,有成组的青铜礼器。在墓室东部填土中有殉葬的牲畜。

1.3.3 西周、春秋时期建筑材料、技术和艺术

1. 瓦的出现及普遍使用

西周已出现板瓦、筒瓦、人字形断面的脊瓦和圆柱形瓦钉。这种瓦嵌固在屋面泥层上,解决了屋顶防火问题。瓦的出现是中国古代建筑的一个重要进步。制瓦技术是从陶器发展而来

的，西周早期瓦还比较少，到西周中期，瓦的数量就多了，并且出现了半瓦当。在凤雏的建筑遗址中还发现了在夯土墙或坯墙上用的三合土抹面(白灰＋砂＋黄泥)，表面平整光洁。春秋时期建筑上的重要发展是瓦的普遍使用。山西侯马晋国遗址、河南洛阳东周故城等春秋时期遗址中，都发现了大量板瓦、筒瓦以及一部分半瓦当和全瓦当(图 1-11)。

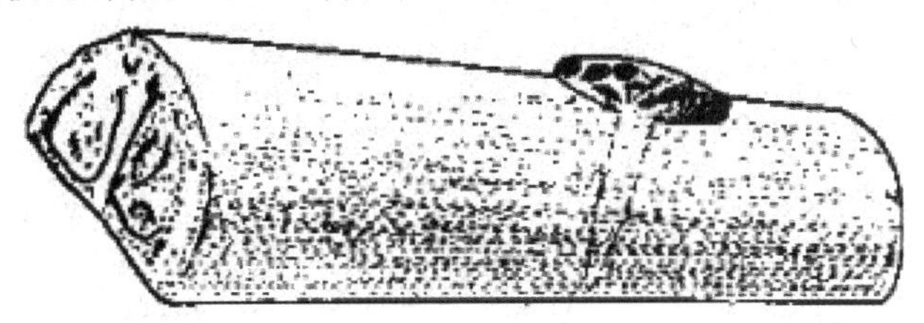

图 1-11　东周瓦当和瓦钉

2. 建筑技术和艺术出现重大进步

春秋时期筑城活动十分频繁，技术已十分完善，并形成了一套完备的方法。建筑装饰及色彩随着各诸侯国追求宫室的壮丽豪华而日益向多样化发展。在建筑色彩上，西周已十分丰富，但却有着严格的等级观念。如木构设色，“天子丹，诸侯黝垩，大夫苍，士黈”。墙面、地面色彩，一般内墙作白色粉刷，宫室地面敷朱红色涂料。在春秋时，木构架建筑施彩画。在建筑雕饰上出现了木雕和石雕，木雕主要是在门窗、栏杆、梁、柱之类上作雕塑并施彩绘，石雕是在宫殿椽头上雕有玉珰。这些均成为我国建筑艺术上辉煌的篇章。

1.4　战国建筑(公元前 475—前 211 年)

战国时代，各国重视城市建设，都城以及商业城市空前繁荣，由此形成了许多人口众多、工商云集的大城市。城市内分布有宫殿、官署、手工业作坊及市场。战国时代开始流行建造高台建筑。同时，斧、锯、凿、锥在建筑上的应用提高了木构建筑的艺术和加工质量，加快了施工进程。在工程构筑物方面，各国筑长城，兴修水利，如秦开郑国渠 150 km，李冰父子兴修都江堰，皆规模巨大。

1.4.1　城市建设

从春秋末期到战国中叶，随着封建土地所有制的确立和手工业、商业的发展，城市日益扩大、日益繁荣，出现了一个城市建设的高潮。如齐临淄、赵邯郸、燕下都等都是当时的大城市。上述三座城市遗址至今仍保存得比较完整。

齐临淄南北长约 5 km，东西宽约 4 km，分大城和小城两部分。大城内散布着冶铁、铸铁、制骨等作坊以及纵横街道的遗址，是手工业作坊区和居住区。小城位于西南角，夯土台高达 14 m，周围有多处作坊，推测此处是齐国宫殿(图 1-12)。

燕下都位于易水之滨，城址由两个不规则方形组成，东西约 8 km，南北约 4 km，分内外两城。内城分布有武阳台、老姆台等一系列建筑基址。西部为手工业区，有冶铁、铸铜、制陶等作坊，西北部为王室陵墓区(图 1-13)。

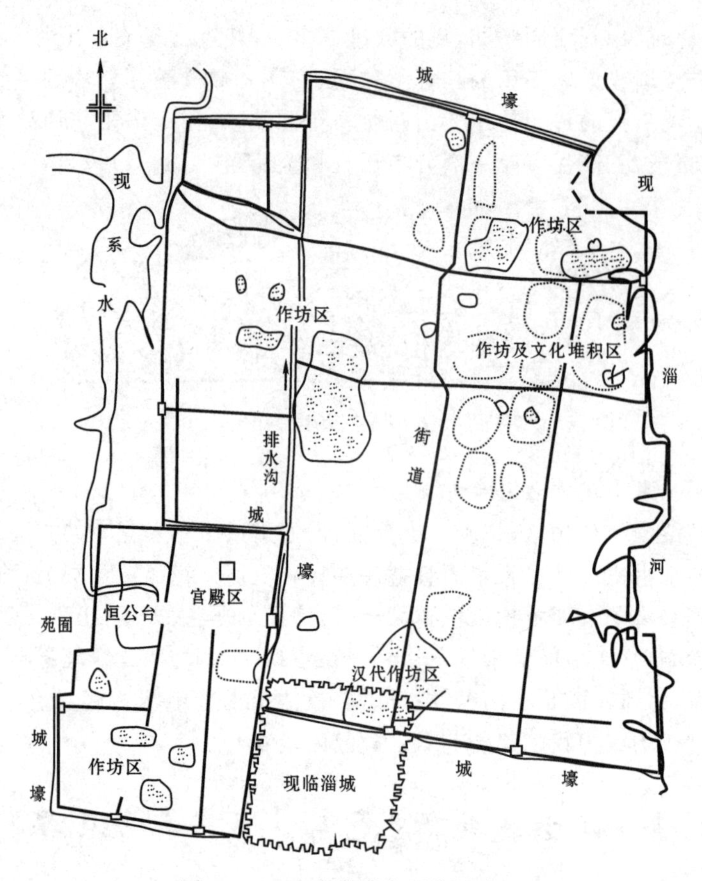

图 1－12　山东临淄齐国故城遗址

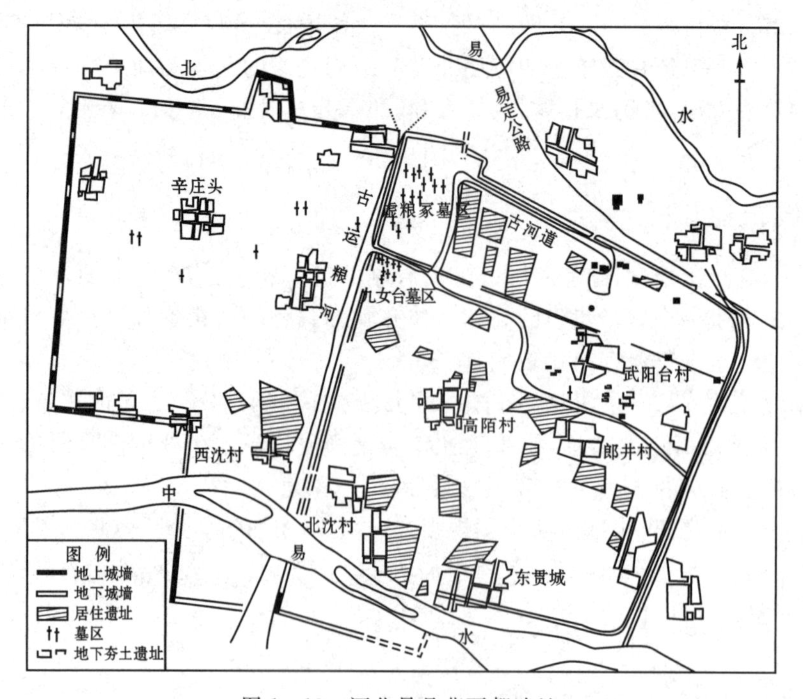

图 1－13　河北易县燕下都遗址

1.4.2 宫殿

从春秋至战国,宫殿建筑的新风尚是大量建造台榭——在高大的夯土台上再分层建造木构房屋。这种土木结合的方法,外观宏伟,地势高敞,非常适合建造宫殿的要求。留存至今的台榭夯土基址有秦咸阳宫殿、燕下都老姆台、邯郸赵王城的丛台、晋国故城内夯土台等。

秦咸阳一号宫殿(图 1-14)建在一座 60 m×45 m 的长方形夯土台上,台高 6 m,台上建筑物由殿堂、过厅、居室、回廊、浴室、仓库和地窖等组成,高低错落,形成一组复杂壮观的建筑群,其中殿堂为两层,寝室中设有火炕,居室和浴室都设有取暖用的壁炉。地窖系冷藏食物之用,深 13~17 m,由直径60 cm的陶管用沉井法建成,窖底用陶盆盛物。遗址里还发现了排水的陶漏斗和管道。这种具备了取暖、洗浴、冷藏、排水等设施的建筑,显示了战国时期的建筑水平。

(a)复原图

(b)剖面图

图 1-14 秦咸阳一号宫殿遗址复原图和剖面图

1.4.3 陵墓

战国时期的陵墓不仅垒坟,而且植树,并且在封土之上建有祭祀性质的享堂或祭殿。战国墓的遗址有河南辉县固围村的魏国王墓、河北平山县的中山国王墓以及自成系统的战国楚墓。

在河南辉县固围村发现三座横列的战国墓，形制相仿，规模宏大，可能属于魏国的王一级大墓。其中最大者南北墓道总长达 200 m，墓穴深 18 m，墓坑上口为 18 m×20 m，墓底铺石板 8 层，共厚 1.6 m，椁壁由大小木料交叉而成，厚达 1 m，室高 4.15 m，平面为 9 m×8.4 m。椁内又有第二重椁，再内为棺柩。内外椁及坑壁内填以细砂，其上层口夯土筑实至地面之上，形成台基高 0.5 m，平面为 25 m×26 m。台基之上有石柱础，周边用块石铺地为道路或散水，台基上的木构建筑物应是享堂或祭殿。

河北平山县的中山国王墓，形制与商周陵墓相仿。其中最大墓南北羡道通长 110 m，其上封土高大，封土半腰有回廊柱础和壁柱的遗迹，还有卵石散水及瓦件多种，说明其上原有建筑存在，性质则用于祭祀。墓中仅存遗物为一件铜板"兆域图"，面积为 98 cm×48 cm，厚1 cm，其上刻有国王、王后陵墓所在地区——兆域的平面图，且依据一定的比例绘制，这可以说是我国现存最早的建筑总平面图。从兆域图上所反映的情况来看，战国墓有着严格的中轴对称布局，且庄严肃穆，很符合陵墓群的气氛，高居的享堂如金字塔一般，很有纪念性，并且享堂建筑的体量，体现了等级的差别。战国时这种把高台与享堂相结合的方法，对秦汉两朝的陵墓制度产生了一定的影响。

1.4.4 战国时期建筑材料、技术和艺术

1. 陶制建筑材料的进一步推广使用

由于经验的积累和技术的改进，陶质建筑材料质量逐步提高。铁器的使用也进一步促使木构建筑施工质量和结构技术大为提高。

2. 建筑材料和技术的进步

战国时期，青瓦已大量使用在屋面上，板瓦、筒瓦的坚实程度和半圆形瓦当上所饰花纹，比之西周、春秋时期都有较大进步。战国晚期开始出现陶制的栏杆砖和排水管(图 1-15)。砖的种类除装饰性质的条砖外，还有方砖和空心砖，主要应用于地下墓室中，作基底和墓壁，可见当时制砖技术已达到相当高的水平。战国时期的高台建筑在春秋时期的基础上又进一步发展，在一些铜器上还镂刻若干二三层的房屋(图 1-16)。战国时期铜器的装饰图案中已有了柱子上的栌斗形象，它是中国特有斗拱的雏形。战国时期的木椁已出现榫卯，制作精巧，形式多样，可见当时木构建筑的施工技术达到了相当熟练的水平。

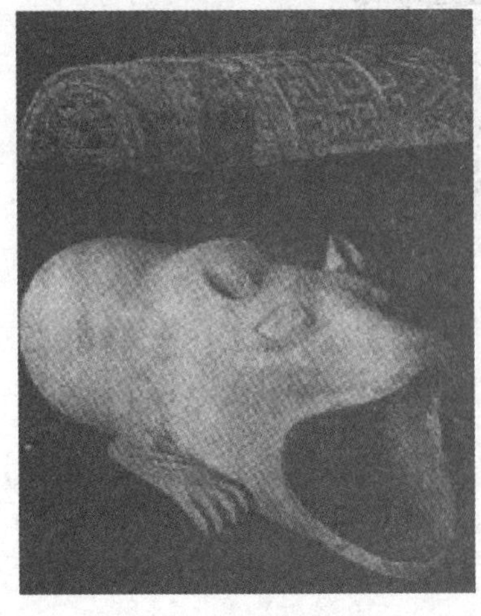
图 1-15 战国时期筒瓦和排水管

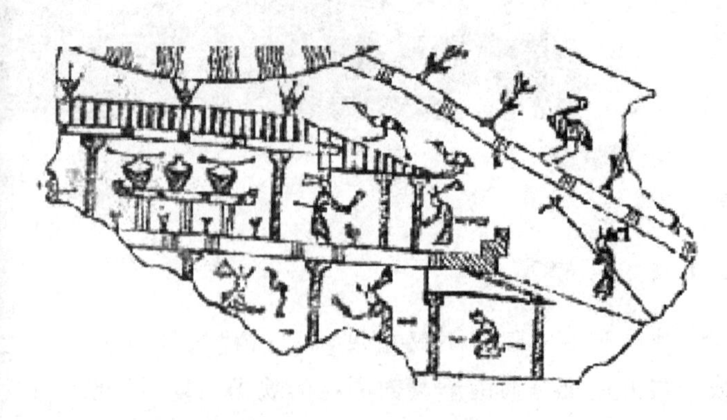
图 1-16 战国时期铜器所刻的房屋形象

3. 建筑艺术的发展

在建筑艺术方面，战国时期燕下都的瓦当有20多种不同的花纹，其中有用文字作装饰图案的。楚国墓葬的雕花板和其他纹样的构图相当秀丽，线条也趋于流畅，使结构和装饰艺术在有机结合中达到完美。在色彩方面，则遵循春秋时期的规定并加以发展。

1.5 秦代建筑

公元前221年，秦始皇灭六国，建立了中国历史上第一个中央集权的封建大帝国。但到了秦二世，不到15年的时间，就被楚汉所灭。秦在历史上虽然时间很短，但是历史意义极其深远。在建筑上，秦代的建筑也比较轰轰烈烈，历史上著名的阿房宫、秦始皇陵、秦长城，至今遗址犹存。这些都是我国历史上第一个封建王朝的重大建筑成就。

1.5.1 城市建设

秦都城咸阳的建设早在战国中期秦孝公时就已开始。当时咸阳宫南临渭水，北达泾水，到秦孝文王时，宫馆阁道相连达15 km多。秦始皇统一六国后又进行了大规模的建设。在布局上它摒弃了传统的城郭制度，具有独创性。在渭水南北范围广阔的地区建造了许多离宫。在渭水北岸模仿六国宫殿建造六国宫；在渭水南岸上林苑又建造了宗庙、兴乐宫、信宫、甘泉宫前殿、阿房宫等。东至黄河，西至汧水，南至南山，北至九峻，均是秦都城咸阳范围，并迁富豪12万户于咸阳。可见，当时咸阳城的规模是十分宏大的。

1.5.2 宫殿

秦始皇在统一中国的过程中，在吸取各国不同建筑风格和技术经验的基础上，于公元前220年兴建新宫。首先在渭水南岸建起一座信宫，作为咸阳各宫的中心，然后由信宫前开辟一条大道通骊山，建甘泉宫。继信宫和甘泉宫两组建筑之后，又在北陵高爽的地方修筑北宫。

在用途上，信宫是大朝，咸阳旧宫是正寝和后宫，而甘泉宫则是避暑处。此外，还有兴乐宫、长杨宫、梁山宫等宫殿以及上林、甘泉等苑。公元前212年，秦始皇又开始兴建更大的一组宫殿——朝宫。朝宫的前殿就是历史上有名的阿房宫。现在阿房宫只留下长方形的夯筑土台，东西约1000 m，南北约500 m，后部残高7～8 m，台上北部中央还残留不少秦瓦。

1.5.3 秦始皇陵

秦始皇陵是古代陵墓中的宏伟作品，是中国历史上体形最大的陵墓。

秦始皇陵在陕西临潼骊山主峰北麓原地上。现存陵体为三层方锥形夯土台，东西约345 m，南北约350 m，高51 m。周围有内外两重城垣，内垣周长3000 m，外垣周长6300 m。陵北为渭水平原，陵南正对骊山主峰。陵东侧附葬大冢10余处，可能为殉葬的近侍亲属。在秦始皇陵东1500 m处，发现了大规模的兵马俑队列的埋坑。其中一号兵马俑坑东西长230 m，南北长62 m，面积达14260 m^2，深达5 m左右，俑像排列成38路纵队，兵马俑达6400多件。秦兵马俑兵俑高1.8 m左右；马俑高1.5 m左右，身长2 m左右。此外，坑内还有一些青铜剑、戟等兵器。秦始皇陵位于骊山北坡，为防止山洪冲刷，沿山麓修建东西向防洪沟，拦截山洪引向东流，而后折北入渭河。陵区本身发现陶水管及石水道，地上有大量瓦砾，表明曾有规模宏大的地面建筑。秦始皇陵的形制对后世有较大的影响，它是中国历史上最大的工程之一。

➢1.5.4　秦长城

战国时期，地处北方的秦、赵、燕三国为了防御匈奴的骚扰，在北部修筑长城。秦统一中国后，为了把北部的长城连为一体，西起甘肃临洮，东至辽宁遂城，扩建原有长城，长达 3000 km。

秦长城所经地区，包括黄土高原、沙漠地带、高山峻岭及河流溪谷，因而筑城工程采用因地制宜、就材建造的方法。在黄土高原，一般用土版筑，无土处则垒筑石墙，如赤峰一段，用石块砌成，底宽 6 m，残高 2 m，顶宽 2 m；山岩溪谷则用木石建筑。秦长城的建设，耗费了大量的人力、物力、财力。

1.6　汉代建筑

公元前 206 年西汉统一中国，其疆域比秦朝更大，并且开辟了中西贸易往来和文化交流的通道。汉代处于封建社会的上升时期，经济的进一步巩固和工商业的不断发展，促进了城市的繁荣和建筑的进步，形成我国古代建筑史上又一个繁荣时期。这一时期的突出表现是木构建筑日趋成熟，砖石建筑和拱券结构有了发展。

➢1.6.1　城市建设

公元前 206 年，继秦而起统一中国的是两汉。西汉时，封建经济的巩固和工商业的发展，促进了城市的繁荣，出现了不少新兴城市，其中手工业城市有产盐的临邛、安邑，产漆器的广汉，产刺绣的襄邑；商业城市有洛阳、邯郸、成都、合肥等。长安是西汉的首都，是政治、经济、文化的中心，是商周以来规模最大的城市。东汉时期的洛阳和三国时期的邺城，都是当时具有相当规模的城市。

1. 西汉长安

长安是西汉的都城。它位于西安市渭水南岸的台地上，最初就秦朝的离宫——兴乐宫建造长乐宫，其后建未央宫和北宫。长安城地势南高北低，城的平面成不规则形状，周长 21.5 km，有 12 个城门，城墙用黄土筑成，最厚处约 16 m(图 1 - 17)。皇宫和官署分布于城内中部和南部，有未央宫和长乐宫等几座大殿；西北部为官署和手工业作坊；居民居住在城的东北隅。长乐宫位于城的东南角，未央宫位于西南角。城内有 8 条主要道路，方向取正南正北，作“十”字或“T”字交叉。汉武帝时，兴建城内的桂宫、明光宫和城西南的建章宫、上林苑。西汉末，又在城南郊修建宗庙等礼制建筑。这时的汉长安有 9 府、3 庙、9 市和 160 闾里。

2. 东汉洛阳

东汉建都于洛阳。洛阳城北依邙山，南临洛水，而谷水之流自西向东横贯城中，它依西汉旧宫模式在纵轴上建南北二宫。东汉中叶，在北宫以北陆续建设苑囿，直抵城的北垣，其规模比南宫大。街道两侧植栗、漆、梓、桐等行道树。

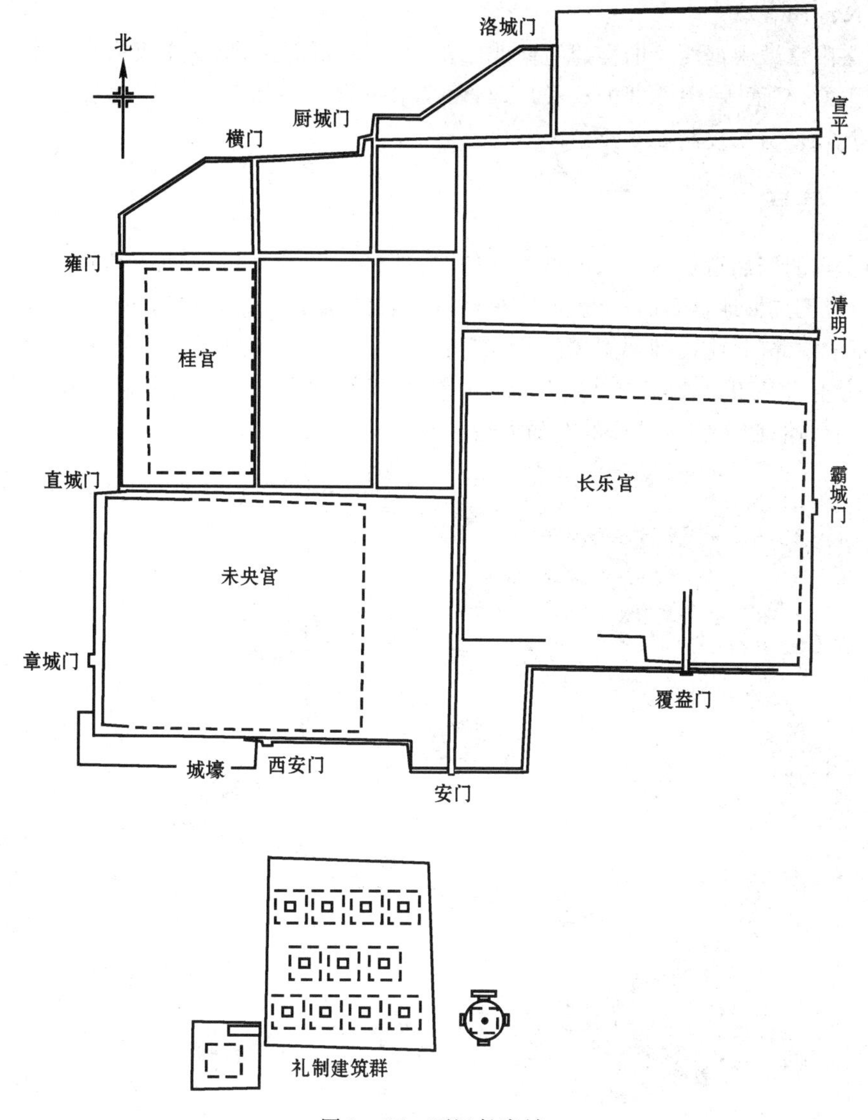

图 1-17 西汉长安城

1.6.2 宫殿

1. 西汉长安宫殿

西汉之初,修建未央宫、长乐宫和北宫。未央宫是大朝所在地,位于长安城的西南隅,宫殿的台基是利用龙首山岗地削成高台建成的,未央宫的前殿为其主要建筑,面阔大而进深浅,呈狭长形,殿内两侧有处理政务的东西厢。整个宫城总长 8900 m,宫内除前殿外,还有十几组宫殿和武库、藏书处、织绣室、藏冰室、兽园与若干官署。长乐宫位于长安城的东南隅,供太后居住,宫城总长约 10000 m,内有长信、长秋、永寿和永宁四组宫殿。北宫在未央宫之北,是太子居住地点。建章宫在长安西郊,是苑囿性质的离宫。其前殿高过未央前殿,有凤阙、脊饰铜凤,又有井干楼和神明台。宫内还有河流、山冈、太液池。池中建蓬莱、方丈、瀛洲三岛。在建章宫前殿、神明台及太液池等遗址中,曾发现夯土台和当时下水道所用的五角形陶管。

· 2. 东汉洛阳宫殿

东汉洛阳宫殿根据西汉旧宫建造南北二宫，其间联以阁道，仍是东汉宫殿的布局特点。北宫主殿德阳殿，平面为 1∶5.3 的狭长形，与西汉未央宫前殿相似。这一时期已很少建造高台建筑，如德阳殿，台基仅高 4.5 m。

➢1.6.3 宗庙

汉朝发现的宗庙遗址为长安故城南郊的“王莽九庙”礼制建筑遗址（图 1-18），遗址有 11 组，每组均为正方形地盘，且每个平面沿纵横两条轴线采用完全对称的布局方法，四周有墙垣覆瓦；各面正中辟门，院内四隅附属配房，院正中为一夯土台，建有形制严整和体形雄伟的木构建筑群。夯土台每组边长自 260～314 m 不等，其规模相当大。当时宗庙的通例大概就是这种有纵横两个轴，四面完全对称的布局方法。

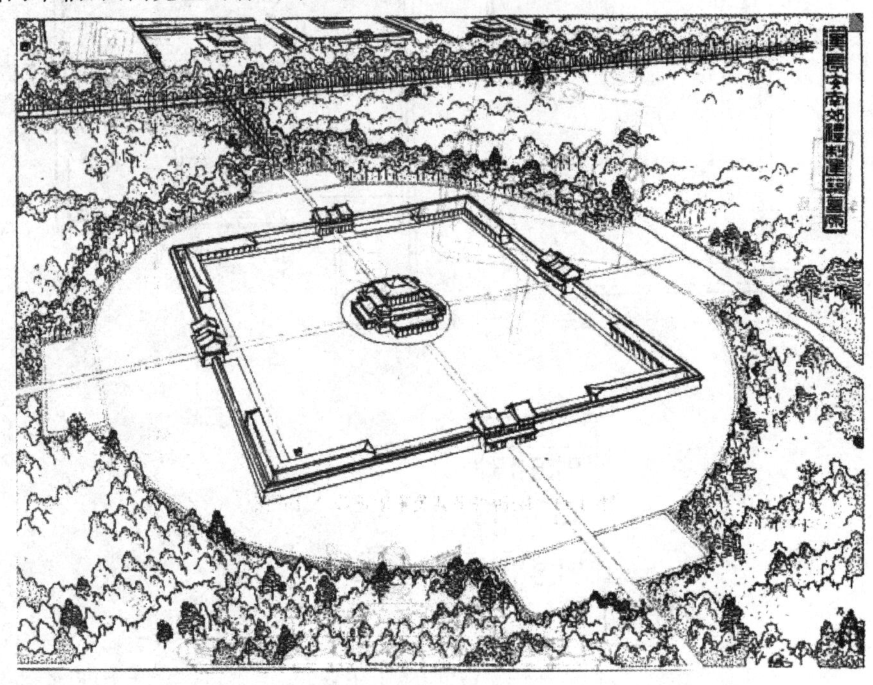

图 1-18 汉长安南郊礼制建筑总体复原图

➢1.6.4 陵墓

西汉诸陵，少数位于渭水南岸，多数在咸阳以西渭水以北，陵体宏伟。陵的形状承袭秦制，累土为方锥形，截去上部称为“方上”，最大的“方上”高约 20 m，“方上”斜面堆积许多瓦片，可证其上曾建有建筑。陵内置寝殿与苑囿，周以城垣，陵旁有贵族陪葬的墓，坟前置石造享堂，其上立碑，再前于神道两侧排列石羊、石虎和附翼的石狮。另外，模仿木建筑形式建两座石阙。石阙的形制和雕刻以四川雅安高颐阙最为精美，是汉代墓阙的典型作品（图 1-19）。此外，东汉墓前有些还建有石制墓表。在结构上，汉初仍采用木椁墓，以柏木作主要承重构件；防水措施仍以沙层与木炭为主。战国末年先后出现的空心砖和普通小砖逐步应用于墓葬方面，墓室结构由此而得到改变。墓道用小砖，而墓顶用梁式空心砖。不久墓顶改为两块斜置的空心砖，自两侧墓壁支撑中央的水平空心砖，由此发展为多边形砖拱。到西汉末期又改为半圆形筒拱结构的砖墓。东汉初期又改为砖宅窿。在多山的地区，崖墓较为盛行，其中以四川白崖山崖墓最为突出。由于砖墓、石墓和崖墓的发展，商、周以来长期使用的木椁墓逐渐减少，至汉末时期几乎绝迹。

图 1－19 四川雅安高颐阙

1.6.5 住宅

汉朝的住宅建筑，有下列几种形式：

(1)规模较小的住宅。平面为方形或长方形，屋门开在房屋一面的当中或偏在一旁，房屋的构造除少数用承重墙结构外，大多数采用木构架结构，墙壁用夯土筑造。窗的形式有方形、横长方形、圆形多种，屋顶多采用悬山式顶或囤顶。

(2)规模稍大的住宅。以城垣构成一个院落，也有三合式与日字形平面的住宅，后者有前后两个院落，而中央一排房屋较高大，正中有楼高起，其余次要房屋都较低矮。

(3)规模更大的住宅。规模更大的住宅为贵族住宅。这类住宅从外表上看，屋顶中间高、两边低，屋外有正门，旁边有小门，大门里边又有中门，从中门到大门，车马可以直接进出，门旁还盖有客房。过中门进到院子里边，是前面的堂屋，有的还在前面堂屋的后边盖了后堂屋。还有车库、马厩、厨房、库房和佣人居住的房间。

(4)大型宅第。大型宅第是贵族和富裕大户建筑的花园住宅，即利用自然风景营造的花园式府第。园中建有亭台楼阁，垒石成山，引水作池。但此类园林式住宅在汉朝不是很多。

1.6.6 建筑材料、技术和艺术

1. 建筑材料和技术

汉朝的制砖技术及拱券方面有了巨大进步。大块空心砖及普通长条砖，已大量出现在河南一带的西汉墓中。空心砖长 1.1 m，宽 0.405 m，厚 0.103 m，砖表面压印各种花纹。普通长条砖长 0.25～0.378 m，宽 0.125～0.188 m，厚 0.04～0.06 m。还有特制的楔形砖和企口砖。当时的筒拱顶有纵联砌法与并列砌法两种，东汉时纵联砌法成为主流。石料的使用逐渐增多，从战国到西汉已有石础、石阶等。东汉时出现了全部石造的建筑物，如石祠、石阙、石兽、石碑及完全用石结构的石墓。这些建筑多镂刻人物故事和各种花纹，刻石的技术和艺术也逐步提高。著名的石建筑有四川雅安东汉益州太守高颐墓石阙和石辟邪、北京西郊东汉幽州书佐秦君墓表、山东肥城孝堂山郭巨墓祠等。

2. 木构架结构的逐步确立

以木构架为主要结构方式的中国建筑体系到汉朝则日趋完善，两种主要结构方法——叠梁式和穿斗式都已发展成熟。在河南荥阳出土的陶屋和四川成都出土的画像砖住宅图案中，已有柱上有梁、梁上立短柱、再架短梁的木构架形象。长沙和广州出土的东汉陶屋，则是柱头承檩，并有穿枋连接柱子的穿斗式木构架形象。此外，在中国南部，房屋下部多用架空的干栏式结构，木材丰富的地区则用井干式壁体。作为中国古代木构建筑显著特点之一的斗拱，在东汉已普遍使用。在东汉的画像砖、明器和石阙上，可以看到斗拱的形象(图 1-20)。这时的斗拱既用以承托屋檐，也用以承托平台，它的结构机能是多方面的，同时也是建筑形象的一个重要组成部分。

图 1-20　东汉明器上的斗拱

3. 木构架屋顶

汉朝的木构架屋顶有五种基本形式：庑殿、悬山、囤顶、攒尖和歇山。此外，汉朝还出现了由庑殿顶和庇檐组合后发展而成的重檐屋顶。

4. 建筑艺术

总体来说，战国、秦汉建筑的平面组合和外观，虽多数采用对称方式以强调中轴，但为了满足建筑的功能和艺术要求，各时期也形成了丰富多彩的风格，汉朝最具代表性。第一，汉朝高级建筑的庭院以门与回廊相配合，衬托最后的主体建筑更显得庄严凝重，以东汉沂南画像石墓所刻祠庙为代表。第二，以低小的次要房屋和纵横参差的屋顶以及门窗上的雨搭等，衬托中央的主要部分，使整个组群呈现有主有从和富于变化的轮廓，如汉明器所反映的住宅就使用这种手法。第三，合理地运用木构架的结构技术。明器中有高达三四层的方形楼阁和望楼，每层用斗拱承托腰檐，其上置平台，将楼阁划为数层，满足了功能上的要求，同时各层腰檐和平台有节奏地挑出和收进，在稳中求变化，并使各部分产生虚实明暗的对比作用，创造中国楼阁式建筑的特殊风格(图 1-21)。

图 1-21 汉代明器中的楼阁建筑

5. **装饰方面**

汉代建筑综合运用绘画、雕刻、文字等各种构件的装饰，达到结构与装饰的有机结合，成为以后中国古代建筑的传统手法之一。

思考题

1. 原始社会时期，我国长江流域与黄河流域的建筑有什么不同？
2. 原始社会后期，我国在建筑材料和建筑技术上有何发展？
3. 商朝宫室的布局形式对后世有什么影响？
4. 商朝陵墓的内部结构有何特点？
5. 西周时期居住建筑的类型有哪些？
6. 春秋时期筑城的方法是什么？
7. 西周、春秋时期出现了哪些建筑材料？
8. 举例说明战国时期宫殿建筑的特点。
9. 战国墓有什么特点？
10. 秦始皇陵的建设有什么特点？
11. 西汉长安宫殿的建设有哪些成就？

第2章 三国、两晋、南北朝、隋唐、五代建筑

学习要点

1. 三国、两晋、南北朝、隋唐、五代时期城市及宫殿特征与代表建筑
2. 三国、两晋、南北朝、隋唐、五代时期住宅与园林建筑特征
3. 三国、两晋、南北朝、隋唐、五代时期宗教建筑特征
4. 三国、两晋、南北朝、隋唐、五代时期陵墓建筑特征
5. 三国、两晋、南北朝、隋唐、五代时期建筑技术和艺术

自三国开始,历经隋唐,以及五代时期是我国封建社会的第二次大统一,同时也是我国封建社会逐步走向成熟与兴盛的历史时期。这个时期的封建生产关系得到进一步调整,建筑技术更为成熟,木构建筑已有科学的设计方法,施工组织和管理方法更加严密。至今留有大量的古建筑实例。在三国时期,魏国在宫城建筑上独具特色。两晋、南北朝时期,虽然战乱、分裂,但在建筑艺术上有较高的成就。此外,这个时期佛教的传入,引起了佛教建筑的发展,高层佛塔出现了,并带来了印度、中亚一带的雕刻、绘画艺术,不仅使我国的石窟、佛像、壁画等有了巨大发展,而且也影响到建筑艺术,使汉代比较质朴的建筑风格变得成熟、圆淳。在隋朝,开凿大运河,建造大批宫殿苑囿。但隋朝很快就被中国历史上一个新的辉煌灿烂的朝代——唐朝所代替。唐朝手工业和商业高度发展,内陆和沿海城市空前繁荣,建筑也显现了突出的成就。在隋朝大兴城的基础上建造了当时世界上最大、规划最严密的都城——长安城。现存山西五台山南禅寺大殿和佛光寺大殿都是优秀的唐朝建筑。此外在佛塔、陵墓、桥梁等方面亦有优异的创造。唐朝建筑成就不仅促进中原地区建筑的繁荣,而且影响到新疆、西藏等边远地区以及周边国家,如当时的日本、朝鲜等。

2.1 城市与宫殿

2.1.1 城市

在城市建设方面,三国时期的邺城、北魏的洛阳、南朝的建康、隋朝的大兴(唐长安)与洛阳的建设是这一时期的最好典范。

1. 三国时期的邺城

从东汉末到三国时期,魏国首都邺城(图2-1)极具代表性。邺城在河南安阳东北,北临漳水,平面呈长方形。东西约3000 m,南北约2160 m,以一条东西大道将城分为南北两部分。南部为住宅,北部为苑囿、官署,分区明确,交通方便,为南北朝、隋唐的都城建设所借鉴。

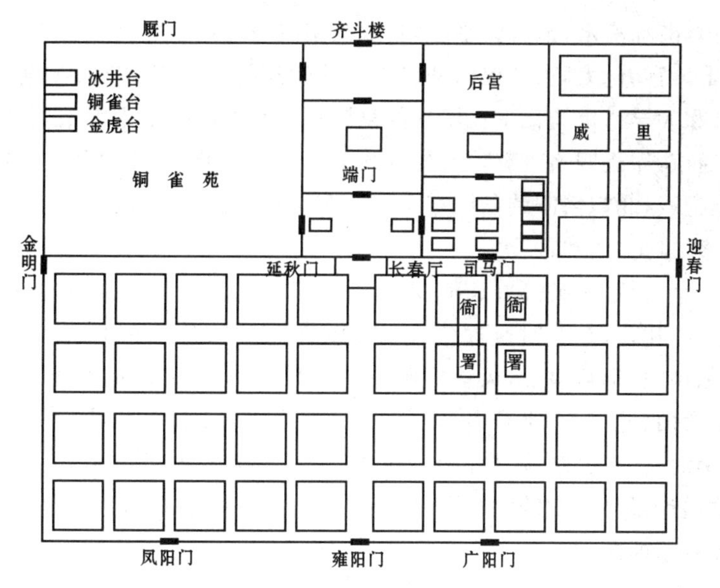

图 2-1 曹魏邺城平面想象图

2. 北魏时期的洛阳

根据近年考古发掘，北魏洛阳位于洛水北岸，由于洛水北移，遗址南面已被冲毁。城墙、城门、城内街道和永宁寺遗址已探明。据记载，北魏洛阳(图 2-2)东西 20 里(300 步为 1 里)，南北 15 里，有 220 个里坊，有外郭、京城、宫城三重。洛阳城中宫苑、御街、城壕、漕运等用水主要依靠谷水，因为谷水地势较高，由西北穿外郭与都城而注入华林园天渊池和宫城前铜驼街御道两侧的御沟，再曲折东流出城，注于阳渠以供漕运。

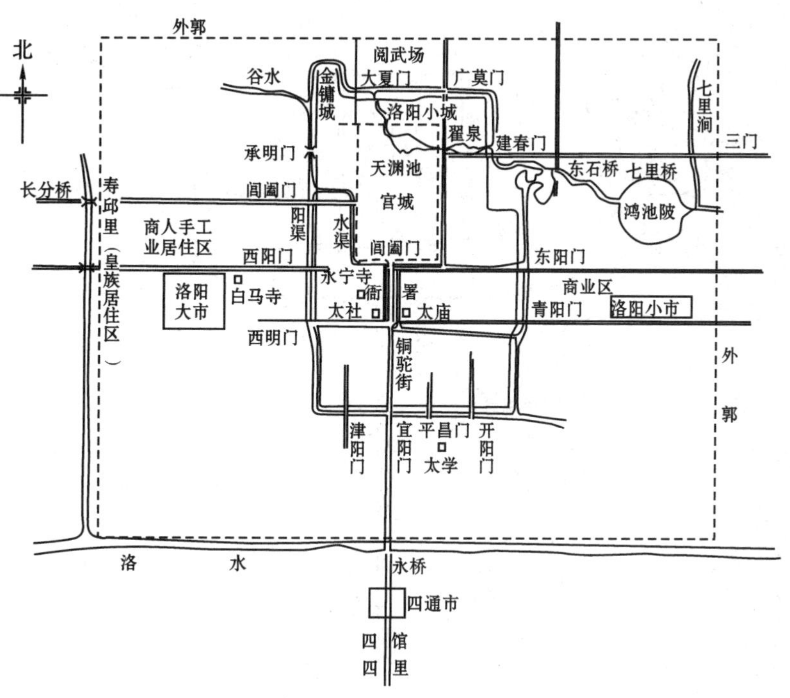

图 2-2 北魏洛阳平面想象图

洛阳北倚邙山，南临洛水，地势较平坦，自北向南有坡度向下。宫城偏于京城之北，京城居于外郭的小轴线上。官署、太庙、社稷坛和灵太后所营建的永宁寺都在宫城前御道两侧。城南还设有灵台、明堂和太学。市场集中在城东的洛阳小市和城西的洛阳大市两处，外国商人则集中在南门外的四通市，靠近四通市有接待外国人的夷馆区。此外，郭内还有一些专业性的市如马市、金市等。据记载，北魏洛阳的居民有十万九千余户，其繁盛程度可见一斑。

3. 南朝的建康

从汉献帝建安十六年，东吴孙权迁都建业起，历东晋、宋、齐、梁、陈，300余年间，共有六朝建都于此。东吴时称建业，东晋时改称建康。建康(图 2-3)位于秦淮河入江口地带，西临长江，北枕后湖，东依钟山，形势险要，风物秀丽，有“龙盘虎踞”之称。地形属于丘陵区，多起伏，城内有鸡笼山、覆舟山、龙广山、小仓山、五台山、清凉山、冶城山等布列于城北及城西一带，形势险要。建康城南北长，东西略狭，周围约 8900 m。北面是宫城所在地。宫城平面呈长方形，宫殿布局大体仿魏晋旧制，正中的太极殿是朝会的正殿，正殿的两侧建有皇帝听政和宴会的东西二堂，殿前又建有东西两阁。

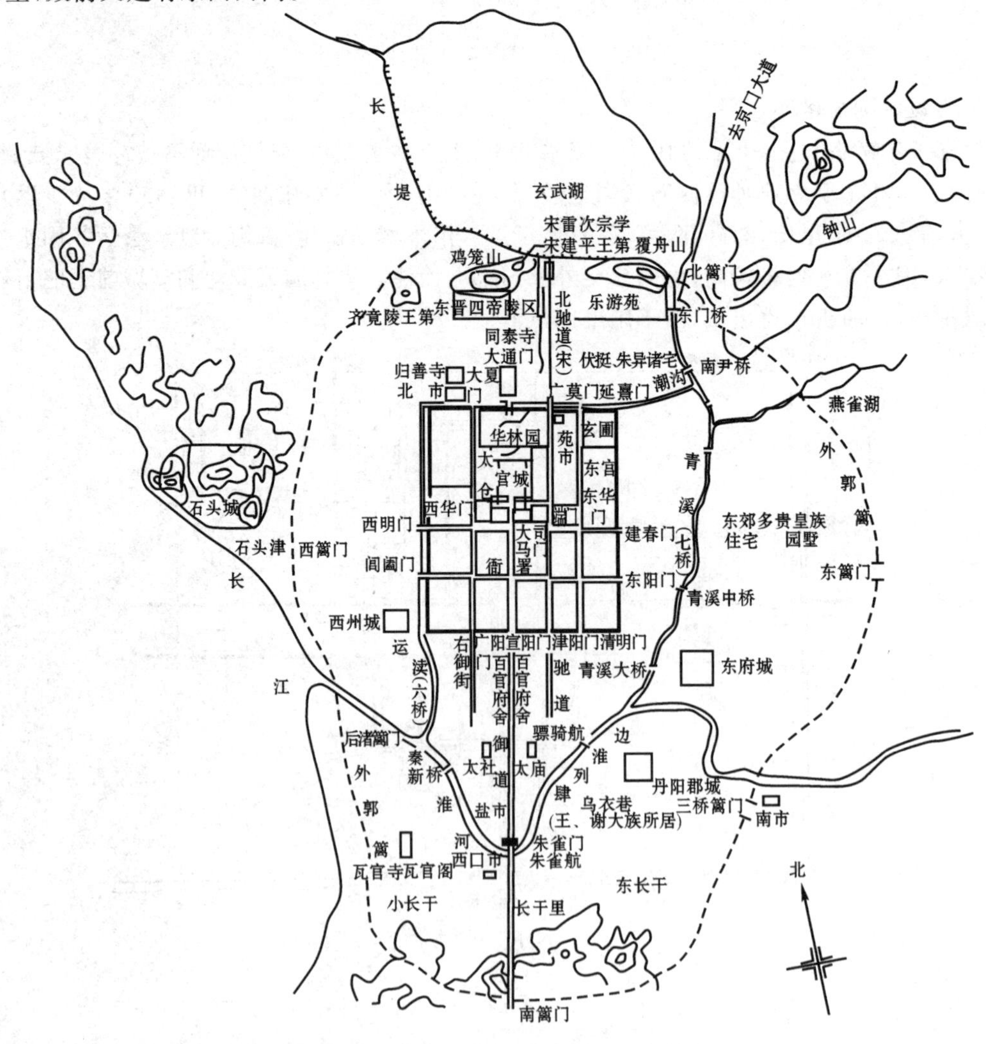

图 2-3　东晋及南朝建康平面想象图

4. 隋朝的大兴

隋朝建立第二年，就在汉长安东南龙首山南面建造都城——大兴城，先造宫城，次造皇城，最后筑外郭罗城。大兴城把官府集中于皇城中，与居民市场分开，功能分区明确，这是隋大兴城建设的革新之处。大兴城的规划大体上仿照汉、晋至北魏时所遗留的洛阳城，故其规模尺度、城市轮廓、布局形式、坊市布置都和洛阳相近。大兴城东西长 9721 m，南北长 8651 m，城内除中轴线北端的皇城与宫城外，划分 108 个里坊和 2 个市。城内道路是严格均齐方整的方格网式道路，且宽而直。宫城与皇城间的横街宽 200 m，皇城前直街宽 150 m，最窄的也有 25 m。在皇城前轴线两侧相对建有大兴善寺和元都观，在城西南建规模巨大的庄严寺，后又在其旁建总持寺。城东南角原有曲江，后改作芙蓉园，围入城内。城外北侧是皇帝的禁苑——大兴苑。

5. 唐朝的长安

隋大兴城是唐长安城(图 2－4)发展的基础。唐朝基本沿用了隋朝的城市布局，但主要宫殿向东北移至大明宫。长安城的市集中于东西二市，市的面积约为 1.1 km^2，周围用墙垣围绕，四面开门。长安城的里坊大小不一，小坊平面近方形，东西 520 m，南北 510～560 m，大坊则成倍于小坊。里坊的周围用高大的夯土墙包围。大坊四面开门，小坊只有东西二门。长安城有南北并列的 14 条大街和东西平行的 11 条大街。长安城道路系统的特点是交通方便、整齐有序。一般通向城门的大街都很宽，如中轴线上的朱雀大街宽 150 m，安上门大街宽134 m，通往春明门和金光门的东西大街宽 120 m，其他不通城门的街道，则宽 42～48 m 不等，沿城墙内侧的街道宽 20 m。城市排水是在街道两侧挖明沟，街道两旁种有槐树，称为“槐衙”。

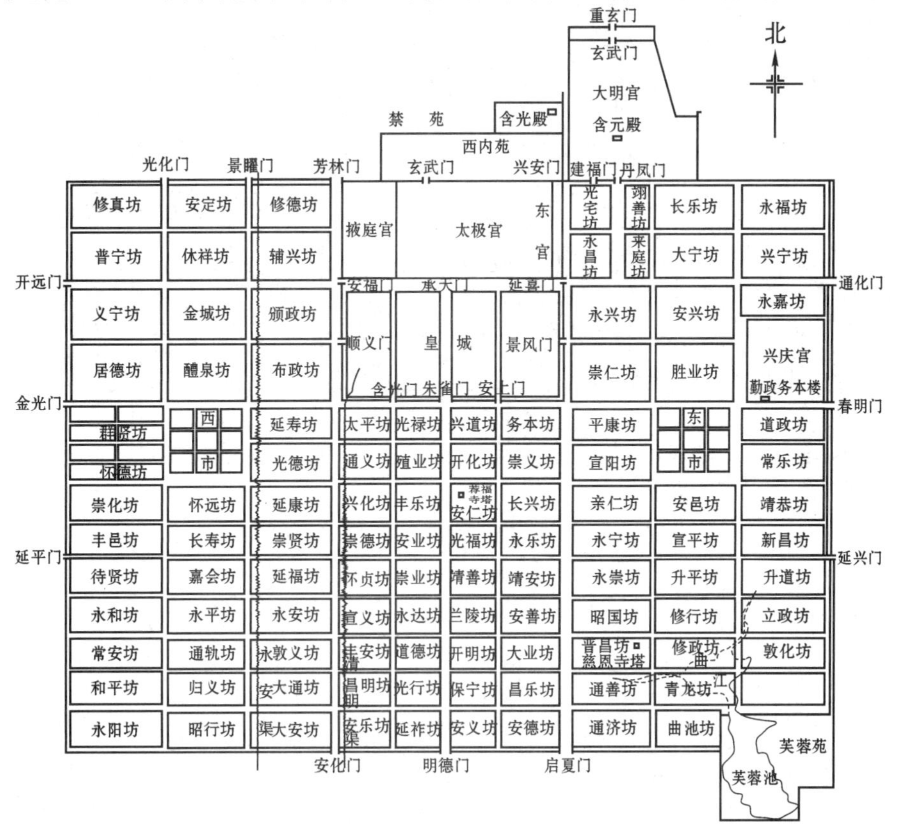

图 2－4 唐长安城平面想象图

6. 隋唐时期的洛阳

隋、唐二朝继汉以来东西二京的制度，以洛阳为东都。隋、唐东都洛阳(图 2-5)建于 7 世纪初，9 世纪末唐朝的首都自长安迁到洛阳。洛阳城位于汉魏洛阳城之西约 10 km，南北最长 7312 m，东西最宽 7200 m，平面近于方形。洛水自西向东贯穿全城，把洛阳分为南北二区。城中洛水上建有 4 道桥梁，连接南区和北区。洛阳规模比长安略小，宫城偏于西北隅，以别于首都的规制。洛阳共有 103 个里坊，里坊平面作方形或长方形，坊内都是十字街，坊外的街道一般只宽 41 m，比长安的街道窄。三处市场分布在水运交通出入方便的地点。洛阳城内有谷水、洛水、伊水入注，水源充沛，漕运比长安畅通。唐高宗时在皇城西侧苑内建造了上阳宫，其作用和长安的大明宫相似。

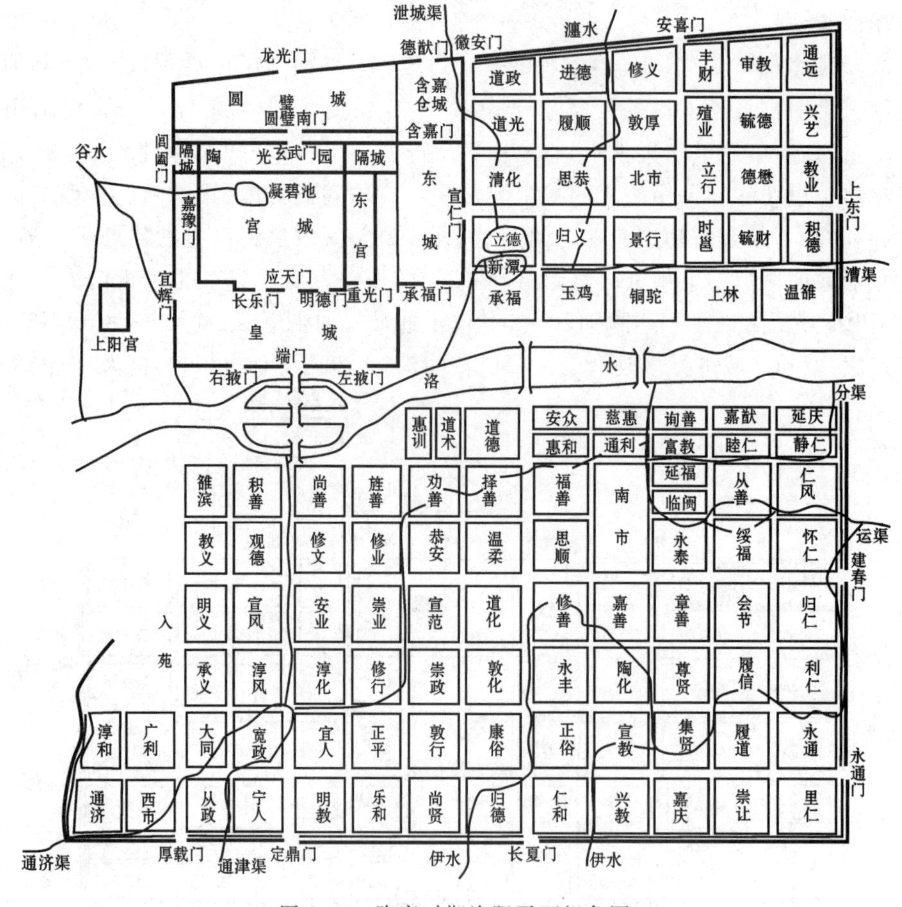

图 2-5　隋唐时期洛阳平面想象图

➢2.1.2　宫殿

这一时期宫殿建筑技术有了长足发展，最为典型的要属唐代大明宫了。

唐代大明宫(图 2-6)至今基址尚存。大明宫始建于 634 年，位于长安城东北龙首原高地，俯临全城，宫城平面呈不规则长方形。全宫自南端丹凤门起，北达宫内太液池蓬莱山，为长达数里的中轴线，轴线上排列全宫的主要建筑：含元殿、宣政殿、紫宸殿，轴线两侧采取大体对称的布局。全宫分为宫、省两部分，省(衙署)基本在宣政门一线之南；其北属于“禁中”，为帝王生活区域，其布局以太液池为中心而环列，依地形而灵活自由。宫城之北，为禁苑区。

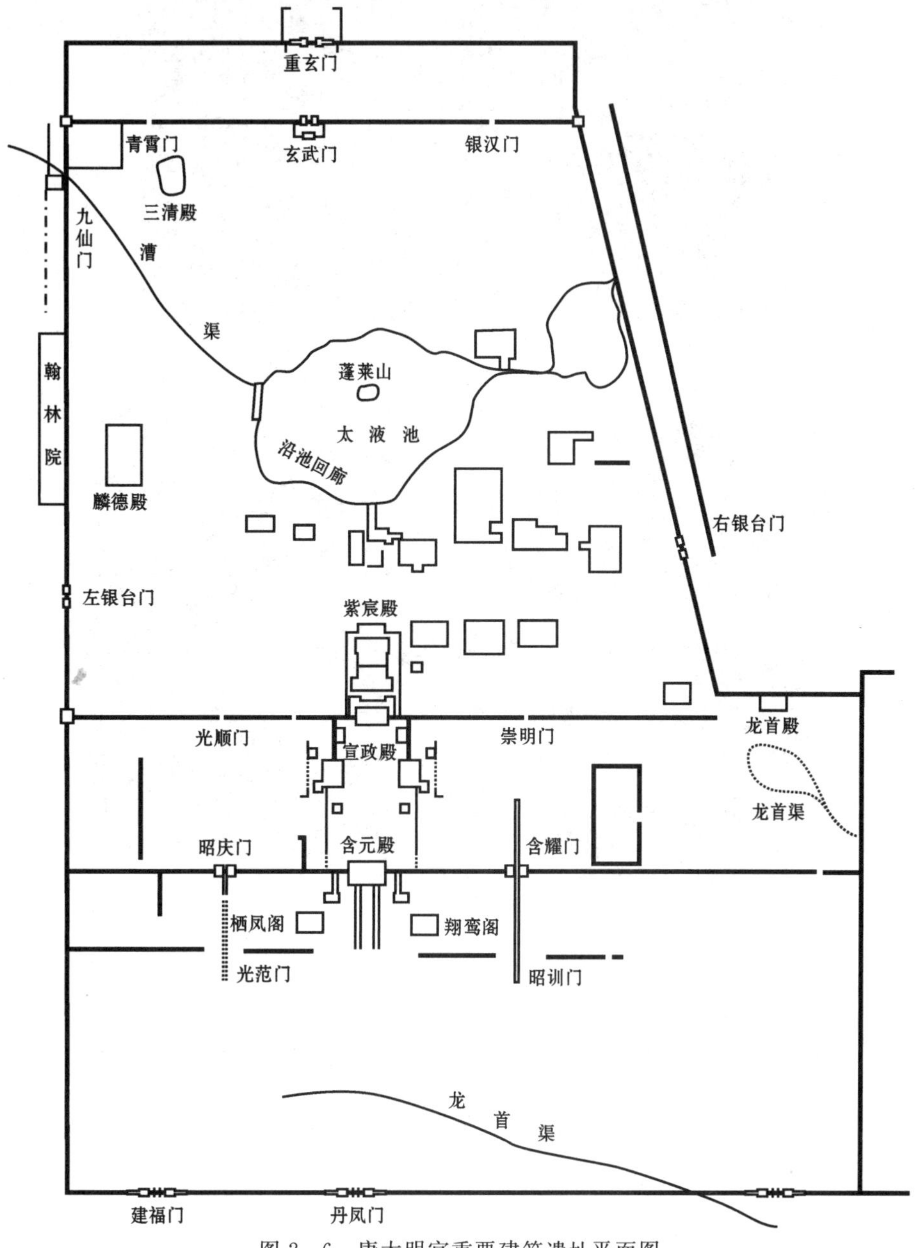

图 2-6 唐大明宫重要建筑遗址平面图

含元殿[图 2-7(a)]是大明宫主殿，踞龙首原高处，高出平地十余米，殿十一间，前有长达 75 m 的龙尾道。殿阶局部用永定柱平坐，这种较古的方法，唐以后逐渐淘汰。整组建筑气魄宏伟，足可代表当时高度发展的建筑水平。大明宫另一组雄伟的宫殿是麟德殿[图 2-7(b)]，由前、中、后三座殿组成，面阔十一间，总进深十七间，面积达 5000 m^2，约为故宫太和殿的3 倍。殿东西两侧又有亭台楼阁衬托，造型相当丰富多样。含元殿和麟德殿的开间尺寸，不过 5 m 稍多，最大梁栿跨距不过四椽，尺度不及后世，用料也相对较小。用较小的料而构成宏伟的宫殿，应该说技艺已相当纯熟。

(a)含元殿

(b)麟德殿

图 2-7　唐大明宫含元殿、麟德殿复原图

2.2　住宅与园林建筑

2.2.1　住宅

1. 三国两晋南北朝时期的住宅

三国两晋南北朝时期的北方贵族住宅，大门用庑殿式顶，且加鸱尾；围墙上连排直棂窗，内侧为廊包绕庭院。一宅之中，有数组回廊包绕的庭院及厅堂。有些房屋在室内地面布席而坐，也有些在台基上施短柱与枋，构成木架，在其上铺板而坐。

民族大融合使家具发生了很大变化，床增高，上部加床顶，周围施以可拆卸的矮屏。床上出现了倚靠用的长几、隐囊和半圆形凭几。两折四叠的屏风发展为多折多叠。这时垂足而坐的高坐具如方凳、圆凳、椅子、束腰形圆凳等也进入中原地区。

2. 隋唐五代时期的住宅

隋唐五代时期贵族宅第用乌头门，作为地位标识之一，常用直棂窗回廊绕成庭院，房舍不必拘泥对称布局。这时的贵族、官僚不仅继承南北朝时期造园传统，还在风景秀丽的郊外营建别墅。

唐到五代是中国家具大变革时期。席地而坐的习惯已基本绝迹，取而代之的是高座式家具，有长桌、方桌、长凳、腰圆凳、扶手椅、靠背椅、圆椅等。

2.2.2 园林建筑

1. 三国两晋南北朝时期的园林建筑

我国自然式山水风景园林在秦汉时开始兴起，三国两晋南北朝时期有了较大发展。贵族、官僚追求奢华生活，标榜旷达风流，以园林作为游宴享乐之所，聚石引泉，植树开涧，造亭建阁，以求创造一种比较朴素、自然的意境。如北魏洛阳华林园、梁江陵湘东苑等。

2. 隋唐五代时期的园林建筑

隋唐时期，曾大规模兴建宫室苑囿。隋文帝时建大兴苑，隋炀帝时在洛阳建西苑；唐朝建南苑，长安城东南隅的曲江曾一度是名胜风景区。在洛阳，因有洛水与伊水贯城，达官贵戚则引水开池，营建私园。唐代园林的发展曾影响日本与新罗，同时也促进了盆景的出现。

五代时，江南的经济有了一定的发展，苏州经历了一个造园的兴盛期。广州药洲“九曜园”的“九曜石”成为我国现存最早的园林遗石。

2.3 宗教建筑

中国古代存在过多种宗教，比较有影响的是佛教、道教和伊斯兰教。其中佛教历史最长，传播最广，留下了丰富的建筑和艺术遗产。佛教在东汉时期传到我国，在两晋、南北朝时期得到了极大的推崇和发展，建造了大量的寺院和佛塔以及石窟。隋唐及五代时期，各个宗教建筑特别是佛教建筑进一步发展，日趋成熟与完善。

2.3.1 寺院和佛塔

1. 三国两晋南北朝时期的寺院和佛塔

(1)寺院。北魏洛阳的永宁寺(图 2-8)是由皇室兴建的极负盛名的大刹。寺的主体部分由塔殿和廊院组成，并采取了中轴对称的平面布局，其核心是一座位于 3 层台基上的 9 层方塔，塔北建佛殿，四面绕以围墙，形成一区宽阔的矩形院落。院的东南西三面中央辟门，上建门屋，院北置较简单的乌头门。其余僧舍等附属建筑千间，则配置于主体塔院后方与两侧。寺墙四隅建有角楼，墙上覆以短椽并盖瓦，一如宫墙之制。墙外掘壕沟，沿沟栽植槐树。

其他佛寺，很多是贵族官僚捐献府第和住宅所改建的，以殿堂为主，往往“以前厅为佛殿，后堂为讲堂”。这些府第和住宅的建筑形式融合到佛寺建筑中，使佛寺内有许多楼阁和花木。北魏洛阳的建中寺即是如此。

由上述以佛塔为主和以殿堂为主的两种佛寺的布局方法，可看出外来的佛教建筑到了中国以后，很快被传统的民族形式所融化，创造出中国佛教建筑的形式。

(2)佛塔。佛塔原是佛徒膜拜的对象，后来根据用途的不同而又有经塔、基塔等。在两晋、南北朝时期，佛塔的主要形式有木构的楼阁式塔和砖造的密檐式塔。

①楼阁式塔。楼阁式塔是仿我国传统的多层木构架建筑的，它出现最早，数量最多，是我

图 2-8　永宁寺遗址平面图

国塔中的主流。以洛阳永宁寺塔为代表，它是北魏最宏伟的建筑之一(图 2-9)。木塔建于相当高大的台基上，它使用了木建筑的柱、枋和斗拱，塔身自下往上，逐层减窄减低，向内收进。塔高 9 层，正方形，每面 9 间，每间有 3 门 6 窗。门漆成朱红色，门扉上有金环铺首及 5 行金钉。塔顶的刹上有金宝瓶，四周悬挂金铎。

图 2-9　北魏永宁寺木塔复原图

②密檐式塔。河南登封嵩岳寺塔，建于北魏正光四年，是中国现存年代最早的砖塔(图 2-10)。塔平面为十二边形，是我国塔中的孤例，高 37 m，共 15 层，底层转角用八角形倚柱，

门楣及佛龛上已用圆拱券,但装饰仍有外来风格。密檐出挑都用叠涩,未用斗拱。塔心室为八角形直井式,以木楼板分为10层。塔身外轮廓有柔和收分,塔刹也用砖砌成。密檐间距离逐层往上缩短,与外轮廓收分配合良好。檐下设小窗。根据各层塔身残存的石灰面可知此塔外部色彩原为白色,这是当时砖塔的一个特点。嵩岳寺塔的结构、造型和装饰是我国古代砖塔建造的一种开创性尝试,它的成功对以后砖塔的建造产生了极大的影响。

图 2-10　河南登封嵩岳寺塔

2.隋唐五代时期的寺院和佛塔

(1)寺院。隋唐时期佛寺的平面布局是由殿堂门廊等组成,以庭院为单元的组群形式,主体建筑采用对称布置。殿堂成为全寺的中心,而佛塔退居到后面或一侧,或建双塔,矗立于大殿或寺门之前,较大的寺庙又划分为若干庭院。

①佛光寺。佛光寺位于五台县县城东北约 30 km 的佛光新村,主要轴线采取东西向,寺的总平面适应地形处理成三个平台,用挡土墙砌成(图 2-11)。大殿建在第三层平台上,建于857年。大殿分为台基、殿身、屋顶三部分,这是我国古代建筑典型的三段式构图(图 2-12)。殿身与屋顶之间安置斗拱,用来承托梁枋及檐的重量,将荷载传给柱子。斗拱由于奇巧的形状而具有较强的装饰性。佛光寺大殿的屋顶采用庑殿顶,高跨比为 1∶4.77,坡度相当平缓,显得稳重舒展;出檐很深远,挑出墙身近 4 m;斗拱雄大硕壮,与柱身比例为 1∶2,下连柱身上接梁、檩,既是一个独立部分,又是构架体中一个有机的组成部分。大殿平面呈长方形,面阔七开间,进深四开间,柱网由内外两周柱组成,形成面阔五开间、进深二开间的内槽和一周外槽(图 2-13)。内外柱高相等,但柱径略有差别,柱身都是圆形直柱,柱子粗壮敦实,上端略带卷杀,并都沿正侧两个方向微向内倾斜,而且越靠边的柱子倾斜得越明显,这种做法叫侧脚。此外,

柱列是从中间的柱子到两侧逐渐升高的，称作升起。这两种做法都对建筑结构起了稳定作用（图 2－14）。

图 2－11　山西五台县佛光寺

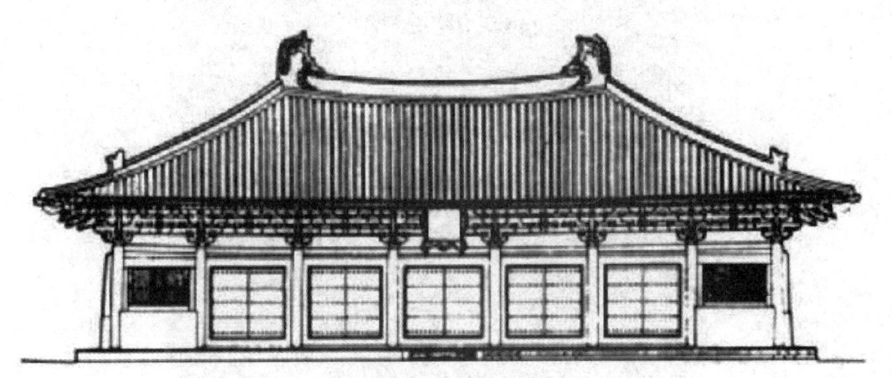

图 2－12　山西五台县佛光寺大殿立面图

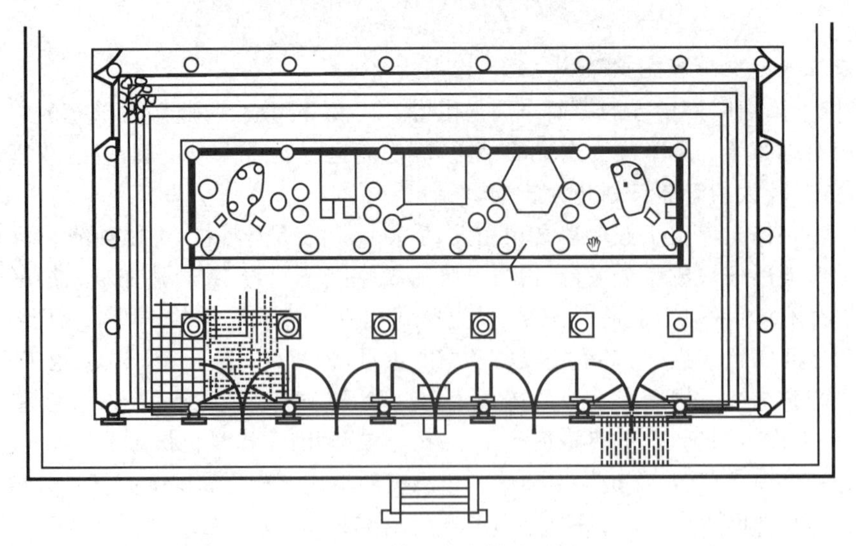

图 2－13　佛光寺大殿平面图

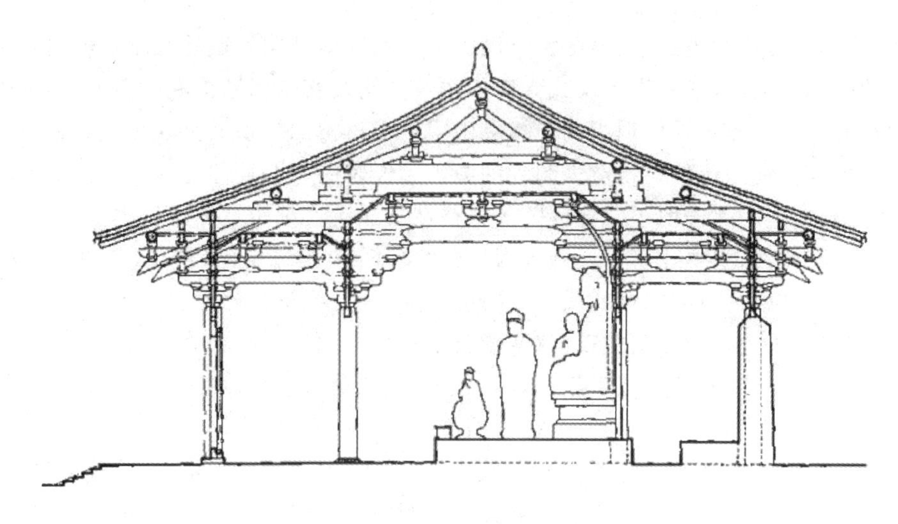

图 2－14 佛光寺大殿剖面图

佛光寺大殿在结构上采用的是梁柱结构。其做法是沿进深方向在石础上立柱，柱上架梁，梁上又立短柱，上架一较短的梁。这样重叠数层短柱，架起逐层缩短的梁架，最上一层立一根顶脊柱，就形成一组木构架。每两组平行的木构架之间，以横向的枋联结柱的上端，并在各层梁头和顶脊柱上，安置若干与构架成直角的檩子，檩上排列椽子，承载屋面荷载，联结横向构架。

佛光寺有一纪念性建筑物——经幢，建于唐乾符四年(877 年)，在山门和文殊殿之前，全高 4.9 m，直径为 0.6 m，形体较粗壮，装饰简单，下有须弥座，上覆宝盖，再置八角短柱、屋盖、山花焦叶、仰莲及宝珠。

②南禅寺。南禅寺(图 2－15)建于 782 年，是一座较小的佛殿，东西长 51.3 m，南北长 60 m，平面近方形，正殿平面面阔 11.75 m，进深 10 m，单檐歇山顶。它建造的年代比佛光寺大殿稍早，是我国现存的一座最早的木结构建筑。

图 2－15 山西五台山南禅寺

③大昭寺。大昭寺位于西藏拉萨东南部的八廓街，始建于唐贞观二十一年(647 年)，占地 25100 余 m^2。大昭寺作为平川式寺院建筑的代表，其周围环绕经堂、佛殿、回廊、院落的整体

结构形式,以其不对称的排列,明显区别于汉式寺院的整体结构。虽然大昭寺的主殿位于寺院整体结构的中轴线上,但是其高于汉式寺庙的建筑空间及其空间结构和构造方式,都表明了藏族寺院建筑的特色。而主殿外观中的单檐歇山式绝对对称的屋顶又反映了藏式建筑从一开始就受到汉族建筑传统的影响。建造大昭寺的缘由已经表明了初期即已存在的汉、藏、印度建筑风格的相互融合,同时也表明了藏式寺院的风格在公元 7 世纪中叶即已基本确立。

大昭寺由东面西,主要建筑为经堂大殿,大殿高 4 层,建筑构件(金顶、斗拱)为汉式风格,柱头和屋檐的装饰则为典型的藏式风格。主殿坐二、三层檐下,排列成行的 103 个木雕伏兽和人面狮身,寺内有长近千米的藏式壁画《文成公主进藏图》和《大昭寺修建图》。

④小昭寺。小昭寺始建于 7 世纪中叶,位于西藏拉萨八廓街以北,座西朝东。其早期建筑形式是汉唐风格,崇楼峻阁,金碧辉煌,极为精美壮丽。

小昭寺占地面积约 4000 m^2。其前部是庭院,后部是神殿及其门楼、转经回廊等附属建筑。门楼分三层,底层是明廊,二、三层是僧房和经室。明廊有 10 根直径 0.8 m 的大柱,皆为十六棱形。大柱周身有三条铜箍,铜箍上面透雕花瓣。柱子上半部雕有繁缛的花草纹,柱头上浮雕宝珠、回字纹、花瓣及连续的六字真言。明廊后部墙壁上绘有四大金刚和六道轮回图、极乐世界图等壁画。门庭后面为经堂。经堂进深 7 间,面阔 3 间,30 柱。其中中部 4 根大柱直通二层之上撑起高敞天窗。柱高 6.2 m,直径为 0.46 m;其余 26 根柱子高 2.8 m,直径为 0.48 m。柱头皆为卷云纹、宝珠、莲花纹等雕饰。后部是佛殿,内有 2 柱,无柱础,东西长 4.35 m,南北宽 5.4 m。

(2)佛塔。隋、唐、五代的许多木塔都已不存在。现保存的砖塔,有楼阁式塔、密檐式塔和单塔三种。

①楼阁式塔。隋、唐、五代留下来的楼阁式塔中,有建于唐朝的西安兴教寺玄奘塔、西安香积寺善导塔、西安大雁塔,建于五代的苏州云岩寺塔。其中,玄奘塔是中国现存楼阁式砖塔中年代最早和形制简练的代表作品。

玄奘塔(图 2-16)是中国佛教史上有名的高僧玄奘的墓塔,建于 669 年。塔平面呈方形,高 21 m,5 层,每层檐下部用砖做成简单的斗拱。斗拱上面,用斜角砌成“牙子”,其上再加叠涩出檐一层砖墙,没有倚柱,以上 4 层则用砖砌成一半八角形柱的倚柱,再在倚柱上隐去额枋、斗拱。

图 2-16　西安兴教寺玄奘塔

在我国仿木的楼阁式砖塔中，苏州云岩寺塔(图 2-17)是最早用双层塔壁建造的佛塔。塔建于五代时期(959 年)，平面呈八角形。塔体可分为外壁、回廊、塔心壁、塔心室，底层原有副阶。塔高 7 层，残高 47 m，大部用砖，仅外檐斗拱中的个别构件用木骨加固，塔身逐层向内收进。

图 2-17　苏州云岩寺塔

②密檐式塔。唐朝的密檐塔中，平面多作方形，外轮廓柔和，砖檐多用叠涩法砌成。实例有西安荐福寺小雁塔、云南大理崇圣寺千寻塔、河南登封的永泰寺塔和法王寺塔等。

荐福寺小雁塔建于 707—710 年(图 2-18)。塔平面呈方形，底层宽 11.25 m，建在砖砌高台上，原有密檐 15 层，现存 13 层，残高约 43 m，底层南北各开一门，塔室为正方形，以上各层在壁面设拱门，底层壁面整洁，末置倚柱、阑额、斗拱等。各层均以砖叠涩挑出，上再置低矮平座。

图 2-18　西安荐福寺小雁塔

云南大理崇圣寺千寻塔，建于南诏国最繁盛时期，是现存唐代最高的砖塔之一(图2-19)。塔平面呈方形，高约 60 m，密檐 16 层，台基 2 层。它属方形密檐式空心砖塔，是我国偶数古塔层数最多者。塔身内壁垂直，上下贯通，设有木质楼梯，可以登上塔顶一览大理全貌。

图 2-19　云南大理崇圣寺千寻塔

唐代密檐塔的塔身多数朴素无饰但具有显著收分，塔身建在扁矮的台基上，塔身以上是层层密叠的叠涩檐，相对地面的出檐比较长，而且整座塔的卷杀在中段比较凸出而顶部收杀比较缓和，这就使唐代密檐塔的外形较北魏的嵩岳寺塔更加挺拔。

③单塔。单层塔多作为僧人墓塔，有砖造也有石造，平面多是正方形，但也有六角、八角或圆形的，规模小，高度一般在 3～4 m 以内。其中河南登封嵩山会善寺的净藏禅师塔、山西平顺明惠大师塔及山东济南神通寺四门塔都是重要例证。

山东济南神通寺四门塔建于 611 年，全部石建(图 2-20)。塔平面呈方形，每面宽 7.38 m，全高约 15 m。塔中央各开一圆拱门，塔室中有方形塔心柱，柱四面皆刻佛像，塔檐挑出叠涩 5 层，然后上收成四角攒尖顶，四周置山花蕉叶，顶上有方形须弥座，中央安置一座雕刻精巧的刹。全塔除刹略带装饰性外，都由朴素的石块所构成。

图 2-20　济南神通寺四门塔

➢2.3.2 石窟

中国的石窟来源于印度的石窟寺。石窟寺是佛教建筑的一个重要类型，它是在山崖壁上开凿出来的洞窟形的佛寺建筑。它和中国的崖墓相似但又不同。崖墓是封闭的墓室，石窟寺是供僧侣的宗教生活之用。南北朝时期，凿崖造寺之风遍及全国，西起新疆，东至山东，南至浙江，北至辽宁。著名的石窟有大同云冈、洛阳龙门、敦煌鸣沙山、天水麦积山、永靖炳灵寺、巩义石佛寺、邯郸南北响堂山。这些石窟寺的建筑和精美的雕刻、壁画等是我国古代文化的一份宝贵遗产。从建筑功能布局看，石窟可分为三种：一是塔院型，即以塔为窟的中心，这种窟在大同云冈石窟中较多；二是佛殿型，佛像是窟中心的主要内容，这类石窟较多；三是僧院型，主要供僧侣打坐修行之用，其布置为窟中置佛像，周围凿小窟若干，每窟供一僧打坐，敦煌285窟即属此类。

1. 山西大同云冈石窟

武周山在山西大同西面16 km处，云冈石窟在此处开凿。云冈石窟长约1 km，有窟40多个，大小佛像5万余尊，是我国最大的石窟群之一(图2－21)，始建于453年，有名的昙曜五窟(现编号为16～20窟)，就是当时的作品。由于石质较好，所以全用雕刻而不用塑像及壁画，虽然吸收了印度的塔柱、希腊的卷涡柱头、中亚的兽形柱头以及卷草、璎珞等，但在建筑上，从整体到局部，都已表明了中国传统的建筑风格。早期的石窟平面呈椭圆形，顶部为穹隆状，前壁开门，门上有洞窗，后壁中央雕大佛像，其左右侍立助侍菩萨，左右壁又雕刻许多小佛像，布局较紧促，洞顶及洞壁未加建筑处理。后来平面多采用方形，规模大的分成前后两室，或在室中设塔柱。窟顶使用覆斗或长方形、方形平棋顶棚。

图2－21 大同云冈石窟

2. 山西太原天龙山石窟

天龙山石窟在太原西南40 km处，始凿于东魏，有24窟。窟平面呈方形，室内三面设龛，均无塔柱，顶部都是覆斗形(图2－22)。天龙山第16窟完成于560年，是北齐时期最后阶段的作品。它的前廊面阔三间，八角形，列柱在雕刻莲瓣的柱础上，柱子比例瘦长，且有显著的收分，柱上的桥头、斗拱的比例与卷杀都做得十分准确，廊子的高度和宽度以及廊子和后面的窟门的比例，都恰到好处。天龙山石窟中仿木建筑的程度进一步增加，表明石窟更加接近一般庙宇的大殿(图2－23)。

图 2-22　太原天龙山石窟外景

图 2-23　太原天龙山石窟立面图

3. 甘肃敦煌石窟

敦煌石窟始凿于东晋穆帝永和九年(353 年)或前秦苻坚建元二年(366 年),在敦煌市东南的鸣沙山东端。现存北魏至西魏窟 22 个,隋窟 96 个,唐窟 202 个,五代窟 31 个,北宋窟 96 个,西夏窟 4 个,元窟 9 个,清窟 4 个。鸣沙山由砾石构成,不宜雕刻,所以用泥塑及壁画代替。敦煌地广人稀,且气候干燥,上述作品才能得以长期保存。北魏各窟多采用方形平面;或规模稍大,具有前后两室;或在窟中央设一巨大的中心柱,柱上有的刻成塔状,有的雕刻佛像;窟顶则做成覆斗形、穹窿形或方形、长方形平棋。在布局上,由于窟内主像不过分高大,与其他佛像相配比较恰当,因而内部空间显得广阔。窟的外部多雕有火焰形券面装饰的门,门以上有一个方形小龛。

石窟寺在唐朝达到了高峰,凿造石窟的地区,由南北朝的华北范围扩展到四川盆地和新疆。凿造的形式和规模,由容纳高达 17 m 多大像的大窟到高仅 30 cm 乃至 20 cm 的小浮雕壁像。

石窟在窟型上的演变过程如下:隋基本上和北朝相同,多数有中心柱;初唐盛行前后两室,后室供佛像,前室供人活动;盛唐改为单座大厅堂,只有后壁凿佛龛容纳佛像,接近于寺院大殿的平面。唐代主要凿就的石窟分布在龙门和敦煌。龙门奉先寺是龙门石窟中最大的佛洞,南北宽约 30 m,东西长约 35 m,672 年开凿,675 年完成。主像卢舍那佛通高 17.14 m,两侧有天神、力神等雕刻。此外,敦煌、龙门和四川乐山等处开凿的摩崖大像是唐以前所没有的。这些像都覆以倚崖建造的多层楼阁。

2.4 陵墓建筑

2.4.1 三国两晋南北朝的陵墓建筑

建业曾先后是东晋和南朝的宋、齐、梁、陈的都城，陵墓分布在南京、句容、丹阳等地。南京西善桥大墓，是南朝晚期贵族的大墓（图 2-24）。墓室作纵深的椭圆形，长 10 m，宽与高均为 6.7 m，上部为砖穹隆顶。甬道也是砖砌成的，甬道墙上用花纹砖拼装，设有石门两道，门上浮雕人字形叉手。现存的南朝陵墓大都无墓阙，而在神道两侧置附翼的石兽，其中皇帝陵用麒麟，贵族墓用辟邪（图 2-25），左右有墓表及碑。其中萧景墓墓表的形制简洁、秀美，是汉以来墓表中最精美的一个（图 2-26）。

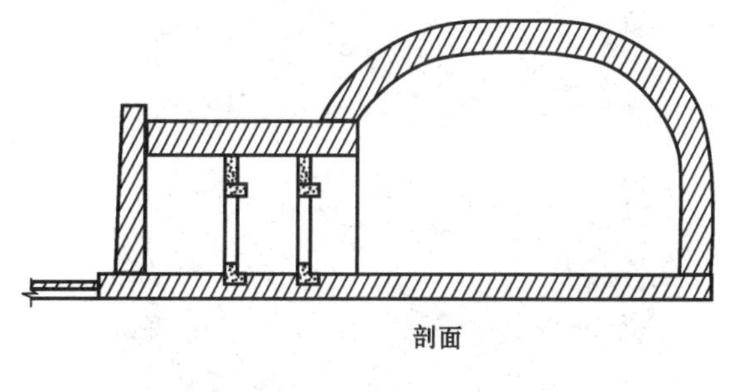

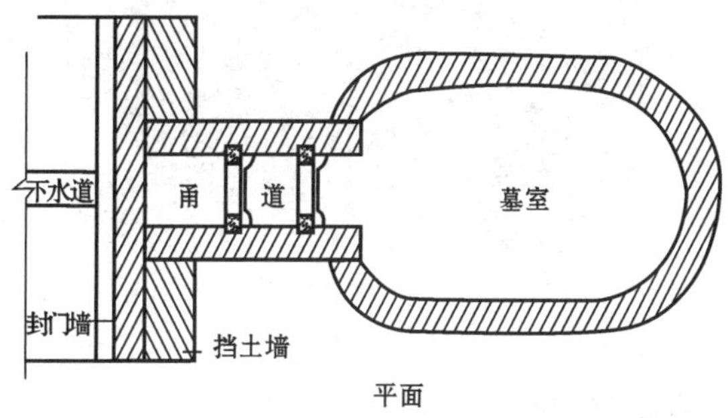

图 2-24 南京西善桥南朝大墓平、剖面图

图 2-25 梁萧绩墓石辟邪

图 2-26 南京梁萧景墓墓表

在河南邓州曾发现一座彩色画像砖墓(图 2-27),距今一千三四百年,墓的券门上画有壁画,壁画之外砌了一层砖,中间灌以粗砂土。墓分墓室和甬道两部分,墓壁左右各有几根砖柱,柱上砌有 38 cm×19 cm×6.5 cm 的画像贴面砖,用 7 种颜色涂饰。由此看到这个时期墓室色彩处理的手法和效果。

图 2-27　河南邓州画像砖墓战马画像砖、妇人出游画像砖

2.4.2　隋唐时期的陵墓建筑

唐朝陵墓主要利用山形,因山而坟。在唐朝 18 处陵墓中,仅三陵(献陵、庄陵、端陵)位于平原,其余均利用山丘建造。在唐陵中,唐高宗与皇后武则天合葬的乾陵最具代表性。

乾陵(图 2-28)位于乾县北梁山上,梁山分三峰,北峰居中,乾陵地宫即在北峰凿山为穴,辟隧道深入地下。乾陵地上情况是:主峰四周为神墙,平面近方形,四面正中各辟一门,各设门狮 1 对,神墙四角建角楼。南神门内为献殿遗址,门外列石像生,自南往北:华表、飞马、朱雀各 1 对,石马 5 对,石人 10 对,碑 1 对。华表南即东西乳峰,上置乳阙,阙南又有双阙为陵南端入口。

乾陵附近陪葬近亲的墓有 17 处,其中之一即高宗的孙女永泰公主夫妇的墓,位于乾陵东南 2.5 km。永泰公主墓属封土堆墓,其墓穴是砖砌墓,由墓道、过洞、天井、雨道、墓室构成,墓的四周有围墙,围墙南北长 275 m,东西长 220 m。墓区总面积为 6050 m^2。四角有角楼,正南有夯土残阙 1 对。阙前依次列石狮 1 对,石人 2 对,华表 1 对。地下部分总长约 87.5 m。轴线较地上轴线偏东 8.65 m。轴线上依次为墓道、甬道和前后两个墓室,主要墓室在夯土台正下方，深 16 m。墓道、甬道、前后墓室壁面均加绘画，有龙虎、宫阙、仪仗、侍女等，顶部绘日月群星天象，又有柱枋、斗拱、平棋等。

五代时期的陵墓曾发掘过的有南京附近的南唐李昪的钦陵、李璟的顺陵及成都前蜀王建的永陵。

图 2-28 陕西乾县唐乾陵

藏王墓是唐朝(7—9 世纪)吐蕃赞普的墓葬群，位于西藏山南市琼结县护城河南侧，占地面积约 385 km^2。藏王墓的墓葬大小不一，排列也不整齐，墓地东西长约 2076 m，南北宽约 1407 m，主要分为东、西两个陵区，两区相距约 800 m。西陵区共发现 13 座陵墓，东陵区共发现 7 座陵墓。藏王墓的封土形制分为方形平顶和梯形平顶两种，以方形居多，封土大多用土、木、石等材料夯筑而成，各墓的封土半数高约 10 m，墓封坡面为夯层，每一夯层 15～20 cm 厚，层层夯实，形成高大方形墓封，其上层土墩为椭圆形，墩顶极平坦，东西长约 130 m，下层为长方形土台，周边不齐整。藏王墓是西藏自治区保存较好、规模较大的王陵，包括松赞干布墓、赤德松赞墓。

2.5 建筑技术和艺术

两晋、南北朝、隋唐、五代时期建筑材料的发展，主要是砖、瓦产量和质量的提高与金属材料的运用。建筑材料有砖、石、瓦、玻璃、石灰、木、竹、金属、矿物颜料和油漆等，砖的应用逐步增加，如砖墓、砖塔。其中金属材料主要用作装饰，如塔刹上的铁链、门上的金钉等。到了隋唐五代时期，用铜铁铸造的塔、幢、纪念柱和造像等日益增加，如五代时期南汉铸造的千佛双铁塔。石砌的塔、墓和建筑也很多。石雕艺术则多见于石窟、碑和石像方面。瓦有灰瓦、黑瓦和琉璃瓦三种。灰瓦用于一般建筑；黑瓦用于宫殿和寺庙；琉璃瓦以绿色居多，蓝色次之；还有用木作瓦，外涂油漆。

在技术方面，大量木塔的建造，显示了木结构技术的水平。这一时期的中小型木塔用中心柱贯通上下，以保证其整体的牢固，这样斗拱的性能得到进一步发挥。这一时期的木结构构件仅敦煌石窟保存着几个单拱。木结构形成的风格是建筑构件在两汉的传统上更为多样化，不但创造若干新构件，它们的形象也朝着比较柔和精丽的方向发展。如台基外侧已有砖砌的散水；柱础出现覆盆和莲瓣两种新形式；八角柱和方柱多数具有收分；此外还出现了梭柱，如定兴义慈惠石柱上小殿檐柱的卷杀就是以前未曾见过的梭柱形式。栏杆式样多为勾片，柱上的栌斗除了承载斗拱以外，还承载内部的梁；斗拱有单拱也有重拱，除用以支承出檐以外，又用以承载室内顶棚下的枋。

砖结构在汉朝多用于地下墓室，到北魏时期已大量运用到地面上了。河南登封嵩岳寺塔标志着砖结构技术的巨大进步。

在建筑构件方面，房屋下部的台基，除临水的建筑使用木结构外，一般建筑用砖、石两种材料，再在台基外侧设一周散水。

石工技术，到三国两晋南北朝时期，无论在大规模石窟开凿上或在精雕细琢的手法上，都达到很高的水平，如麦积山和天龙山的石窟外廊雕刻。

从三国两晋时期开始，建筑装饰花纹在石窟中极为普遍，除了秦汉以来的传统花纹外，随同佛教传入我国的装饰花纹，如火焰纹、莲花、卷草纹、璎珞飞天、狮子、金翅鸟等，不仅应用于建筑方面，还应用于工艺美术等方面。特别是莲花、卷草纹和火焰纹的应用范围最为广泛。

在木材方面，木建筑解决了大面积、大体量的技术问题，并已定型化。特别是斗拱，构件形式及用料均已规格化。说明当时的用材制度已经确立。用材制度的出现，又反映了施工管理水平的进步，加速施工速度，便于控制用材用料，同时又起到促进建筑设计的作用。

在屋顶形式方面，重要建筑物多用庑殿顶，其次是歇山顶与攒尖顶。极为重要的建筑则用重檐。

概括地说，现存北朝建筑和装饰的风格，最初是茁壮、粗犷，微带稚气。到北魏末年后，呈现着雄浑而带巧丽、刚劲而带柔和的倾向。南朝遗物在6世纪已具有秀丽柔和的特征。到了隋唐五代时期，建筑方法及风格进一步发展：规模宏大，气魄雄浑，用料考究，格调高迈。总之，这是中国建筑风格在逐步形成的历史过程中一个生气蓬勃地发展并逐步走向全盛的阶段。

思考题

1. 举例说明两晋、南北朝时期寺院与佛塔的类型。
2. 举例说明南北朝时期的石窟艺术。
3. 唐朝官殿建筑有什么特点？
4. 佛光寺的平面布局和结构特点是什么？
5. 唐塔的类型及特点是什么？
6. 唐陵的特点是什么？

第3章 宋、辽、金、西夏建筑

学习要点

1. 宋代建筑“以材为祖”的设计模式
2. 宋代的工字型住宅，院落式合院建筑
3. 佛宫寺释迦塔的结构特点
4.《营造法式》的内容及特点

3.1 城市与宫殿

3.1.1 宋、辽、金、西夏社会背景概述

10世纪中期到13世纪末期，中国处在宋、辽、金、西夏多民族政权的并列时代。960年，宋太祖赵匡胤夺取后周政权，建立宋朝(史称北宋)，从此中国的中原地区和长江以南结束了战乱割据的局面。但在中国的北部和西部仍有少数民族建立的辽、西夏等政权与北宋政权并存，且时常发生战争。北宋中期，地处中国北部的女真族兴盛起来，于1115年建立金朝。1125年，金灭辽，1127年又灭北宋。宋室南迁，建立南宋。这时又出现了南宋与金、西夏对峙的局面。西夏、金先后为蒙古军队所灭。1271年元朝建立，并于1279年灭南宋，中国再次统一。

北宋统一前半个多世纪的割据战争使得北方地区的经济受到巨大的创伤。北宋统一政权后，采取多项措施使农业得到迅速恢复和发展，随之手工业、商业也形成较为发达的局面。大型娱乐性建筑大量沿街兴建。宋代对外军事软弱、对内加强剥削镇压，加强思想控制，因此提出了以文治国的思想，全国各地办起官学，同时私人创办书院之风涌起。文治建筑的发展，促成了文化的空前繁荣与科学技术的进步。

这一时期使用斗拱的建筑，皆以斗拱中拱、枋的断面为模数，用以控制建筑中的结构构件尺寸。这一时期遗存建筑的平面大多为近方形或长方形，少数有正八边形、十字形、T字形。在宋画中可以看到更为复杂的建筑平面，如《滕王阁图》《岳阳楼图》所画的楼阁建筑。建筑立面由屋顶、斗拱、柱子、阶基等部分组成。这一时期，屋顶形式有四阿顶、九脊顶、两坡顶。实际运用中出现了将这几种屋顶组合成更复杂的形式，例如滕王阁、黄鹤楼。

这一时期佛、道二教相互融合，道教受到统治阶级的提倡有所发展，迷信思想相当流行，影响到了当时的建筑，再加上受到北方少数民族契丹、蒙古等建筑的影响，塔形建筑十分兴盛。

3.1.2 城市

1. 东京城（图 3-1）

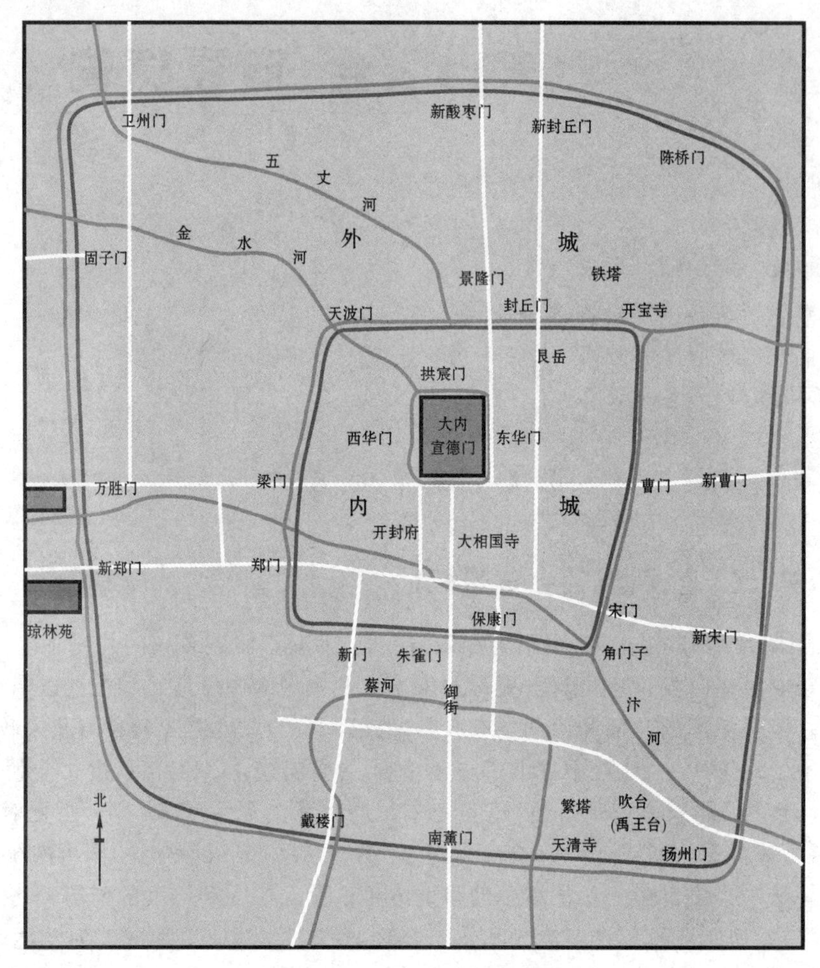

图 3-1 宋代东京城平面图

北宋东京（今开封市）创建于春秋时期（公元前 770—前 476 年），到唐代已成为中原地区的一座州城，五代时期（907—960 年）又曾成为地方政权的都城，称汴京。后周显德二年（955 年）对汴京进行了较大规模的改建，开拓街坊，展宽道路，疏浚河道，加筑外城。北宋统一全国后，认为汴京的城市建筑基础好，地理位置适中，便于利用南方物资，政治环境好，于是便定都在此，名为东京。自宋太祖建隆四年（963 年）开始，对东京进行了扩建和改建。

社会经济的发展和生产工具的进步，推动了整个社会的前进，在城市布局上打破了汉唐以来的里坊制度，按行业成街，各地出现了灯火辉煌的夜市，甚至还有自由形成的“草市”。这些情况都显示工商业和手工业的发展使得市民生活、城市机能和政治机构都发生了根本的变化。

据文献记载，东京城有三重城：皇城、内城、外城。皇城居内城偏北，外形呈长方形，北短、东西长。皇城共辟有六门，各城门皆有瓮城。内城位于外城偏北，除皇宫外就是府衙、寺庙、贵族宅邸及商店作坊的主要集中地。在北宋中期已经取消用围墙包围的里坊和市场。东京的主要街道都是通向城门的各条大街，很宽阔，其他街道则比较狭窄。住宅和店铺、作坊都面临街道建造，城的东北、东南、西部由于不断与辽金使臣来往、运河漕运，因此是人流货流最集中的地方，人员稠密。为了防火，城中建有若干望火楼，便于随时救火巡逻，这在宋以前的城市建设中是没有的。

东京城内有汴河、蔡河、金水河、五丈河四条河流贯穿其中，这些河上建有各式各样的桥梁，桥梁数量之多是其他朝代所少见的，仅汴河就有桥 13 座，蔡河有桥 11 座。

东京城的城市结构，最值得关注的就是由里坊制走向了街巷制。早在后周世宗加筑外城时，就已确定，外城由官府做出规划，划定街巷、军营、仓场和官署用地后，“即任百姓营造”。这已经迈出了冲决集中设市和封闭里坊的第一步。北宋初年，东京城仍实行过里坊制和宵禁制，设有东、西两市。但商业、手工业的发展，出现了“工商外至，络绎无穷”的局面，宋太祖即位的第六年，就正式废除夜禁，准许开夜市。仁宗时进一步拆除坊墙，景佑年间又允许商人只要纳税，就可以到处开设店铺。这样，封闭坊市的时间限制和空间限制都被打破，完成了从封闭的里坊制向开放的街巷制的过渡。

开放的街巷制给东京城带来一片繁华景象：一是商业街成批出现，专业性市街和综合性市场相辅相成。二是夜市、早市风行。酒楼、茶坊、饮食摊贩多通宵营业。早市从五更即开张，人称“鬼市子”。三是周期性市场的开辟，以大相国寺庙会最为著名，每月开放 5 次。四是商业、饮食业、娱乐业建筑空前活跃。东京街市上，酒楼有正店、脚店之分。称为正店的大酒楼有 72 户，都设在热闹街市。标为脚店的小酒楼，则散布全城，数量之多不能遍数。大酒楼建筑最为瞩目，“三层相高，五楼相向，各有飞桥栏槛，明暗相通”。酒楼门前皆缚彩楼欢门。九桥门街的酒店，“彩楼相对，绣旗相招”，竟达到“掩翳天日”的地步。宋代建筑规制还明确规定：“凡屋宇非邸店楼阁临街市之处，毋得为四铺作、闹斗八”，对这些临街酒楼、旅店，给予了特许饰用斗拱和藻井的优待，表现出对商业街市艺术表现力的重视。被称为“瓦子”的游艺场，更是新出现的建筑类型。每处瓦子都设有供表演的戏场——“勾栏”和容纳观众的“棚”。大型“瓦子”竟有“大小勾栏五十余座”，大型的“棚”竟达到“可容数千人”的规模。这些前所未有的街景和建筑，深刻地反映出城市商品经济的活跃和市民阶层的崛起，标志着中国城市发展的重大转折。

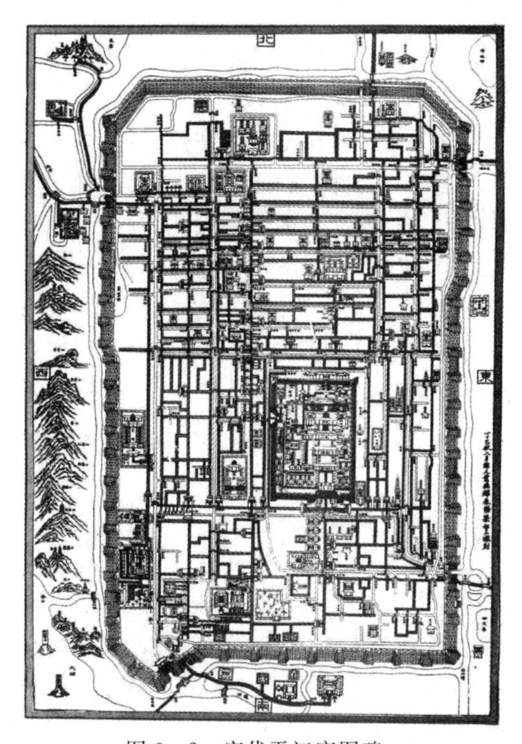

图 3-2　宋代平江府图碑

2. 宋平江城

平江是北宋末和南宋时期的府城，即今江苏省苏州市。春秋时为吴国都城，称阖闾城。隋唐以来，苏州已是江南一座繁华的商业手工业城市。南宋初年遭战乱破坏。绍定二年（1229 年），郡首李寿朋把重整坊市后的平江城平面图刻于石碑上，通称平江府图碑（图 3-2）。它是现存最古老的苏州城图，也是流传下来的最完整、最详密的宋代城市图。

平江城位于长江下游南岸，南临太湖，大运河绕城西南而过，城内外河湖串通，以河网纵横著称。从碑图上可以看出，平江城有两重城墙。外城呈长方形，面积约 14 km^2。城墙外均有护城河环绕。有城门五座，各门都是水门、陆门并列。子城在外城中部，是平江府衙所在地。子城内分布有府院、厅司、兵营、宅舍、库房、园林，南门轴线上前部建府衙厅堂，后部有王字形平面的宅堂。

平江城利用水网地区条件，采取水路、陆路两套相互结合的交通系统。主要街道都取横平竖直的南北向或东西向，以丁字或十字相交。街巷多与河道并行，主要街道多是“两路夹河”格局，巷道则是“一河一路”并列。河道总长达 82 km，共有大小桥梁 359 座。

子城以北地段是大片居住区，划分出南北向的街道与东西向的联排长巷。巷内建宅，巷口立牌坊，巷外为商业街道。这是北宋东京城废除里坊制后出现在平江城的早期街巷面貌。后来元大都和明清北京的联排式胡同就是承继这种布局。子城以南地段集聚较多的官署、学校、寺观、园林，其街道多为网状方格，无联排的横巷，有的还带有十字形小街，是唐代里坊的残迹。这生动地烙刻下平江城从里坊制转向街巷制的印记。

平江城的规划建设，充分体现出因水制宜的特色。住宅多是前巷后河，呈现“人家尽枕河”“家家门外泊舟航”的景象。城墙、城门的设置都不强求方正、对位。外城墙的四角除东南角为直角外，都根据畅通河流、便利行舟和防避洪峰的需要，做成抹角形和外凸形。五座城门的定位也都是依据河流走向，迎河设立。

平江城的规划也很注重街巷的景观，善于发挥塔、观、城楼、牌坊等的对景、组景作用。特别是把塔均匀分散地布置在近郊山顶、街道对景、城市门户等显要地位，丰富了城市的立体轮廓和独特个性。

3.1.3 宫殿

1. 东京宫殿

北宋东京宫殿是在唐汴州衙城基础上，仿洛阳宫殿改建的。宫殿由东、西华门横街划分为南北二部。南部中轴线上建大朝大庆殿，其后北部建日朝紫宸殿；又在西侧并列一南北轴线，南部为带日朝性质的文德殿，北部为常朝性质的垂拱殿。紫宸殿在大庆殿后部，而轴线偏西不能对中，整体布局不够严密。但各组正殿均采用工字殿，是一种新创，对金、元宫殿有深远影响。

宫殿正门宣德门，墩台平面呈倒凹字形，上部由正面门楼、斜廊和两翼朵楼、穿廊、阙楼组成。从宋徽宗赵佶所绘《瑞鹤图》上，可以见到宣德门正楼为单檐庑殿顶，朵楼为单檐歇山顶的形象。宣德门前有宽 200 余步的御街，两旁有御廊，辟御沟，满植桃李莲荷，显现出颇有特色的宫前广场。

2. 金中都宫殿

金中都大内宫殿是仿东京宫殿建造的。它纠正了东京宫殿的轴线错位，正宫大安殿与后宫仁政殿已在中轴线上对齐。大安殿前东西旁建广站楼、弘福楼，仁政殿前东西旁建鼓楼、钟楼，开启了宫殿东西旁建楼的先例。宫城正门应天门与东京宣德门一样为倒凹形、带“曲尺朵楼”的阙门。门前的宫前广场，御街宽阔，也分为三道，设有朱栏、御沟，植有柳树。两侧 200 余间长廊，在应天门前分别转向东西，可知宫前广场已演进为丁字形。中都宫殿刻意追求宏丽，大安殿和应天门均面阔十一间。文献说它“运一木之费至二千万，牵一车之力至五百人。宫殿之饰，遍傅黄金而后间以五彩，金屑飞空如雪落。一殿之费以亿万计，成而复毁，务极华丽”。

3.2 住宅与园林建筑

3.2.1 住宅——文人画中的住宅

宋代的住宅几乎没有实物进行考证，所有的研究分析基本都源于绘画。从宋代的大量绘画作品如张择端《清明上河图》、王希孟《千里江山图》(图 3－3)中发现宋代住宅主要分农村住宅、城市小型住宅、贵族宅邸等几类。一般的农村住宅比较简陋，多为以茅屋为主、墙身低矮的一组房屋。城市小型住宅平面以长方形为主，屋顶为悬山顶或歇山顶，用茅草或瓦覆盖，院落为基本四合院式，有东西偏房无围墙，由栅栏包围而成。有些稍大住宅，正方是“工”字房，分前厅、后寝两部分，中间由穿廊连接，门口建有大门，院落由栅栏环绕，院内植树建亭，以美化环境。

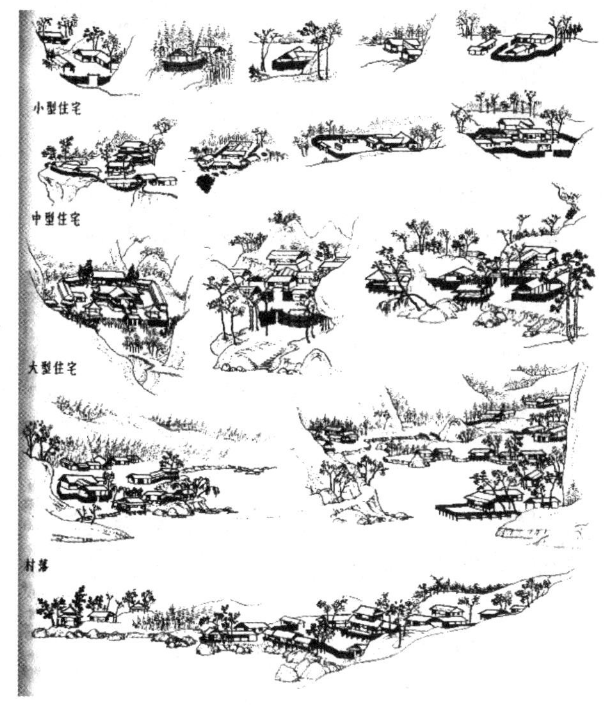

图 3－3 王希孟《千里江山图》中的住宅

北宋时规定除官僚宅邸、寺院宫殿外，不得使用斗拱、藻井、门屋及梁枋彩绘，以维护统治阶级制度，但一些富商贵胄并未完全遵守，从《文姬归汉图》中看到大量的贵族宅院大门建有门屋，正房砌有斗拱支撑屋顶，住宅仍就延续汉唐以来的前堂后寝的原则，前堂后寝之间用门廊连接，平面呈现工字形、十字形，院落以围屋包围，以增加居住面积。有些住宅平面更为复杂，屋顶和斗拱占有相当大的比例，就屋顶轮廓而言富有弹性的条条曲线，加上深远出檐，再配上纤细的立柱、曲线轮廓上的月梁，形成了宋代纤细、柔和的风格。

3.2.2 园林——明清园林的基础

北宋政权南移后，统治阶级更加软弱，为了掩盖其软弱的本性和丧失国土的耻辱，以更为奢华糜烂的生活方式来麻醉自己。南宋利用南方优美的自然环境再施以人工设计使得园林在当时达到鼎盛。这一时期除了皇家园林外，更为突出的是大量的私家园林，而且皇家园林出现了向私家园林发展的倾向。在宋代的园林艺术中有不少的文人画家参与园林设计工作，因而园林与山水画、文学结合得更加紧密，形成了中国园林发展中的一个重要阶段。

宋代重文轻武，文人社会地位比以往都高，文人士大夫广泛参与造园活动。士流园林进一步文人化，促进了文人园林兴盛。在当时佛教禅宗的兴盛下，在提倡理学的风气加上山水画鼎盛的推波助澜下，文人画师把内心寄予山水中，对于园林的建造不仅仅是自然的仿造，更是加入了内心写意成分，这是促成文人园林风格成熟的重要因素。

江南地区经济繁荣，文人荟萃，附近又有太湖石、黄石等造园用石的产地，造园之风兴盛。宋代三大园林类型中，私家园林成就最高，文人园林作为一种风格几乎涵盖了私家造园活动。皇家园林由于受文人园林影响，比任何时候更接近私家园林，寺观园林也是如此。艮岳是宋代著名宫苑，宋徽宗亲自参与建造，将诗情画意移入园中，以人工山水为主题，突破了秦汉以来宫苑"一池三山"的模式，融入了浓郁的文人园林意趣，是中国园林史上的重大转折点。建成10年后，金人进犯，建筑尽拆，艮岳悉毁。

(1)独乐园(图3-4)。独乐园是北宋司马光在洛阳的私园，建于熙宁六年(1073年)。园占地约1.33 ha，以水为主景，池中有岛。园内建有读书堂、钓鱼庵、见山台、弄水轩、种竹斋、浇花亭等，植有羌竹、芍药、牡丹、杂花。独乐园格调简素，建筑尺度甚小，亭堂题名均寄意哲人、名士，颇能引发联想，深化意境，表现园主人清高、超然的意趣。

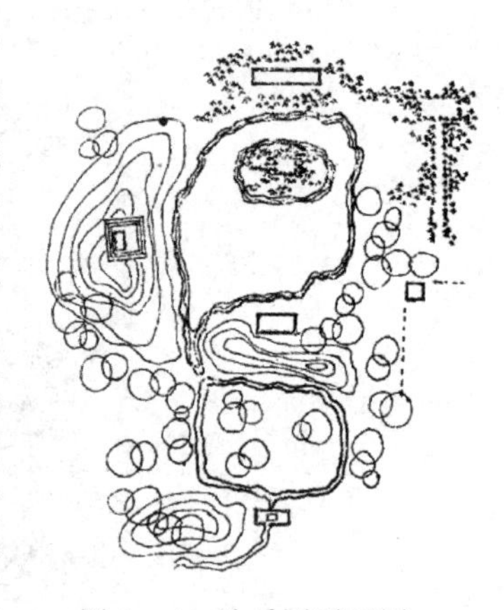

图3-4 独乐园平面图

(2)滕王阁和黄鹤楼。滕王阁、黄鹤楼、岳阳楼合称江南三大名楼。它们都属于游观性的景观建筑，选址于城市临江、临湖地段。滕王阁位于南昌赣江东岸，黄鹤楼位于武昌长江南岸，它们都几经重建。图3-5和图3-6反映的是宋画中的滕王阁、黄鹤楼形象。它们都坐落在高高的城台上，以较低的配体簇拥中央高耸的主体，组成庞大、复杂的殿阁形象。平面布局自由灵活，中央部分分别采用T字形重檐歇山和十字脊歇山重楼，四周与抱厦、腰檐、平坐、栏杆、回廊相联结，建筑巍峨、壮观、丰美。它们既是点景建筑，也是观景建筑，多有历史文人、名士的咏颂、题对，蕴涵的人文积淀十分丰富。

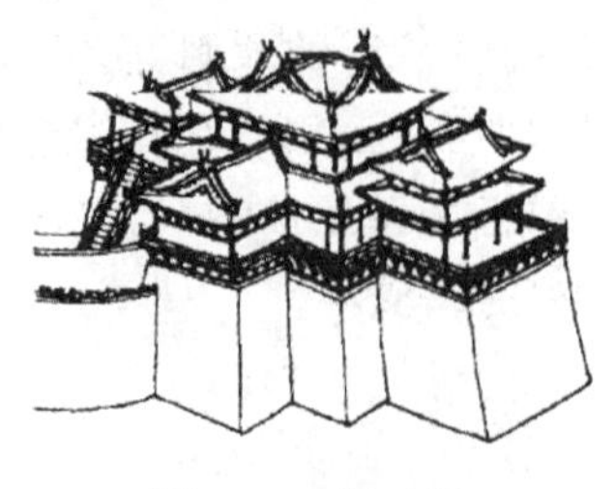

图3-5 滕王阁

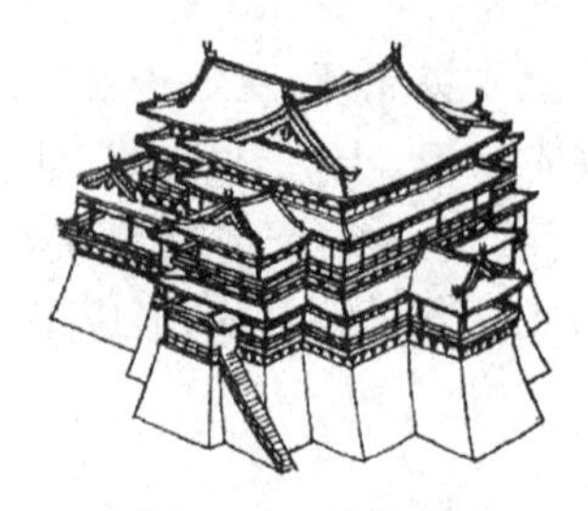

图3-6 黄鹤楼

3.3 宗教建筑

➢3.3.1 寺庙建筑

1. **隆兴寺**（图 3－7）

河北正定隆兴寺是现存宋朝佛寺建筑总体布局的一个重要实例。隆兴寺创建于隋朝，原名龙藏寺。此寺历经金、元、明、清和近代重修、扩建改名为隆兴寺。

寺院主要建筑沿纵轴线展开，山门内为一长方形院子。山门内第一进院原有大觉六师殿，已毁仅存遗址。第二进院有摩尼殿及其东西配殿。第三进院有主殿大悲阁及其前两侧的转轮藏阁与慈氏阁，大悲阁是整个寺院的最高潮，最后还有一座弥陀殿位于寺后，作为整个空间的尾音。这条贯穿全寺的纵深轴线，院落之间纵横变化，殿宇楼阁高低错落，反映出唐末至北宋期间以高阁为中心的大型佛寺建筑的特点。

隆兴寺的主体建筑大悲阁原为宋造，三层，歇山顶上两层都用重檐，并有平坐，与东西两侧御书楼、集庆阁通过飞桥相连，组成气势壮观的群阁。现存大悲阁为 1999 年重建，平面较原建筑缩小三分之一。阁内所供四十二手观音像是我国现存铜造像最大一尊。

隆兴寺摩尼殿(图 3－8)始建于 1052 年，大殿呈四出抱厦，殿基近方形，上覆重檐九脊歇山顶，这种四出抱厦并以歇山山面向前的形象，在传世的宋画中见过，而宋辽建筑仅存一例。大殿为殿堂型构架，只有正面开门窗，殿内光线幽暗，气势凝重，佛坛上塑有佛祖和文殊、普贤菩萨像，佛坛三面砌墙，后墙背面悬须弥山和自在观音。观音体态休闲、神情愉悦，具有明显世俗色彩，与常见的观音端坐莲花的端庄、肃穆的情形不同，宗教艺术不再冷漠，而掺入了更多的世俗生活情调的内容，这在全国观音雕塑中也是极为罕见的。

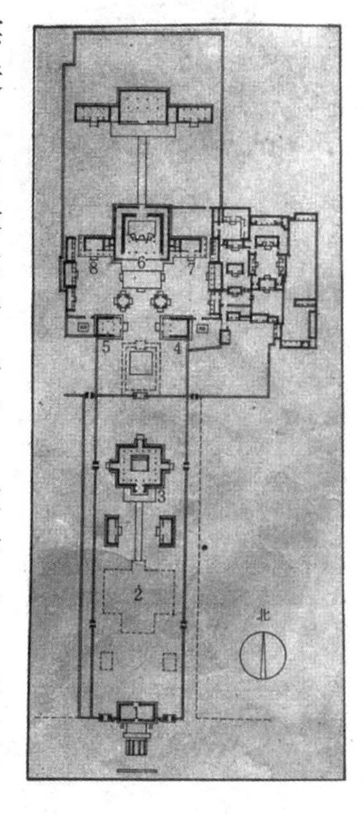

1—山门；2—六师殿(遗址)；
3—摩尼殿；4—慈氏阁；
5—转轮藏阁；6—大悲阁；
7—御书楼；8—集庆阁。

图 3－7　隆兴寺平面图

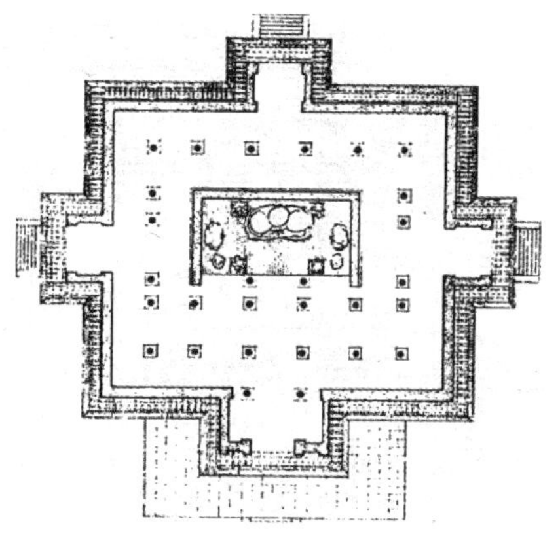

图 3－8　摩尼殿平面图

转轮藏阁与慈氏阁，建于北宋初年，两间外观形制和尺度都很相近。平面近方形，面阔进深近三间。转轮藏阁三面出腰檐，而慈氏阁三面为腰周腰檐。阁上均覆九脊歇山顶。转轮藏阁底层中部内设木构转轮，是一个可转动的八角亭式藏经橱。慈氏阁正中置木雕慈氏像，立像头部及背光伸入二层，为此形成楼层空井。为了使像前空间显得较大，底层减去两根内柱而成为减柱造。

2. 独乐寺（图 3－9、图 3－10）

图 3－9　独乐寺

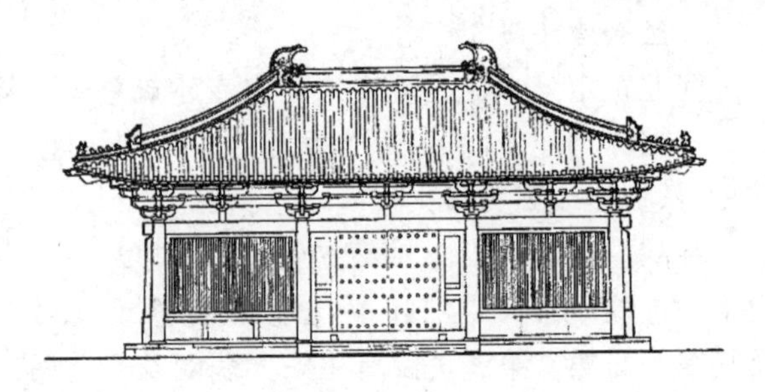

图 3－10　独乐寺立面图

独乐寺位于天津蓟州区，原寺建造年代不可考，据史料记载现独乐寺内的观音阁重建于辽统和二年(984 年)。现存寺内主轴线上山门与观音阁为辽代原物。这仅是辽代独乐寺主院前部分的遗存，其余的围廊、东西殿院都是明清时代的重建物，与原辽代佛寺的院落布局已有所不同。这两座千年建筑物为辽代木构，是辽代官式建筑的典范。

山门面阔三间，单檐庑殿顶，中拱雄大，出檐深远，脊端的鸱吻形制遒劲，给人庄严稳固的形象。山门台基低矮，屋身为版门，直棂窗古朴简洁。进入山间后部明间，恰好把观音阁整体收入眼内，既无遮挡，也无多大缝隙，这种空间处理明显是经过精心设计的。

观音阁(图 3－11)是一座典型的殿阁型建筑，高三层，外观为两层，中间是暗层。在结构上观音阁采用内外两檐的架构。上下各层的柱子并不直接贯通，而是上层柱插在下层柱头斗拱上的“插柱造”，每层各有柱网层、辅作层，层层叠叠而成。为了防止结构变形，第三层的柱网间用内额联系，构成六角形空井恰好放置佛像头部，同时又在暗层内和第三层外围壁施加斜撑来增加稳定性。这座千年古阁经历 28 次地震，其中甚至有八级强震也毫发无损。1979 年的唐山地震，观音阁也只是木柱略有走闪，大木架安然无恙，得益于观音阁独特的结构、优越的耐久性和抗震性。

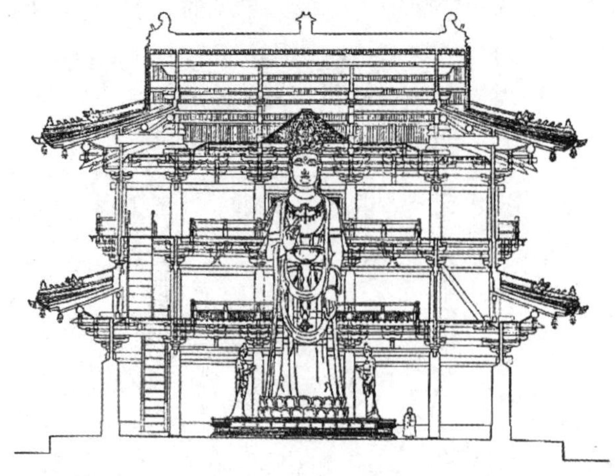

图 3－11　独乐寺观音阁剖面图

阁中所置一座高 16 m 辽代的十一面观音像，造型精美，是现存古代最大的泥塑像。佛像贯通三层，直达阁顶中央藻井之下，观音头上塑有 10 个小头像而得名，面目慈善，造型优美，有浓厚的唐塑遗风。

3.3.2 塔形建筑

1. 木塔

木塔建筑中最古老的是山西应县佛宫寺的释迦塔（图 3－12），建于辽清宁二年（1056 年），是现存最古的一座木塔。佛宫寺的位置，在现在应县县城（明清应州）的西北部，塔位于寺的山门之内、大殿之前的中轴线上，还保持南北朝时期佛寺平面布局的传统。这是佛寺布局的一种典型形式。在塔后有一高台，以前道与塔基连接，上建大殿，在总体构图方面，站在山门（现只剩遗址）内恰好可将全塔收入视线内，而大殿又恰在塔的后檐下的视角范围内。这种以建筑体量的视觉范围来确定总体布局的方法，与独乐寺一致，应是这一时期建筑设计的一种法则。现在全寺除释迦塔外，其他建筑都是明清两代建造的。

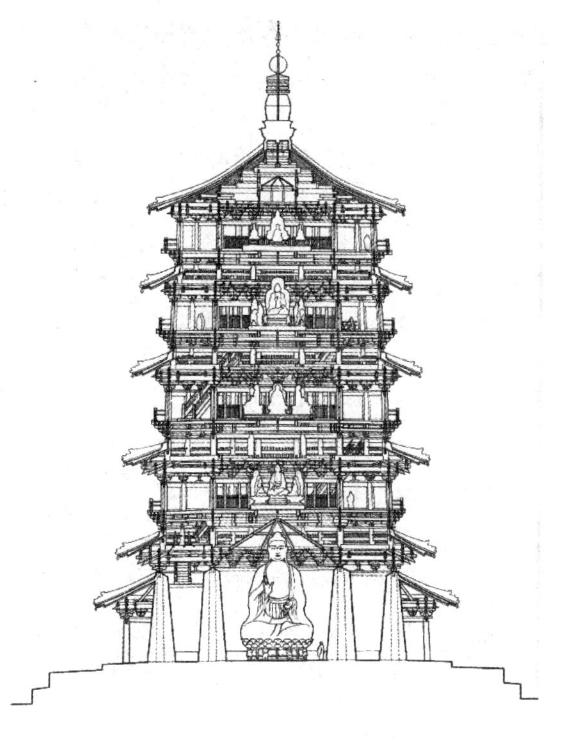

图 3－12 佛宫寺的释迦塔

塔平面为八角形，高九层，其中有四个暗层，所以外部看来只是五层，再加上最下层是重檐，共有六层檐。这座楼阁式木塔高达 67.3 m，底层直径为 30.27 m，体形庞大，但由于在各层屋檐上，配以向外挑出的平坐与走廊，以及攒尖的塔顶和造型优美而富有向上感的铁刹，不但不感觉其笨重，反而呈现着雄壮华美的形象。

塔身木构架的柱网采取内外两环柱的布局，五个明层的内环柱以内的内槽都供奉佛像，外槽为走廊。九层的结构事实上是重叠九层具有梁柱斗拱的完整构架。底层以上是平座暗层，再上为第二层。二层以上又是平座暗层，重复以至五层为止。各层柱子迭接，每层外柱与其下平座层柱位于同一线上，但比下层外柱退入约半个柱径，各层柱子都向中心略有倾斜，构成此塔各层向内递收的轮廓。全塔所用斗拱约 60 种。

释迦塔的构架原则，和佛光寺大殿、独乐寺观音阁是相同的。它的柱网和构件组合采用内外槽制度。在功能上内槽供佛，外槽为人流活动的空间。在结构上，外槽和屋顶使用明栿、草栿两套构件作为多层建筑，各层间均有暗层，作为容纳平坐结构和各层屋檐所需的空间，各层上下柱不直接贯通，而是上层柱插在下层柱头斗拱中的“叉柱造”。这些都是宋、辽时木结构建筑的重要特征。但是作为塔的结构来看，此塔比南北朝、隋、唐时期的木塔有了很大进步。因为那时期的木塔平面采用方形，据推测，中小型木塔在结构上的稳定主要依靠塔内中央贯穿上下各层的中心柱，而此塔虽然仍保持楼阁式的外貌，但平面改用八角形，比方形平面更为稳定。同时释迦塔使用双层套筒式的平面和结构，等于把中心柱扩大为内柱环，不但扩大了空间，而且大大增强了塔的稳定性。后来金代又在暗层内增加许多梁柱斜撑，使四个暗层成为四个加固钢环，更加强了塔的整体性。因而此塔建成以后，迄今900余年，经历多次地震，仍然完整屹立。在用料方面，由于全塔的结构是作为一个整体设计的，所以构件种类虽多，但彼此联系密切，有条不紊，除第一层的柱子外，没有过长过大的料，也没有过小的料。从当时的技术水平来看，像这样大体量的结构物所使用的材料还是较经济的。唯一的缺点是当时缺乏科学的计算方法，以至上部集中荷重将个别坐斗压扁或陷入梁内，后来不得不在下部加支柱，防止梁枋的折断。

塔的立面，也是经过精心设计的。全塔第一层到第四层的每层高度，即第一层柱高和第二、三、四层包括柱、斗拱、屋檐和上层平座四部分的总高都相等，因而在立面上构成有规则的韵律。各层屋檐依照总体轮廓所需要的长度和坡度，以华拱和下昂进行修饰，不但创造了优美的总体轮廓线，而且使檐下部分丰富多变，避免了重复韵律中的单调感。最下一层绕以副阶（即下层外廊），与上面各檐取得呼应，并形成整个塔在造型上的稳定感。顶部以攒尖顶和铁刹结束，其高度和造型与整个塔的造型比例也很恰当。塔的总高（地面至刹顶）恰等于中间层（第三层）外围柱头内接圆的周长，也是此塔设计中的一个重要比例数字。另外，北宋太平兴国七年（982年）所建的苏州罗汉院双塔，塔高等于第一层外围的长度，可见这种以周长作为全塔高度的设计比例，可能是当时设计的一种形式。

总之，这座木塔不但是世界上现存最高的木结构建筑之一，而且在当时技术条件下，塔的造型和结构达到了较高水平，说明这时期或者更早，中国木构建筑所取得的重大成就。

2. 砖石塔

宋、辽、金时期的砖石塔留存数量众多、构造进步，是中国砖石塔发展的高峰期。这一时期砖石塔的风格，由于南北各地出现了大量模仿木结构的形式，因而比唐代的砖塔更为华丽。五代末至北宋初年的苏州虎丘山云岩寺塔和杭州的几座石雕小塔完全是木塔的砖石模型。辽代砖塔如庆州白塔以及云居寺、智度寺双砖塔，除了出檐深度受到材料的局限而比较短促外，几乎是应县释迦塔的翻版。

砖石塔分为楼阁式和密檐式。密檐式一般为实心；楼阁式形式较多，可以登临。

辽金时密檐塔已盛行北方，辽金密檐塔大部分是八角形平面，造型特点是在基座上设须弥座，上置斗承平座，再以莲瓣承托塔身，塔身上部以斗拱支承各层密檐，顶部用塔刹或宝顶作结束。辽金的密檐塔形式是在前代的基础上发展起来的，早在唐末至五代时期就已经流行开来。辽代密檐塔在须弥座、柱、额、斗拱、门、窗等方面也都模仿木结构的形式，辽末又在塔身额枋下面增加一列装饰性的"如意头"。到金代密檐塔的总体轮廓更趋向于挺秀。这类密檐塔只见于黄河以北到辽宁、内蒙古一带，从年代和地区的分布，说明它是在唐塔基础上的一个新发展。

3.4 陵墓建筑

3.4.1 皇陵

1. 北宋皇陵

北宋帝后陵墓从宋宣祖永安陵起到哲宗的永泰陵止，共8陵，位于河南巩义市，形成一个大陵区，从此以后南宋、明、清设置集中陵区，实始于此。宋诸陵尺度与石像生的数目和种类相差不大，形制基本一致；宋陵规模较小的原因是按宋礼制帝后生前不能建陵，在死后七个月之内下葬，由于时间短促，陵墓规模受限。宋陵根据“五音姓利”的风水观念来选择地形，东北高而西北低，主陵不在最高点，与传统方法有所区别。政权南迁后，南宋诸帝后为日后回归中原，仅在绍兴营建临时陵墓，有上下宫，但无石像生，把棺椁藏于上宫后部以石条封闭称为“攒宫”，把上下宫串联在一起。这种做法后来为明、清陵建制所采用，所以宋代陵制为中国古代陵墓制的一个转折点。

2. 西夏王陵

西夏王陵在其都城兴州（今银川市）西郊的贺兰山东麓，共有 9 座帝陵、200 余座陪葬墓。从已发掘的六号陵可了解王陵的特点。地上部分为一有南北轴线的建筑群，群组中部为内城，南北长 183 m，东西长 134 m，内城南部为子城，两城之间有两列文臣武士像遗迹，子城以南为碑亭、阙台。陵周有一重外城。内城建筑布局成不规则状，献殿在南门内偏西，靠北门处有一座八边形阶梯状陵台，边长 12 m，残高 16.5 m，分成七级，从下至上逐渐收缩。当年上部及各层皆有木屋檐，上盖绿色琉璃瓦，墙身饰赭红色，很像一座八边形塔。地宫位于献殿与陵台之间，陵台与地宫没有对位关系，不具有封土冢的作用。地宫由中室和墓道组成，中室两侧带有耳室，耳室的平面为梯形，南北长 6.5 m，东西宽 6.8～7.8 m，埋深 24.9 m。墓室及墓道完全是在黄土层中挖出的洞穴，未用砖包砌，仅于墙的四壁立木护墙板。

3.4.2 百姓陵

在宋、辽、金时期，民间墓葬有墓室葬、石棺葬、木棺葬、火葬等不同形式，其中墓室葬最为讲究，多系官吏、地主、富商之墓。墓室葬中有多室墓、三室墓、二室墓、单室墓等不同形式。北京南郊的一座辽墓共有九室，前后三进，每进中部为大室，两侧带有耳室。中央主室最大，直径 4.12 m，陈放棺木。其他室陈放有锅灶、餐具、粮食等，完全仿住宅布局。陕西丹凤县有一座六室宋墓，中室做成六角攒尖顶长方形墓室，面积 4 m^2，高 3.2 m，以中室为核心，向五面扩展，以甬道相连。正南面设门，墓室顶部用砖叠涩而成。二室墓以河南禹州白沙宋墓和洛阳新安宋墓最有代表性，其中白沙宋墓一号墓有墓道、甬道、前室、过道、后室五个部分，以一条轴线贯穿。墓室结构是在已挖出的黄土洞穴内重新砌筑砖墙和穹隆顶，砖墙与土洞两者之间留有空隙。一号墓前室为扁方形，1.84 m×2.28 m，高 4.22 m；后室为六边形，边长 1.26～1.30 m，高 4 m。二室墓还有左右并列的形式，多见于长江以南的宋墓。墓室平面有长方形、船形、梯形等。单室墓有方、圆、八边、六边等不同形式。北方的宋、金单室墓主要采用砖结构和穹隆顶，南方的宋墓为筒券顶或平顶。有的还做成两层，上层放随葬品，下层放棺木。民间墓葬在墓门、墓室、甬道等处多有仿木装修。墓门门洞多做出倚柱、额枋、斗拱、屋檐的椽子、瓦头、屋脊等，然后安装木门扇，也有的没有门，以砖填封洞口。墓室装修不但有木构建筑中的结构构件、梁柱、斗拱，还有门窗。宋墓及早期金墓中流行做一妇人启门的雕刻，以示墓室后部还有住屋。另外还要做上家具，刻上墓主人的像，以表现墓主人生前的生活场景。有的雕出墓主人夫妻对坐桌旁饮酒，如山西侯马金代董氏墓；有的雕出戏台、演员和墓主在看杂剧表演的场景，如山西稷山的金墓。一些金墓内所雕各种花格隔扇门尤为精细、华丽。辽代民间墓室中有的以壁画为主要装饰手法，例如内蒙古通辽的库伦辽墓，在墓道墙壁上绘有反映墓主生前活动的《出行图》和《归来图》，有男女主人、仆人、侍从、鼓手、马夫等 29 人，姿态服饰、人物表情各不相同，造型比例准确。此外，四川、贵州一带的宋墓以大石块砌筑，石块表面雕出仿木构的柱、梁、斗拱及装修。辽宁法库的一座辽墓以木制九脊小帐罩在石棺之外，极为罕见。

3.5 建筑技术和艺术

3.5.1 建筑技术

1. 宋《营造法式》(图 3－13)

《营造法式》共 36 卷,其中正文共 34 卷,是中国现存时代最早、最完善的一部建筑技术性书籍,为我们展示了宋代建筑设计、做法、施工的系统知识。编书的目的是制定一套建筑工程的制度、规范作为朝廷指令性的法典,用以“关防工料”。全书纲要清楚、条理井然,其科学性是罕见的。此书反映出中国古代建筑设计施工的几个特点:

(1)重在工程管理,疏于工程设计。《营造法式》着力于制定严密的制度、规范、功限、料例,以便于核算工料,照章关防。全书用了 13 卷的篇幅来规定用工、用料的定额。

(2)制定严密的模数制,确立“以材为祖”的设计原则,把一整套材分制用文字确定下来。大木作制度规定“材”的高度分为 15“分”,而以 10“分”为其厚。斗拱的两层拱之间的高度定为 6“分”,称为“契(栔)”。大木作的一切构件几乎全部用“材”“契(栔)”“分”来确定。当然,这是一种很原始的模数的运用。在初唐和盛唐的壁画、雕刻以及佛光寺和南禅寺两座唐代木结构殿堂中,无疑已经运用了这种模数,只是在《营造法式》中才用文字确定下来,而这种方法一直沿用到清代。

(3)功限定额的制定,达到十分细密的程度。在全书 34 卷之中,以 13 卷的篇幅叙述功限和料例。如“功分三等”(对计算劳动定额,在沿用唐朝传统的制度之下,按工艺技术的难易和劳动量的大小,将构件加工分为上、中、下三等),“役辨四时”(按四季白天的长短,分为中工、长工、短工);工值以中工为准,长短工各增或减 10%,而军工、雇工有不同的定额。对每一工种的构件,按照等级、大小和质量要求,如“土评远逐”(土方工程区别运土距离的远近),水运的顺流或逆流,“术议刚柔”(分木材的劳动定额考虑材质的软硬),规定了工值的计算方法,按这些不同情况规定不同的工值。料例部分对于各种材料的消耗都有详尽而具体的定额。

(4)注重设计的灵活性。各作制度均有明确细致的规定,但没有硬性限定建筑组群布局和建筑单体的面尺度;许多做法、规定都贯穿“变造”的原则,允许“随宜加减”,对彩画用色也可以“随其所写,或浅或深,或轻或重,千变万化,任其自然”。因此设计人可按具体情况,在各作制度的总原则下,对构件的比例尺度发挥自己的创造性。这是《营造法式》的一个重要特点,也符合实际工作的要求。

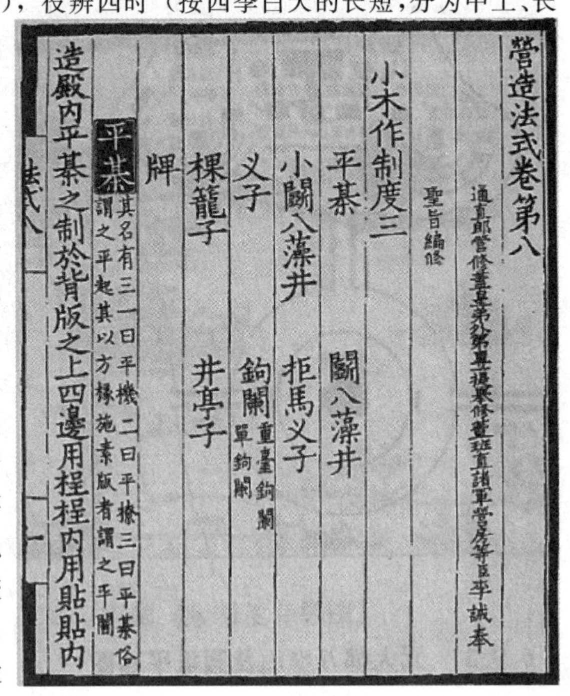
營造法式卷第八
通直郎管修蓋皇弟外第專一提舉修蓋班直諸軍營房等臣李誡奉
聖旨編修
小木作制度三
平棊　鬬八藻井
小鬬八藻井　拒馬义子
义子　鉤闌 重臺鉤闌 單鉤闌
棵籠子　井亭子
牌
平棊 其名有三一曰平機二曰平橑三曰平棊俗謂之平起其以方椽施素版者謂之平闇
造殿內平棊之制於背版之上四邊用程程內用貼貼內
法式八

图 3－13　宋《营造法式》

(5)广泛吸收工匠经验。全书36卷，357篇，3555条。其中除49篇、283条从经史群书检寻考究外，有308篇、3272条都来自工匠相传，并是经久可以行用之法，充分显示了对工匠实践经验的重视。

(6)装饰与结构的统一。《营造法式》对石作、砖作、小木作、彩色作等都有详细的条文和图样，可明显地看到宋朝建筑在艺术形象和雕刻装饰等加工方面比唐朝建筑更加注意周到。柱、梁、斗拱等构件，在规定它们在结构上所需要的大小和构造方法的同时，也规定了它们的艺术加工的方法。这种加工往往采用准确的几何方法而取得。例如，梁、柱、斗拱等构件的轮廓和曲线，就是通过“卷杀”的方法进行制作的。充分利用结构构件，加以适当的艺术加工，从而发挥其装饰效果，这是中国古代木构架建筑的特征之一，在《营造法式》中充分反映出来。

(7)图文并茂。全书图样占了6卷篇幅，共绘图541幅。这些图样提供了文字难以准确表达清晰的具体的、形象的做法、样式，也留存下珍贵的、实物上已难见到的建筑纹样、图案，显示出宋代所达到的建筑制图水平。

2. 建筑材料

在材料方面，由于宋代砖的生产比唐代增加，因而有不少城市用砖砌城墙，城内道路也铺砌砖，同时全国各地建造了很多规模巨大的砖塔，墓葬也多用砖建造。宋代的琉璃砖瓦，除了《营造法式》关于烧制方法有详尽的规定以外，实物方面留下一座北宋庆历四年(1044年)灾毁后皇祐元年(1049年)重建的开宝寺琉璃塔。这座塔不仅显示琉璃制品生产的提高，而且表示以构件的标准化和镶嵌方法所取得的艺术效果。这是宋代在建筑材料、技术和艺术等方面发展汉以来预制贴面砖的一个重要成就。

3. 建筑结构发展

北宋建筑结构在五代的基础上开始了一个新的阶段，如果拿《营造法式》规定的结构方式和唐、辽遗物对照，不难看出宋代建筑已开结构简化之端了，其中最重要的一个特点就是斗拱机能已经开始减弱。原来在结构上起相当重要作用的下昂，有些已被斜袱所代替，而且斗拱比例小，补间铺作的朵数增多，使整体构造发生若干变化。在楼阁建筑方面，如河北正定隆兴寺转轮藏阁、慈氏阁和山西陵川崔府君庙山门，已经放弃了在腰檐和平坐内做成暗层的做法。这种上下层直接相通的做法到元朝继续发展，后来成为明清时期的唯一结构方式。《营造法式》虽然对殿堂和厅堂的结构有着严格的区别，但实物中却有不少灵活处理的例子。例如，太原晋祠圣母殿的构造方法就介乎殿阁与厅堂之间，并且减去前廊两根柱子，同时许多地方的小型建筑也有类似情况。至今还没有发现一座宋朝建筑是完全按照《营造法式》的规定建造的。但是，从《营造法式》所规定的模数制来看，北宋时期建筑的标准化、定型化已达到了一定水平，便于估工备料和提高设计、施工的速度。

砖石结构技术方面，可以从一些桥和塔看到这一时期的发展情况。除了金代继承过去传统，在河北赵县、栾城、井陉和山西晋城、原平等地修建了若干座敞肩石券桥以外，这一时期南北各地还修建了很多石券桥。其中金大定二十九年(1189年)建造的卢沟桥，长达266.5 m，由十一孔连续的半圆拱构成。虽然这座桥经过后世多次重修，但桥基和多数拱券还是八个世纪前的原物。

金继宋、辽而统治中原和北方，在建筑结构上反映了宋、辽建筑相互影响的结果。辽开始的减柱、移柱做法，在金代遗物中屡见不鲜，如山西朔州崇福寺弥陀殿和五台山佛光寺文殊殿、大同善化寺三圣殿等，都为适应功能需要而把内部柱子做了一定调整，因而使梁架的布置比辽代建筑更为灵活。其中如文殊殿、弥陀殿都因减去内柱，在柱上使用了大跨度的横向复梁以承纵向的屋架，而文殊殿的复梁竟长达面阔三间。文殊殿建于金天会十五年(1137年)，上距金灭北宋不过10年，不难推测这种减柱和复梁的做法可能在北宋已经开始了。后来，元代某些地方建筑则直接继承了金代这种灵活处理柱网和结构的传统。此外，从辽代开始出现的斜向出拱的斗拱结构方法，在金代大量使用，而且更加复杂。至于宋代建筑柱身加高、斗拱减小、补间铺作增多、屋顶坡度加大等手法，在金代建筑中也都得到体现，只是楼阁建筑如现存的大同善化寺普贤阁则仍采用暗层，与辽代的楼阁建筑的结构相同。

经五代到北宋，建筑的基础构造也有较大的改进，除了一般用夯土筑成以外，当土质较差时，往往掉换从他地运来的好土，如后周的开封城垣和北宋的玉清昭应宫的地基就是如此。此外，在其他土方工程方面，《营造法式》总结了各种防卫工程的经验和有关夯土技术的规定。对于堤坝、水闸的技术、工具、材料、工限等，当时也有详密的规定，收入《河防通议》中。这两本书都反映了宋代在土木工程方面的成就。

3.5.2 宋辽时期建筑艺术的发展

1. **雕刻艺术**(图3-14)

木构建筑中使用的石构件主要有台基、栏杆、柱础等部位，除此之外，还有专门用石材做的建筑，大者如石塔、石碑，中者如望柱、华表等。为了加强构件的装饰性，古代匠师在这些石构件的表面进行了艺术加工，《营造法式》将其归纳成四种：一是剔地起突，相当于高浮雕；二是压地隐起，相当于浅浮雕；三是减地平钑，剪影式浅浮雕；四是素平，平滑无饰的表面。无论何种雕刻手法，都尽量不失构件原有轮廓，成为这一时期建筑石雕的特点。例如，须弥座式的石台基，其雕饰多随每层线脚加以变化，仅在束腰部分作起伏较大的剔地起突，雕出门、人物之类。只有在特殊的情况下才使用石材做成圆雕，独立地陈放在建筑群中，如宫殿、寺庙前的石狮和陵墓前的石像生。

图3-14　木雕

《营造法式》规定石雕要经过打制成形、随形找平、细加工找平、调整边棱、再次找平、用砂或石加水打磨等六道工序，然后才能开始雕镌花纹，所雕题材有人物、动物、植物等。砖雕在砖塔和墓室中表现出很高的雕刻技巧。从手法上看，与石雕的剔地突起、压地隐起、减地平钑相接近，但所雕内容远比石雕要丰富得多，除一般仿木构或木装修之外，还雕出人物乃至有情节的故事。佛塔中如辽宁朝阳北塔，塔身砖雕为佛教故事。墓葬中如山西汾阳东龙观宋金墓群，内壁砖雕墓主生前生活场景。柱础的形式与雕刻趋向于多样化。柱子除圆形、方形、八角形外，出现了瓜楞柱，而且大量使用石柱，柱的表面往往刻各种花纹。

2. **彩画**

宋代是中国木构建筑彩画的蓬勃发展时期，它一反唐代以赤白装为主调的装饰手法，出现了五彩遍装(以青绿红为主色的五彩)、碾玉装(青绿色调)、青绿叠晕棱间装(退晕式)、解绿结华装、杂间装等多种风格和形式，其中梁额彩画由“如意头”和枋心构成，并盛行退晕和对晕的手法，使彩画颜色的对比，经过“晕”的逐渐转变，不至过于强烈。在构图上也减少了写生题材，提高设计和施工的速度，适合于大量建造的要求，并总结了一套用色经验。要求所绘画面深浅轻重任其自然，提倡用表现生动活泼的写生花卉，随其所绘不同题材和风格加以变化。目前所见宋代彩画遗物极少，已知的有大同华严寺薄伽教藏殿辽代彩画、涞源阁院寺大殿辽代彩画、定州开元寺塔宋代彩画、白沙宋墓彩画等，但都无法反映这一时代彩画蓬勃发展的全貌。后来明清两代的彩画都是由此发展而成的。《营造法式》对宋代彩画做了全面的记载，成为研究宋代彩画的珍贵资料(图 3－15)。

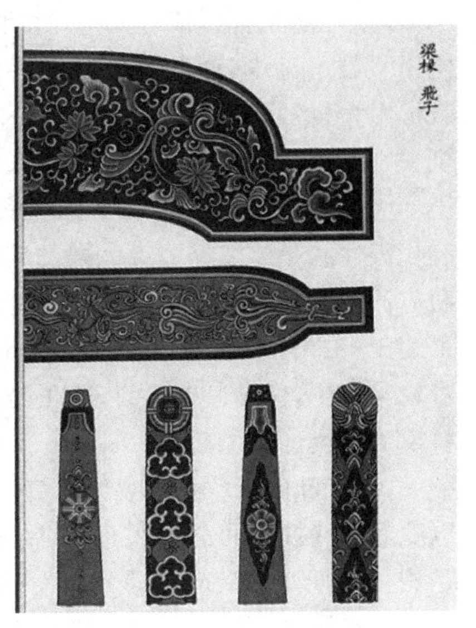

图 3－15 《营造法式》中彩画部分

3.建筑细节装饰

宋、辽、金时期是木装修长足发展的时期，首先表现在装修品类的增加，同时装修做工的精巧程度也大大提高。木雕技术被广泛地应用到装修部件当中，构件表面的修饰增多。同时各种构件组合拼接的榫卯复杂、多样。当时建筑中主要的装修有以下几类：

(1)门窗(图 3－16)。这一时期建筑上大量使用可以开启的、线条组合极为丰富的门窗，建筑装饰绚丽而多彩。如栏杆花纹已从过去的勾片造发展为各种复杂的几何纹样的栏板。室内“彻上露明造”的梁架、斗拱、虚柱(垂莲柱)以及具有各种棂格的格子门、落地长窗、栏槛钩窗等，既是建筑功能、结构的必要组成部分，又发挥了装饰作用。其中门窗的棂格花纹除见于《营造法式》之外，山西朔州崇福寺金代建造的弥陀殿有构图富丽的三角纹、古钱纹、球纹等窗棂雕饰。与唐、辽建筑的版门、直棂窗比较，不仅改变了建筑的外貌，而且改善了室内的通风和采光。

版门，即以木板拼接成的大门，广泛用作建筑乃至城镇的大门。它既可安装在建筑物的一开间中，也可作为一幢独立的建筑出现在建筑群中，如独乐寺山门，当为现存最古的“门殿”。乌头门，是一座安装在围墙上的大门，为了使门与墙固定，需利用两根深埋地下的冲天柱来安装门扇，门扇上部为空棂条，下部为木板。格子门，即门扇上带有透空格子，是当时殿堂中较为讲究的一种门。空格有方格、斜方格等花样。现存河北涞源阁院寺文殊殿(辽代)和山西朔州崇福寺弥陀殿(金代)，均保留了当时的格子门做法，但其花格与前述有所不同。另外，山西侯马、稷山金墓中的砖雕仿木格子门的花格纹样更为复杂，反映了宋、金时代木装修的不断发展。格子门门扇下部的木板多带雕饰，在墓葬中的仿木格子门上，这种雕饰比比皆是。除唐代常见的直棂窗外，《营造法式》记载了闪电窗、水纹窗，这几类窗都在继续使用，但都是不能开启的。这一时期新流行能开启的栏槛钩窗，功能实用，能开能合，做工讲究，形式美观。宋画《雪霁江行图》中就有这类窗。

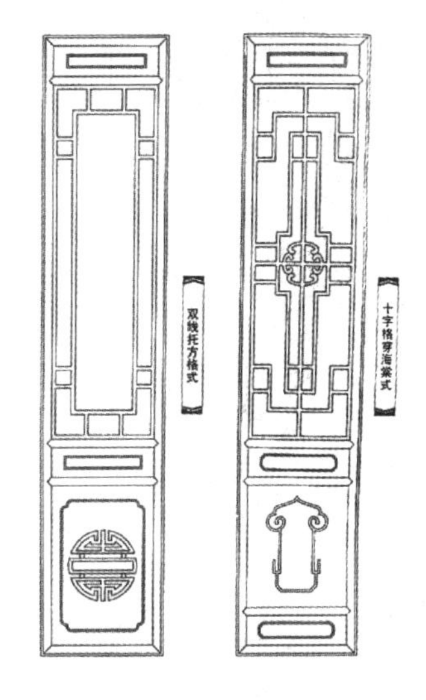

图 3－16 《营造法式》中门窗部分

(2)天花(图3-17)。这一时期的室内天花使用平闼的渐少,而各种形式的平棊和藻井的数量则大量加多。天花主要有三种类型,即平棊、平山、藻井。其中构图和色彩以山西应县净土寺大雄宝殿的藻井最为华丽,而现存实物最有代表性的是宁波保国寺大殿的斗八藻井和山西应县净土寺大殿的平棊藻井。它们准确反映了北宋与金代在装修风格和技巧上的不同,前者较为粗犷,后者追求精细,这正是装修由粗向精发展的轨迹。

图3-17 《营造法式》中天花部分

(3)特殊的宗教建筑装修。寺院殿堂中,用以藏经的壁橱和可转动的经橱以及佛龛之类,是这一时期建筑装修的重点部分之一,它们都是以建筑模型的尺度出现在殿堂室内的。这类装修现存的有大同下华严寺薄伽教藏殿内的辽代重楼式壁藏、山西晋城二仙观的“天宫壁藏”佛道帐、河北正定隆兴寺转轮藏、四川江油云岩寺飞天藏等。

思考题

1. 佛宫寺释迦塔的结构特点是什么?
2. 唐陵和宋陵两者有什么不同?
3.《营造法式》的内容及特点是什么?
4. 宋代建筑的定性化对明清建筑产生了什么样的影响?
5. 宋代园林艺术与当时的文人画之间有什么样的联系?

第4章 元、明、清建筑

学习要点

1. 元大都的结构与特点
2. 北京故宫在平面布局上的特点
3. 北京四合院建筑
4. 明清两代私家园林与皇家园林
5. 北京妙应寺白塔的特点
6. 明十三陵的平面布局

4.1 城市与宫殿

4.1.1 元明清社会变动与建筑概况

元是第一个由少数民族蒙古族建立的统一的王朝。元太祖铁木真灭金,元世祖忽必烈建立元朝,1279年灭南宋,南北统一,中国持续百年的分裂结束了。

元末农民起义推翻了统治政权,明太祖朱元璋在1368年建立明朝。1644年,农民起义领袖李自成推翻明朝,而在同一时期,清世祖爱新觉罗·福临定都北京,入主中原。满族原是居住于长白山的女真族,自诩金人后代,称后金,后改称清。

元朝建立后社会经济有一定的发展,元朝统治者从各地掳来大批工匠从事生产,因而元代经济形成了手工业和商业的畸形发展。然而由于统治阶级在国内实行残暴的民族压迫,国内的阶级矛盾与民族矛盾极端尖锐,汉族和其他少数民族的广大人民进行了坚决反对元朝统治集团的斗争。元末中国各地民不聊生,经济遭受了极端摧残。明朝建立后兴修水利、开垦荒田,促使农业经济迅速恢复和发展,手工业和商业发展迅速,不仅有国内市场,还依靠航海技术的进步,开拓了大量的海外市场,大量中国的陶瓷、丝绸、茶叶、漆器等进入日本、朝鲜、欧洲、非洲等地。清朝建立后积极发展农业,但清朝对外采取了闭关锁国的政策,对手工业和商业采取各种打压政策,禁止对外贸易,导致中国近代发展停滞。

在意识形态方面元朝一方面提倡儒学,另一方面又保持原来游牧民族的一些风尚,利用宗教加强统治。藏传佛教是元朝的主要宗教,教中首脑人物有实权,往往参与政治活动。但元朝的统治过于严酷,又对汉族及其他少数民族实行民族隔离政策,导致元朝分崩离析。明朝时期,大力提倡儒学中的伦理道德和封建礼制。随后的清朝由于是少数民族建立的政权,吸取了元灭亡的教训,对汉族采取了高压与麻痹政策,提倡宗教统治,重视藏传佛教。

元朝建筑多有发展,大都就是唐长安城以来又一个规模巨大、完整的都城。元帝国中民族众多，有多种不同的宗教文化，经过融合，为宗教建筑增加了若干新因素。明清时代是中国古代建筑发展的最后高峰，随着清王朝的覆灭，清官式建筑最终走向衰落。

明清时期在原有的元代都城建筑的基础之上进行了大规模城垣、宫殿的扩建工作。明中叶，商业城镇遍布各地，对外贸易的发达促使沿海地带修建大大小小的海防城垛；为防止元末逃入大漠的蒙古贵族再次南侵，减少北方边患，修建分属九镇的万里长城。

4.1.2 元大都宫殿

1. 都城（图 4－1）

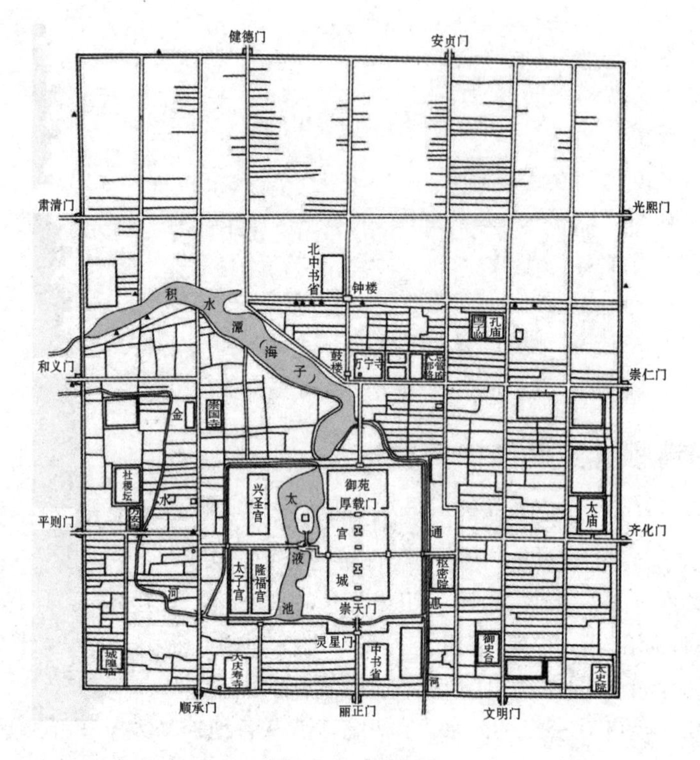

图 4－1　元大都

元朝首都称为大都(今北京)，也是后来明清都城，辽金都曾在此建立都城。大都位于华北平原北端、地势冲要，南下可控全国，北上又接近根据地，因此元朝统治者以此建都。1264 年，元世祖开始大规模建设都城。都城设计者为汉人刘秉忠、阿拉伯人也黑迭儿，按古代汉族传统都城布局进行修建。

(1)都城及主要建筑物。大都城、皇城、宫城三环相套，大都城平面呈长方形，东西宽 6650 m，南北长约 7400 m，面积为 50 km^2。除北面二门，其他三面城门皆有瓮城，城外护城河环绕。皇城位于大城偏南中央，宫城位于皇城东部，处于外城中轴线之上，其他宫殿如嫔妃居住的兴圣宫、太子居住的太子宫以及太后居住的隆福宫在太液池、御苑的西侧。

(2)都城规划。把整个太液池圈入皇城，并环绕水面布置宫城、兴圣宫、隆福宫，从而决定了皇城偏南、偏西的定位。大都城的定位也使积水潭处于全城中部，并将城市的几何中心设定在积水潭东侧近旁。这种结合水系的布局，使皇城处于南部，而积水潭近旁的商业区处于北部，再加上后来在东面齐化门内布置太庙，在西面平则门内建有社稷坛，大都城基于因地制宜的布局，却吻合了《考工记》中“左祖右社，面朝后市”，体现了现实需要与历史文脉的统一。

城中各主要干道都通向城门，南北贯通全城，东西街道受皇城积水潭阻隔形成若干丁字街，东西干道把整个城划分成50个坊，形成了棋盘格式的街道网。坊仅为行政管理单位而非汉唐的封闭里坊。在主干道之间排列有纵横交错的胡同，寺庙、衙署、商店、住宅分布其间。胡同内排列院落、宅院。元大都城是中国古都中唯一全面按街巷制创建的都城。

大都城中开发了两个系统的河湖水系。一个系统是开挖从积水潭连通大运河的通惠河，并从昌平、西山一带引水，经高梁河，注入积水潭以充足水源，使得大运河可直达积水潭。积水潭成为大都的水运中心，其东北的斜街和鼓楼一带，成为繁华的商业区。另一个系统是开挖金水河，从西郊玉泉山下引水，注入太液池，满足宫中用水和苑囿水景的需要。

元大都突出都城的壮观景象。忽必烈认为“宫室城邑，非钜丽宏深，无以雄视八表”。城市布局严谨，道路整齐方正，井然有序。城市中轴线南起丽正门，经皇城前广场，穿过皇城、宫城，直达全城几何中心——中心阁。这条突出的城市轴线为明清北京城的中轴线奠定了基础。

2.宫城（图4－2）

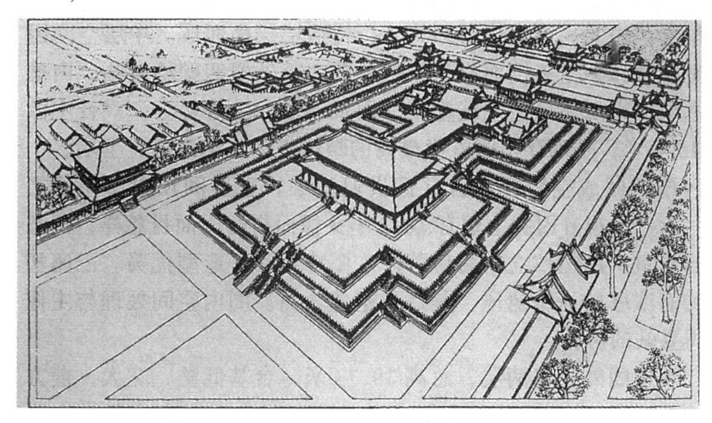

图4－2 元大都大明殿宫院想象复原图

元大都大内宫殿（即宫城）在皇城东部，居大城中轴线上。其规模与明清北京紫禁城相当，而位置略偏后。宫城辟南、北、东、西四门。由东、西华门横分宫城为前后两部分，中轴线上各置一组以工字殿为主体的宫院。大内的宫殿建筑形式，一方面受到宋金宫殿建筑影响，以工字形殿为多；同时也保留了蒙古遗风，体现出少数民族的特有风格。前宫以大明殿为主，后宫以延春阁为主。主殿后部通过柱廊连接寝殿。寝殿左右带挟屋，后出龟头屋香阁。工字殿下承三重工字形大台基。前后宫院东西庑殿顶均建钟楼、鼓楼。除前宫以殿为主、后宫以阁为主的差别外，两组宫院形制基本相同，后宫宫院规模仅略小于前宫，反映出元代“帝后并尊”的特点。从整体布局看，前后两组宫院的布局既继承了辽金的宫殿布局，又为明清的“前三殿、后两宫”奠定基础，起到承前启后的作用。

大都的宫前广场承继金中都的丁字形，但位置从宫城正门崇天门移到皇城正门灵星门前，并在灵星门与崇天门之间设置第二道广场，由此加强了宫禁的森严，也强化了宫前纵深空间的层次和威严，为明清北京的宫前广场奠定了雏形。

元大都宫殿上承宋金，下启明清，是中国宫殿建筑形制发展的一个重要环节。

元大都大明殿宫院是大内前宫主院，据傅熹年考据复原，主体建筑呈工字殿。主殿大明殿面阔十一间，进深七间，重檐庑殿顶。后面寝殿面阔、进深各五间，重檐歇山顶。寝殿两旁带东西挟屋3间，后部出龟头屋3间名曰香阁。东西挟屋外侧另置两座殿屋，复原为歇山勾连搭顶。主殿与寝殿之间连以柱廊12间。工字殿下承三重工字形大台基，台基前方伸出三重丹陛。宫院周庑共120间，四周设角楼。南庑辟大明门和月精、月华两掖门，北有宝云殿和嘉庆、景福两掖门。东西庑设文楼、武楼和凤仪、麟瑞二门。整组宫院布局严谨，气势宏敞，用材贵重，装饰华丽。大明殿宫院的形制对后来明南京、北京外朝宫殿布局产生了深远的影响。

建于皇城西南角的隆福宫正殿叫光天殿，是一个约550 m^2 的七间大殿，正门为光天门，左有崇华门，右有膺福门，正殿后有寝殿、暖殿。光天殿周围有172间周庑，四隅有角楼，东北角还有三间楠木殿。这组宫殿群，长廊环抱，重栏曲折，规模宏大。宫的西侧有御苑，称西御苑。苑内叠石为山，乔松参立，藤葛蔼蔼。山上建有香殿、鄂尔多荷叶殿，山前有重檐圆殿、歇山殿、棕毛殿、鹿顶殿、水心亭、流杯池，所有建筑全部用曲折的游廊环绕。

大都的宫殿穷极奢侈，使用了许多稀有的贵重材料，如紫檀、楠木和各种色彩的琉璃等。在装饰方面主要宫殿用方柱，涂以红色并绘金龙。墙壁上挂毡毯和毛皮、丝质帷幕等，这是由于元朝统治者仍然保持着游牧生活习惯，同时也受到藏传佛教建筑和伊斯兰教建筑的影响。壁画、雕刻也有很多藏传佛教的题材和风格。宫城内还有若干莲顶殿及畏吾尔殿、棕毛殿等，是以往宫殿所未有的。

4.1.3　明清宫殿与宫苑

1. **都城**（图4-3）

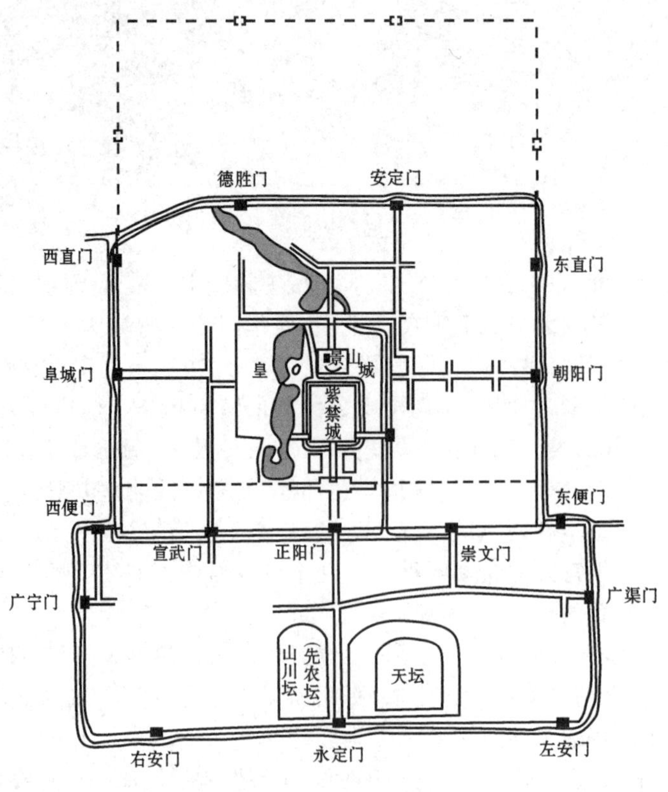

图4-3　北京城

明清两代的都城北京是在元大都的基础上进行改建、扩建而成的。明初定都南京，后明成祖朱棣北迁都城，北平改名北京。北京城由此开始。元旧宫在明初尽毁，由于珍稀木料稀缺，元旧宫拆下的木料大量使用在新宫的建设中。新的北京城呈现出新的特点。北京新城呈凸字形，在元大都基础之上为加强京城的防卫和保护城南的手工业区和商业区，又在城南加筑了外城。北京城的外城东西长 7950 m，南北长 3100 m，南三门，东西各一门，皇城位于内城，其位置仍在元大都宫城的轴线上，但稍向南偏。

北京城墙，元大都时是土筑，洪武元年新筑北城墙，新旧城墙的外侧都用砖包砌。嘉靖三十二年(1553 年)为强固京师防卫，计划在京城四周阔筑一层外城。限于财力后仅将内城前三门外的地区，包括天坛、山川坛和居民稠密的市区围筑于内，比元大都外城池在北面大大地缩减了距离。由此奠定了北京城凸字形格局。

街巷基本沿用元代以来棋盘格局，大小干道上散布着各种商业和手工业，胡同小巷为居民住所。

2. 故宫

北京故宫是明清两朝宫殿，从公元 1406 年起，明成祖集全国工匠以明南京宫殿为蓝本，征集几十万民工和军工经过十几年建成了规模宏大的宫殿组群，“规制悉如南京，而高敞壮丽过之”，清沿用以后，只是增建和重建，大体格局基本没有变动。

故宫大体分为外朝和内廷两部分。外朝主要是举行大典、颁布政令、觐见大臣、排摆宴席的场所，以太和、中和、保和三殿为主，左右配有文华殿、武英殿。内廷位于外朝的后部，是皇上及其家族居住的地方，分为中、东、西三路，在中路主轴线上依次是乾清宫、交泰殿、坤宁宫、御花园，东西两路各六宫，分别为各嫔妃住所。东六宫和西六宫后部对称安排，乾东五所和乾西五所作为皇子的居住所。西六宫以西建有慈宁宫，慈宁宫、寿安宫、寿康宫是供太后、太妃起居礼佛之地。东六宫以东在清时扩建一组宁寿宫作为乾隆的太上皇宫。宫内还建有大量禁卫军、太监、宫女居住的矮房，以及服务性建筑。宫城正门午门、端门至天安门御路两侧有朝房，朝房外东围太庙，西围社稷坛。

故宫建筑群由宫墙围合成为独立完整的组群，并附会“左祖右社，前朝后寝”的封建传统礼制来建造。故宫设计理念和封建社会历代皇宫的设计理念是一样的，都是为了突出皇权至上，体现宗法礼制和象征帝王权威的精神感染作用。在设计时把这种封建皇权观念与实用功能相结合，创造出了规模庞大、功能齐备、气势宏伟、布局严谨的宫城。宫城的主轴线与都城的主轴线合二为一，大大强化了主轴线的分量，突出了主轴线上宫城的地位和重要性。主轴线上的宫殿建筑仍然有主次之分，中心点上的太和殿是当时等级最高的，主轴线上的其他建筑屋顶样式和开间依次递减，从形式上更加强化了等级制度。从建筑群组布局上看，这样的设计使得整个建筑群脉络清晰、主次分明，高低起伏的空间序列把帝王宫殿的磅礴气势发挥到了极致。故宫是中国唯一保存至今的皇家宫廷建筑。

3. 故宫三大殿

太和(图 4－4)、中和、保和三大殿均建于明永乐十八年(1420 年)，后经重建、重修。太和殿是举行最隆重庆典的场所，皇帝登基、大婚、册立皇后、命将出征和元旦、冬至、万寿三大节，都在这里行礼庆贺。中和殿是庆典前皇帝的休息处。保和殿在明代是庆典前皇帝的更衣处，清代改为皇帝的赐宴厅和殿试考场。三大殿坐落在一个大尺度的工字形三层大台基上，联结成有机的整体殿组。

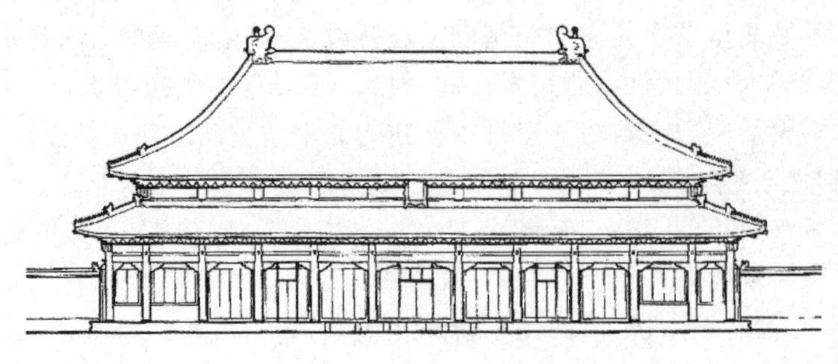

图 4-4　太和殿正立面图

作为整个宫城的建筑主体和核心空间，太和殿及其殿庭的规划是极具匠心的：

(1)采用了面阔十一间、进深五间的高体制，建筑面积达 2377 m^2。上覆黄琉璃瓦重檐庑殿顶，下承三层汉白玉须弥座台基。斗拱为上檐九踩，下檐七踩，仙人走兽达 11 件，彩画为金龙和玺。这些都是最高形制、最尊规格，保证了主体建筑自身的宏大威严和金碧辉煌的壮丽。

(2)采用了 30000 多 m^2 的、可容万人盛典的巨大殿庭。殿庭前有从大清门开始的 5 座门楼铺垫，后有内廷宫殿烘托，左右有文华、武英两殿簇拥，突出了核心空间的最优越地位。

(3)在殿与庭的处理上，太和殿殿身没有凸入殿庭，前檐几乎与殿庭北墙拉平，由此保持了殿庭的最大深度和规整形态。面对巨大的殿庭，太和殿殿身体量偏小，不够相称，三层带月台的须弥座台基在这里起到了重大作用。它不仅标志出太和殿的最尊等级，而且提升了殿的总高，壮大了主殿的整体体量，使主殿与殿庭取得尺度上的协调，并且通过触目的丹陛，又称月台，把主体建筑有机地嵌入殿庭，主殿殿身单薄的二维立面转化为敦实的三维体量，既有助于强化主殿的壮观气势，也有助于避免殿庭的过于空荡。

(4)恰当安排了殿庭的辅助建筑和陈列小品。殿庭周边的掖门、崇楼和体仁、弘义两阁，都划分成较小的尺度，以衬托主殿的分外宏大。丹陛上不仅排列着标志至尊的 18 个鎏金铜鼎，而且陈列着象征治理国家权力的日晷、嘉量，寓意龟龄鹤寿、江山永固的铜龟、铜鹤，用以渲染至高至尊的皇权神圣境界。

可以说，太和殿及其殿庭是综合了总体布局、环境烘托、空间层次、空间尺度、建筑规制、严谨构图、色彩装饰以至小品点缀所取得的综合艺术效果。

4. 布达拉宫

布达拉宫，最初建于 7 世纪，当初是吐蕃首领松赞干布为迎娶唐文成公主而建，9 世纪毁于兵火。1645 年，五世达赖喇嘛为巩固政教合一的甘丹颇章地方政权，由第司索朗绕登主持，重建布达拉"白宫"及宫墙城门角楼等，并把政权机构由哲蚌寺迁来。1690 年，第司桑杰嘉措为五世达赖喇嘛修建灵塔，扩建了"红宫"。1693 年工程竣工。以后，历世达赖喇嘛增建了 5 个金顶和一些附属建筑。20 世纪 30 年代十三世达赖喇嘛大规模修缮增建，形成现在的规模。布达拉宫是集宫殿、城堡和寺院于一体的古代宫堡建筑群，既是藏族建筑的杰出代表，也是中华民族古建筑之精髓。

布达拉宫坐落于中国西藏拉萨市西北玛布日山上，占地总面积 360000 m^2，建筑总面积 130000 m^2，主楼高 117 m，共 13 层，其中宫殿、灵塔殿、佛殿、经堂、僧舍、庭院等一应俱全。

布达拉宫由白宫和红宫构成，主体建筑为石木结构。宫殿外墙厚达 2～5 m，基础直接埋入岩层。墙身用花岗岩砌筑，高达数十米，每隔一段距离，中间灌注铁汁进行加固；屋顶和窗檐是木制结构，采用歇山式和攒尖式，具有浓郁的汉代建筑风格，飞檐外挑，屋角翘起，用鎏金经幢、宝瓶、摩羯鱼和金翅鸟做背饰。屋檐下的墙面饰有鎏金铜饰，形象都是佛教法器式八宝，富有浓重的藏传佛教色彩。柱身和梁上布满了彩画和华丽的雕饰。

4.2 住宅与园林建筑

4.2.1 元住宅与园林建筑

1. 后英房元代居住遗址

后英房元代居住遗址，压在明清城基下。从傅熹年所作的复原图可以看出，遗址是一处大型住宅，分为东、中、西三路。中路主院正房宽三间，前出轩廊，两侧出挟屋，有东西厢房。东路正房为工字屋，前后屋均宽三间，由穿廊连接。东西各有三间周房，东厢房另加厢耳房。中路与东路之间有夹道间隔。前出轩、立挟屋、用工字屋是宋、辽、金建筑的常见做法，遗址生动地表现出从宋、辽、金向明清过渡的住宅形式。

2. 元大都太液池

太液池是元大都御苑的主要水体，位置大体相当于现北京的北海、中海。沿袭皇家园林"一池三山"传统模式，水中设万岁山、圆坻、犀山台三岛。万岁山体量最大，原是金中都的琼华岛（现北海琼岛），山石堆叠仍是金代故物，其中有拆自艮岳的太湖石。山顶建广寒殿，山坡环列仁智、延和、介福等殿亭。《南村辍耕录》描述说："其山皆叠玲珑石为之，峰峦隐映，松桧隆郁，秀若天成。……至一殿一亭，各擅一景之妙。"山上建筑布局偏于对称，似过于严谨，但和大内宫殿的环境氛围较为合拍。圆坻为圆形小岛（现北海团城），上建圆形的仪天殿，东有木桥通大内夹垣，西有木吊桥通兴圣宫夹垣。犀山台体量最小，其上遍植木芍药。太液池的规划设计，明显地追求仙山琼阁的境界。万岁山主殿命名广寒殿，意在表征月宫琼楼。岛四周皆水，宜于赏月，园景创作恰如其分地达到所追求的境界。

4.2.2 明清住宅与园林建筑

1. 住宅

明清时期绝对集权的独裁统治要求政治上更加严格的封建秩序和礼法制度，由宋代理学转化为明代理学的新儒学更加强化上下等级名分和纲常伦理的道德规范，政府对知识分子施行更加严酷的思想控制。明清统治者继承过去的传统，制定了严格的住宅等级制度，根据官阶来限制住宅的规模。虽有详细的规定，但后来很多达官贵人并未严格遵守，在建筑的装饰装修和群组规模方面突破等级制度的要求。

在这一时期住宅随着地区、民族的不同呈现出很大的差异。例如：北方地区以北京为中心的平原地带及河北、河南等地的建筑形式以四合院式建筑为主，而山西高原地区采用的是窑洞式住宅；南方地区长江中下游的院落式住宅，又与四川等山区住宅不同。住宅的这些布局、结构和艺术处理，由于自然条件与社会因素影响，即使同一地区也会产生差异。

在这里由于篇幅的原因只对几种北方住宅类型做简单介绍。

(1)北京四合院（图 4－5）。

在中国传统社会，家庭观念很重，折射到建筑上就形成了以家庭为单位的对外封闭的中国

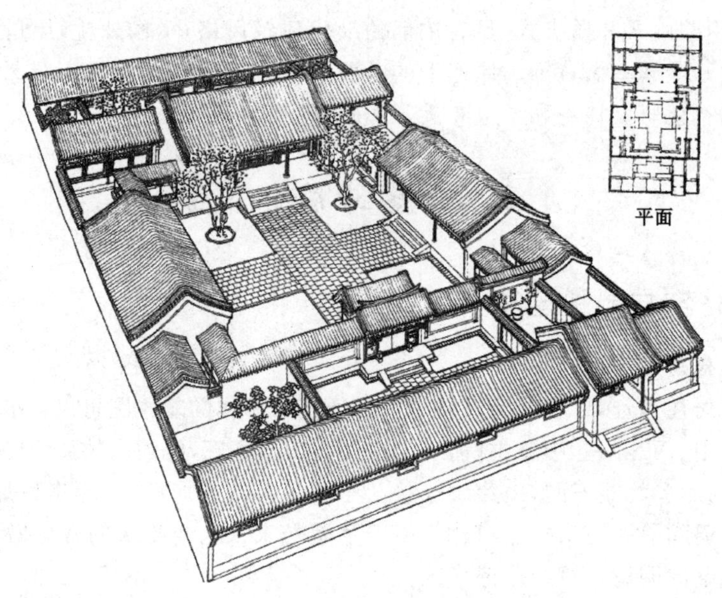

图 4-5　北京四合院

合院格局。以围合的形式不同形成三合院、四合院。我国北方冬季寒冷而漫长，防寒保温是民居最主要的功能，所以北方民居外墙及屋面要求厚实封紧，外形显得敦实。住宅以堂屋为中心，正屋为主体，中轴对称，厢房、杂屋均衡发展，天井院落组合变化。合院式住宅的一般格局是：①建筑物以三合或四合排列，中间围成一院。②主体建筑物面朝院，以解决通风、采光、排水、交通等需要。③以墙、廊联系或围绕建筑成一合院。合院对外封闭，大门尽量朝南，北面较少开口。④一个合院规模不足，如需扩大，以重重院落相套，向纵深与横向发展。如此一来，纵深形成一进一院交互的关系，横向也形成一顺一跨院的关系。⑤在合院群中，纵向有明显轴线意味，横向则左右对称。主要建筑物如厅、堂、长辈住房等，排列在中心主轴线上，附属建筑物则居次轴。正房多为五间，民间俗称三间两耳，北方农村"一明两暗"的布局建筑即是如此。四合院建筑还具有调节室内微气候的功能，例如：院内植被所形成的生态条件，能有效制止室外的干扰因素，保持清新宜人的室内空气质量和安静环境；利用四合院建筑的维护结构，如屋檐、天井等进行遮阳、通风、采光、保温以及防止室外噪声干扰，这样可以营造出冬暖夏凉的舒适气候环境。

张家口蔚县暖泉镇内的一处住宅，其形制为标准的北方四合院建筑，东西两路，四进院落式，是保存较为完整的明代官式建筑之一。

张家口蔚县古称蔚州，历史上是"燕云十六州"之一，蔚县在明时曾隶属山西大同府，清康熙时，改卫为县，改属直隶省宣化府(河北省)。蔚县历史上商贾云集，市场活跃，是沟通华北平原和塞外大漠的商业要道和中转重地。

蔚县暖泉西古堡的东西楼房院中，正对东路院大门的是一道五福影壁墙，通过影壁旁的小木门进入第二道院。前院从厢房的高度、院落的大小、建筑用料、建筑结构，远不及后面的三道院，是男仆人住的地方。一进入第二道院眼前豁然开朗，院落大而整洁，院中花团锦簇，为老院增添了活力，使老院散发出新的生命力。东西厢房为单披檐，三间正房，东西下房、南房各三间。正房是卷棚顶，顶上压有五脊六兽。东西厢房排列在正房的次间档上，院落成长方形，可能与山西临近，受山西民居建筑风格影响较多。通过正房两侧的石券小拱门，进入一个狭长的过道走入第三层院子，这个过道之内还有一间房，在当地被称为“小自在”，用来堆放杂物以及工具。有趣的是不仅小拱门可以通往后院，正房正中的明堂一样可以。当把明堂的六扇隔扇门全部关上的时候，明堂就由公共空间变为私人空间，也就是平时说的堂屋。在二、三道院的正房中间都有隔扇门，这两道门平时并不开，只有红白喜事时才开，这两道门把独立的院落空间连成了一个大整体。当这六扇的隔扇门全部打开时，它并不是给人眼前完全开放、一览无遗的视觉感受，而是通过门的宽窄、高低、二道门轴的阻隔以及这六扇门开放的角度来阻隔人的视线，这一张一弛增加了院子的层次和进深感，也增加了主人的神秘感。从布局上来说既打破了四合院布局方面的单调重复感，同时又遵循了中国传统的对称美。

第三道院没有“小自在”，正房为两坡顶，前后坡倾斜角度不一致，后坡比前坡高，在此地叫作“道士帽”，十分贴切形象。前后出廊(后出廊已拆，只剩露明的柱础)，用明柱来支撑披檐，北方人把披檐也叫作“厦”。西厢房三开间，单坡，前出廊，比二道院的东西厢房开间要大得多，东厢房因为年久失修已经完全坍塌了。

后院是主院，最为宽阔气派，它的总开间(院宽)比前三进院要宽出 1 m 左右，总进深(院长)比前院多出八九米。院子的右边是一个宽 3.14 m 的门洞，开有后门；左边的厕所与后门不完全相对，错开 10 cm 左右，厕所门口有影壁来阻隔视线。西厢房的结构、开间尺寸、进深都与第三进院子一样。在正房的东侧有个砖砌门洞，里面是狭长的小院。正房原为两层楼房(二层已拆)，叫“济美楼”，双坡六檩卷棚顶，梳背脊，五开间，最外侧的两间与中间三间不相通，是独立的空间，各自有对外的屋门，外侧有木楼梯通上二楼。

合院式建筑以木构架体系的技术手段，创造了充分适应封建家长制家庭的居住环境，不同空间等级区分人的等级，整个院落成了尊卑有序、贵贱有分、男女有别、长幼有序的物化实体，这种具有伦理教化功能的住宅强化居住者的等级观念，与当时的礼教所要求的主从关系、尊卑关系相适应，也解决了大家庭的聚集以及小家庭要求相对私密的问题。

合院式建筑把意识形态融入功能中是建筑发展成熟的标志，同时也显示出其形式僵化、缺乏创造性。

(2)窑洞(图 4-6)。

窑洞式住宅大部分位于黄河流域中部，集中在河南、山西、陕西、甘肃等地。窑洞是最原始的居住形式，是古人适应抵抗恶劣生存环境的产物。窑洞和天然洞穴相差无几，黄土高原上大多是在黄土崖挖一横穴而已，而在太行山附近多以箍窑为主。箍窑在黄土窑的基础上又进了一步，用砖或石块砌成拱顶，内部空间与黄土窑没有区别，内部一般高、宽都在 3 m，进深一般也比较深在四五米。窑洞的墙体有七八十厘米厚，正是由于这样的厚度使得窑洞成为一个天然冷暖空调。在夏天，阴凉舒适与外面的酷暑形成鲜明对比；在冬天即使凛冽的寒风也无法吹透厚厚的墙体，洞内温暖如春。

图 4-6 河南巩义窑洞住宅

(3)晋陕窄院(图 4-7)。

图 4-7　山西乔家大院

晋陕窄院主要分布于晋中南地区和陕西关中地区,以窄长的院落为主要特征。不同地区的窄院,长宽比不一。大体上晋中地区多为 2∶1,晋南地区接近 1.5∶1,关中地区常常超过 2∶1,有的还达到 4∶1。窄院的形成有多种原因:一是遮阳避暑。这些地区夏季炎热,窄院可使内庭处于阴影区内,东西厢和正房的日晒也可以得到适当遮挡,较为阴凉。二是防阻风沙。两厢靠拢,掩护正房,相互遮挡,可避免正厢房和庭院被风沙直接吹刮。三是紧缩占地。晋中南和关中地区,人口密集,地少人多,商品经济相对活跃,城镇宅院沿街布置,宅基划分在宽度上控制较紧,自然形成窄门面、大进深的院落。

晋陕窄院的平面布局同样以"一正两厢"为基本型,可配上倒座、大门,形成单进院平面;可加上垂花门、过厅、外厢,组成纵深串联的二进院、三进院;可并联侧院,组成主院与跨院的横向组合;也可以通过内外院的串联和院与院的并联,构成纵横交织的大宅。山西祁县乔家堡的乔家大院,就是窄院住宅的著名大型组群。它始建于清乾隆二十年(1755 年),在同治、光绪和民国年间进行两次扩建、一次增修。

2. 会馆建筑

会馆是明清兴起的一种民间公共建筑,清末北京外城分布有近百座。其功能除接待同乡或同业旅居和办理相关事务外,还设有戏楼、大厅、乡贤祠等,供联谊、聚会、酬神、宴饮之用。北京湖广会馆(图 4-8)为湖南、湖北、广东、广西的同乡会馆,位于北京骤马市街与虎坊路交角处,原是乾隆时盐运使张惟寅所建府第,后三次更换房主,于嘉庆十二年(1807 年)改为会馆,经道光、光绪年间两度大修。会馆占地约 4000 m^2,北面临街,以朝北的木栅门为大门,经巷道到二门(垂花门)进入。建筑分中路主院和东、西偏院。中路有戏楼、文昌阁(先贤祠)、风雨怀人馆、宝善堂等建筑。戏楼建于道光十年(1830 年),有面阔五间、进深七间的池座大厅及其上部楼座;舞台坐南向北,台后设扮戏房。整个戏楼为高两层的楼阁建筑,上部屋顶为二卷勾连搭重檐悬山顶。池座上部的十架梁跨度达 11.36 m,在民间建筑中是罕见的。戏楼建筑的发展,显示出传统木构架难以适应大跨度结构的矛盾。

图 4-8　北京湖广会馆

3. 园林

(1)私家园林。

明清时期写意山水出现了最后一次高潮，山水的精华和表现被以龚贤、朱奁、石涛为典型代表的几位大师充分挖掘，从而使写意山水画艺术在这一时期达到前无古人后无来者的高度，并深刻影响了造园哲学。

文人画的成熟相应地巩固了写意创作的主导地位，造园普遍使用叠石假山，这也为山水园的进一步发展开辟了有力的技术条件。

文人画作品主要描绘了江南风光和文人游山水之雅兴，呈现出隐逸情调。这种画坛主流思想在某种程度上影响着私家园林的造园趋势。文人园林更多地追求雅逸来满足园主人企图摆脱礼教束缚、获致返璞归真的愿望，也在一定程度上寄托他们不满现状、不合流俗的隐逸情思。文人的雅逸成为园林从总体规划直到细部处理的最高指导原则。如苏州的名园狮子林、拙政园、留园、艺圃、五峰园等都沿袭着文人园林的风格。故陈从周教授赞誉“江南园林甲天下，苏州园林甲江南”。

由于封建社会内部资本主义因素的成长，工商业逐渐发达，以商人为主体的市民逐渐成为一个新兴的阶层，这必然带来社会的风俗习尚、价值观念的变化。于是，明中叶以后，区别于文人士大夫士流文化的具有人本主义色彩的市民文化，随着社会风气变化而大为兴盛起来，从而出现了以生活享乐为主要目标的市民园林。它作为一种社会力量浸润于私家的园林艺术，又出现文人园林的多种变体。这在江南地区尤为明显，明末清初的扬州园林便是文人园林风格与它的变体并行发展的典型局面。市民趣味渗入园林艺术，不同的市民文化、风俗习尚形成不同的人文条件，制约着造园活动，加之各地区之间自然条件的差异，逐渐出现明显不同的地方风格，私家园林呈现出前所未有的百花争艳局面。

明清文人园林的大发展，是促成江南园林艺术达到高峰境地的重要因素，并且逐渐成为一种造园模式，影响及于皇家园林、寺观园林，普及全国各地。清康熙帝、乾隆帝曾数下江南，多方吸取江南写意山水园的布局、结构、风韵、情趣之长，以之为蓝本，引入北方的宫苑中，从而不同程度地改变了皇家御苑原有的自然山水园的艺术风貌。如避暑山庄、圆明园、清漪园都是融揉了南北园林艺术的杰作。从中可以看出中国古典园林艺术的历史进程中一个十分值得注意的趋向——南园北渐，同时也显示了唐宋以来江南文人写意山水园的魅力和生命力。与两宋时期相比较，明清文人园林更多地转向于造园技巧的琢磨，园林的思想性已逐渐为技巧性所取代。造园技巧获得长足的发展，造园思想却日益萎缩。尤其到了清后期，“娱于园”思想的上升，文人园林逐渐暴露其过分拘泥于形式和技巧的消极的一面。

明末清初，由于社会价值观念的改变，在文人园林臻于高峰境地的江南，涌现出一大批技艺精湛又有文化素养的造园家，张南垣、计成便是其中的杰出人物。造园家的涌现、文人营园的广泛开展又促成这个时期出现许多有关园林的理论著作，计成的《园冶》、李渔的《一家言》以及文震亨的《长物志》是其中比较全面而有代表性的三部园林专著，它们是文人园林自两宋发展到明末清初时期的理论总结。此外，散见于文人的各种著作中有关造园艺术和园林美学的见解、评论也比过去多。这些专著与论说都是由文人或文人而兼造园家所著，由此可见文人与园林之关系密切，从而最终形成中国“文人造园”的传统。

明清之际，由于中西文化交流的发展，西方园林艺术也对中国古典园林产生了一些影响。

如扬州何园中的西洋楼，以及江南现存明清园林中常见的西洋镜、彩色玻璃、铸铁栏杆等，都是园主人出于猎奇和赶时髦而追求的异国情调。这些西洋因素无疑给渐趋衰退的中国古典园林带来了一些生机与活力，但对中国园林的风格并未产生多大的影响，而在18世纪中国园林(主要是文人写意园)却对英国自然风景园的发展造成了强烈影响。

(2)皇家园林(图4-9)。

图4-9　避暑山庄烟雨楼

避暑山庄位于承德市区北部，始建于清康熙四十二年(1703年)，完成于乾隆五十五年(1790年)。山庄的营建，有出于避暑、习武的需要，更主要的是笼络蒙古王公、巩固边防的政治需要。

山庄北临狮子沟，东傍武烈河；两河交汇，群山环抱；林木葱郁，境广草肥；并有冷泉、温泉，盛夏凉爽宜人，自然生态环境十分优越。山庄占地564 ha，是中国现存面积最大的皇家园林。全园分为宫殿区、湖泊区、平原区和山岳区。有康熙时期以四字命名的三十六景和乾隆时期以三字命名的三十六景。宫殿区在山庄南端，包括正宫、松鹤斋、东宫和万壑松风四组建筑。正宫前五进为前朝，以面阔七间、带周围廊、灰瓦卷棚歇山顶的澹泊敬诚殿为主殿，殿身构架、装修全以楠木建造，外观朴素，尺度亲切。殿前庭院散植古松，环境清幽。后四进为内寝，以烟波致爽殿为主殿，是康熙三十六景中的第一景。湖泊区占地57 ha，以洲、岛、桥、堤划分出大小不同水域，曾有九湖十岛，现存七湖八岛。这里集中了全园一半以上的建筑物和七十二景中的三十一景，是避暑山庄的精华所在。狮子林、金山、烟雨楼、月色江声等都分布于此。平原区占地53 ha，大片如茵碧草显现出塞外草原的粗犷风光。这里有可扬鞭策马的试马埭，搭设大型帷幄、大片蒙古包，可举行盛大游园、野宴和表演马技、角力的万树园，并有文津阁、永佑寺等建筑。山岳区占全园面积的4/5，有松云峡、梨树峪等四条天然沟峪，依山就势布置珠源寺、水月庵等寺观和山近轩、梨花伴月、青枫绿屿等一批景点建筑，并以“锤峰落照”“南山积雪”“四面云山”三亭，成功地控制北、西北、西三面山区。

在中国皇家园林中，避暑山庄是富有特色的。它以“自然天成就地势，不待人力假虚设”为造园的基本原则，整体风格朴素淡雅，与苍莽的北方山水景物十分协调。在园景的模拟表征上，山庄表现得尤为突出。它以东南方的湖泊区、北面的平原区和西部的山岳区，表征国土的江南水乡、漠北草原和西南高原；它以金山仿镇江金山寺，以烟雨楼仿嘉兴烟雨楼，以文园狮子林仿苏州狮子林，以永佑寺舍利塔仿南京报恩寺塔，等等，再加上山庄宫墙外的外八庙，整个山庄及其周边环境就成了一幅统一的多民族国家的形象表征。这种仿写是“循其名而不袭其貌”，表现手法是高雅而非低俗的。

4.3 宗教建筑

4.3.1 元宗教建筑

1. 佛教——山西洪洞县广胜寺下寺（图 4－10）

广胜寺位于山西省洪洞县，分为上、下两寺，相距半公里。下寺基本保持了元代原貌，上寺为明重建。广胜寺下寺后殿元代重建于 1309 年，较多地保存了元代风格。后殿的梁架结构具有元代的地方特色：第一，大殿面阔七间、进深四间八椽，单檐悬山式。为了使殿内空间更加宽敞，殿内使用了减柱法、移柱法。大殿前排仅有两根内柱，部分垛架没有立柱支持，而是由内柱上的大额枋以撑搭接的梁架。第二，使用斜梁，斜梁上部置于斗拱上，而下部在大内额上，其上置檩，省去了一条大梁。这种做法灵活大胆，室内空间大，但因为缺乏有效的计算，过长的大额枋无法支撑上部梁架的重量，以至于后来不得不在前排增加了两根立柱。殿内雕像与壁画均为元代精品。

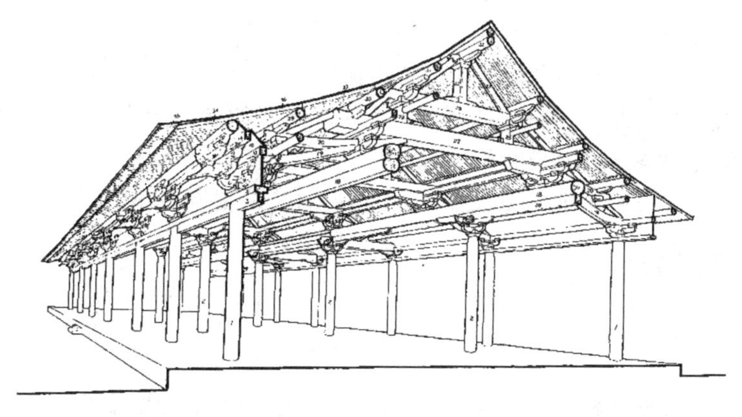

图 4－10 山西洪洞县广胜寺下寺梁架结构图

2. 道教——山西芮城县永乐宫（图 4－11）

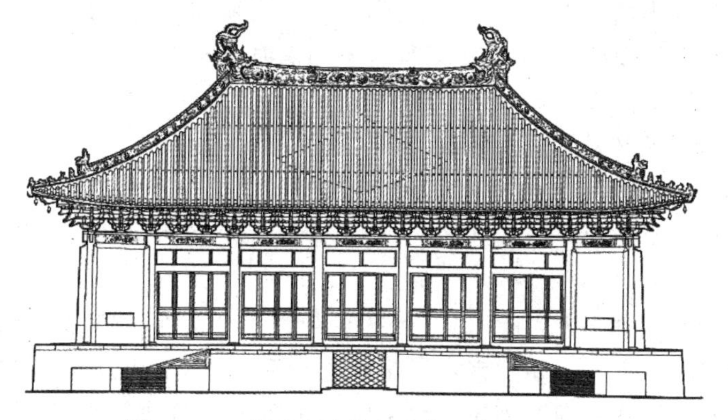

图 4－11 山西芮城县永乐宫三清殿正立面图

永乐宫原址在山西芮城县永乐镇，据传说是“八仙”之一吕洞宾的出生地，因此成为道教的重要据点。永乐宫原规模很大，现在只存留中轴线上的部分重要建筑。永乐宫纵深主轴线上的建筑物无极门、三清殿、纯阳殿、重阳殿均为元代官式建筑。院落规模层层递减，建筑的体积也随之缩小，其中最主要的大殿——三清殿，院落最大、体积最大，这都是传统建筑的常用手法。三清殿面阔七间，进深四间，单檐庑殿顶，殿内仅 8 根立柱，其屋顶的黄绿二色琉璃瓦、宽大的月台，处处相通的甬道形制特例都是元代建筑中的精品。三清殿内的满绘壁画，比例协调、线条流畅、气势磅礴、题材丰富，为元代壁画代表。

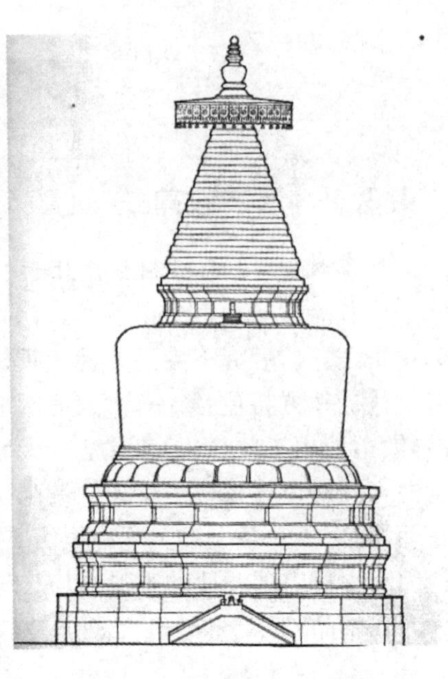
图 4-12　北京妙应寺白塔

3. **藏传佛教——北京妙应寺白塔**（图 4-12）

藏传佛教是佛教在西藏的一个分支，得到了元朝统治者的提倡。西藏宗教首领被封为王，成为西藏宗教与政治的实际首领。藏传佛教发展迅速，除了在西藏大建藏传佛教建筑外，内地也有所建设，内地元朝重要的藏传佛教建筑遗留物就是北京妙应寺白塔，这是由阿尼哥设计的大都大圣寿万安寺释迦舍利灵通之塔。塔高约 53 m，由塔基、塔身、塔刹三部分组成，白塔坐落在一个 T 形平座上，两层亚字形须弥座，边缘有折角面，丰富了基座的光影变化，其上是硕大覆莲座和金刚圈，承托上肩略宽的塔身。塔身壮硕、光洁，无任何装饰，造型上宽下窄，沉重而浑厚。塔身上方为塔脖及十三天(俗说相轮)，逐层收缩，相轮顶部是铜制流苏和宝顶。

4.3.2　明清宗教建筑

1. **佛教塔寺建筑**

(1)金刚宝塔。

金刚宝塔，虽在敦煌石窟隋代壁画中已经出现，但实物最早却见于明代。这种塔的基本体形源于印度，但到中国后有很大变化。特别是装饰中掺入大量藏传佛教的题材和风格。碧云寺金刚宝座塔位于北京香山碧云寺后部，建于乾隆十三年(1748 年)。金刚宝座塔以一个基台上立一大四小五座密檐小塔为基本特征。佛教经典中说须弥山有五座山峰，为诸神聚居处。金刚宝座塔就是须弥山的表征，它是从印度菩提迦耶塔演变而来的，凝结着中印建筑文化的交融。碧云寺金刚宝座塔全部为石砌，由下部两层台基、中部土字形基台和上部塔群组成，总高 34.7 m。基台通体满布藏传佛教题材雕饰，基台上方，台面后部有五座密檐方塔，中塔最高为 13 层密檐，四角小塔略矮为 11 层密檐；台面前部两侧各立一座小喇嘛塔；台面中部为登台罩亭，罩亭的顶面又设置了一组小金刚宝座塔。全塔体量高大，拔地而起，雄浑壮观，颇有气势。

(2)寺院。

明清时期仍然建造了许多大寺院，如南京灵谷寺和大报恩寺、北京智化寺等，其中智化寺是显赫于明代仁宗、宣宗、英宗三朝的宦官王振所建。智化寺明正统九年(1444 年)建成，初为家庙，后改为"敕赐报恩智化禅寺"，为当时北京的一座重要的敕建佛寺，属禅宗的临济宗。寺内建筑虽经明清多次修葺，主要殿阁仍保持原构，算得上是北京城内现存比较完整的一组明代寺院建筑。

智化寺为南北纵深布局，长约 140 m。全寺分南北两区。南区主体部分为三进院。由山门进入第一进门院，正座智化门面阔三间，进深二间，前置弥勒佛，后立韦陀，左右次间南部立金刚，北部置四大天王。智化门实际上是天王殿，通常金刚应立在山门内，此寺山门为砖建单孔券门，无法立金刚，而将金刚挤入天王殿。门院内东西峙立钟楼、鼓楼。第二进院为智化殿院，正殿面阔三间，进深九间，单檐歇山顶，明间后部出抱厦。智化殿后有一重楼，殿内原奉佛像 9000 余个，故上层又称万佛阁，下层为如来殿。下层面阔五间，四周无廊；上层面阔三间，带周围廊，上覆庑殿顶。据《乾隆京城全图》，南区主体部分的东西两侧，原来各有四重小院，现已不存，仅剩东、西、南道，通向北区。现北区尚存中、东、西三路。中路两进，建有大悲堂、万法堂；东路为两进方丈院；西路为一进小院，有小殿供大士像，俗称后庙。

智化寺布局在明代佛寺中颇具典型性。它的南区前两进院，有山门、钟楼、鼓楼、智化门、大智殿、藏殿、智化殿七座建筑，其格局完全符合“伽蓝七堂”的寺院模式。据傅斯年研究，将智化门至万佛阁组合为一组廊院，则智化殿恰好处在廊院的几何中心；将万佛阁至万法堂划为北区范围，则大悲堂恰好处在北区中路的几何中心。这生动地反映出明代寺院布局的规律性和严谨性。

智化寺的单体建筑，体量并不大，但号称“穷极土木”，其内部装修和装饰工艺颇负盛名。万佛阁明间顶部原有雕饰精美的斗八藻井，“云龙蟠绕，结构恢奇”，可惜于 20 世纪 30 年代流失，现存于美国纳尔逊美术馆。万佛阁内梁枋的明代彩画，藏殿内须弥座的石刻精雕和经橱上缘的木刻浮雕等，也都是明代建筑装饰的精品。

2. 外八庙

承德是由北京东北通往内蒙古的一条通道。清朝皇帝为了抵御沙俄侵略者，便于联系和团结蒙古族、藏族等民族，从 18 世纪初起在这里建造离宫，兼作避暑之用。围绕离宫的东面和北面的山地上建有 11 组藏传佛教寺院，现存 8 座，即溥仁寺、普宁寺、普佑寺、安远庙、普乐寺、普陀宗乘之庙、殊像寺、须弥福寿之庙。其中普陀宗乘之庙是模仿布达拉宫修建的，须弥福寿之庙是模仿札什伦布寺修建的，其他寺院同样是为纪念战胜民族分裂势力的叛乱和团结少数民族的胜利而建造的。这些建筑的形式，吸取了西起西藏、新疆，北至内蒙古，东南到浙江等许多地区著名建筑的特点，集中了当时建筑上成功的经验而创造，反映了当时民族文化交融的情况。

这些寺院在总体处理上，有些利用山势的自然坡度布置建筑，有些则做了较多的人工处理，把坡地处理成几个不同高度的台阶，在各个台阶上对称地布置建筑。建筑布局大部分采用对称方式，普陀宗乘之庙和须弥福寿之庙则只是前面部分对称，其他部分随地形而变化。部分寺院还附有园林，但处理手法不同于一般园林，而是就自然地势略加人工点缀，把山石树木组合到一起，也有些山石花木的处理主要用来衬托建筑，给某些严整的建筑增添不少生趣。

图 4－13　普宁寺大乘阁

这些寺院都以主体建筑的造型引人入胜，而其建筑的造型各不相同，绝对尺度都很高大，又都依地形建在寺中最高的地方，使优美的体形突出在一般建筑之上，极为壮观。其中如普宁寺大乘阁(图 4－13)，高三层，上面五个屋顶一大四小，造型稳重；普乐寺旭光阁为重檐圆顶，下面承以两层高台，周围配置八座琉璃小塔，比例和谐而形体富于变化；普陀宗乘之庙的大红台利用山势修建，平面曲折，体形错落有致，并在模仿藏族寺院形式的基础上，加入若干汉族建筑的手法，给人以雄壮而活泼的印象。

4.4 礼制与教育建筑

长沙岳麓书院(图 4 - 14)是中国四大书院之一，位于长沙岳麓山东麓，现湖南大学校园内。书院创建于北宋开宝九年(976 年)，南宋理学家朱熹曾到此讲学，元明清各代相沿办学，是世界罕见的千年学府。建筑屡经战乱而重建，现有布局主要奠定于明代，现存建筑多为清代所建。

书院总体布局坐西朝东，占地 2.5 ha。中轴线前部依次排列大门、二门、讲堂；两侧设斋舍，大门前方设有赫曦台和风雩、吹香两亭。中轴线后部有御书楼，其左侧有湘水校经堂和濂溪祠、六君子堂等先贤专祠，其右侧为书院山长居处和园林。另有独立的文庙建筑一组，坐落在主轴线的北侧。岳麓书院位处城郊山麓，不像文庙学宫多在城市，也不同于佛寺道观藏于深山，反映出既入世又脱俗的士文化选址特色。整组建筑敞阔疏朗，灰墙黑瓦，色调淡雅，颇具书香气氛。

图 4 - 14　长沙岳麓书院

4.5 陵墓建筑

4.5.1 明十三陵(图 4 - 15)

北京约 45 km 外天寿山，从公元 15 世纪到 17 世纪建有明十三座皇陵，称“明十三陵”。整个陵区的北、东、西三面由山岭环抱。十三座陵墓组群各依据着一座山峦，分布在山谷中。明朝迁都北京后第一代皇帝成祖(朱棣)的陵墓长陵是陵墓群的主体，其他十二座陵各依地势分布于它的东南、西北和西南等处，彼此相距自四五百米至千余米不等。山麓前(南)的缓坡上，距长陵约 6 km 处崛起的两座小山被利用为整个陵区的入口。在一个南北约 9 km、东西约 6 km的地区内，结合着自然地形，组成一个巨大的陵区。

山口外的石牌坊是整个陵区的入口，牌坊的中线正对着天寿山主峰。牌坊北约 1300 m，位于两座小山间微微隆起的横脊上的大红门是陵区的大门。大红门后依次排列的是碑亭和华表。

自此往北至龙凤门，在长约 1200 m 的神道两旁，排列着十八对巨大整石的文臣、武将、象、骆驼、马等雕像。龙凤门以北，地势渐高，直达长陵的陵门。这条神道为整个陵区的公用神道，其他十二陵不再设置神道。

图 4 - 15　明十三陵总平面图

长陵是十三陵中最大的一座，也是明陵的典型。此陵由巨大的宝顶、方城、明楼和它前面的祭殿——祾恩殿等所组成。宝顶周墙做成城墙形式，覆盖着深埋在地下的地宫。宝顶前面正中部分做成方台，上立碑亭，下称“方城”，上称“明楼”。宝顶之前，以祾恩殿为中心，布置成三重庭院。每重院墙正中都按功能的需要，设置了大小不同的门。

中国历代皇帝为了提倡“厚葬以明孝”，以维护他们世袭的皇位和“子孙万代”的皇朝，不惜用大量的人力物力修建巨大的陵墓。一般来说，陵墓建筑反映了人间建筑的布局和设计。秦、汉、唐和北宋的帝后陵都具有明显的轴线，陵丘居中，绕以围墙，四面辟门；唐与北宋陵在每个陵的轴线上建享殿、门阙、神道和石象生等。明朝各陵采用公共神道与牌坊、碑亭，以及方城明楼和宝顶相结合的处理方法，则是在北宋和南宋陵墓的基础上发展而成的。

➢4.5.2　清陵寝

清朝的皇帝陵墓基本上承袭了明朝的布局和形式，但后死的后妃在帝陵旁另建陵墓，与明代帝后合葬制度不同，同时分别隔代埋葬于河北省遵化市的东陵和易县的西陵。

清入关之前，在辽宁新宾建永陵(清帝祖陵)，在沈阳建福陵(努尔哈赤陵)、昭陵(皇太极陵)，通称“关外三陵”。入关后，分别在河北遵化市和易县建东陵和西陵两大陵区，从顺治开始的各代皇帝(除末代皇帝溥仪外)都分葬于东、西两陵。清制如皇后死于皇帝之前，可随皇帝入葬帝陵，否则另建后陵。清东陵有帝陵 5 座，即孝陵(顺治)、景陵(康熙)、裕陵(乾隆)、定陵(咸丰)、惠陵(同治)，后陵 4 座，妃嫔园寝 5 座，埋葬着 5 位皇帝、15 位皇后、136 位妃嫔。

东陵坐落在遵化市境内的马兰峪，北靠燕山余脉昌瑞山，诸陵各依山势在秀美的昌瑞山南麓东西排开。主陵孝陵居中，处昌瑞山主峰脚下，其他各陵除昭西陵、惠陵、惠妃园寝外，均以孝陵为中心簇拥排列。因地形无环抱之势，各陵仅能平列左右，总体效果不如明十三陵。

东陵布局仿照明十三陵，也在孝陵前方设主神道，以石牌坊、大红门为起点，沿神道设具服殿、圣德神功碑亭、望柱、石像生、龙凤门、石桥。孝陵陵园同样仿明陵陵园格局，但略有变化。它以隆恩门为正门，前院设隆恩殿主殿和配殿，进琉璃花门到后院，设二柱门、石五供和方城、明楼，再后为椭圆形的宝城、宝顶。自神道起点至宝顶，全长 5.5 km。其他帝陵陵园与孝陵近似，地面建筑略有减少，神道石像生明显降低。诸陵中以裕陵地宫制作最为精致，其地宫四壁和拱顶刻满佛像、法器和经文咒语，阴刻梵文(古印度文)、番文(藏文)达三万余字。埋葬慈禧的定东陵隆恩殿、配殿的内部装修、装饰和栏杆、陛石雕刻也极为精致，它们都是清代建筑工艺和石雕艺术的精品。

4.6 建筑著作

➢4.6.1 《鲁班经》(图 4-16)

《鲁班经》前身为成书于明中叶的《鲁班营造正式》，明万历年间改名为《鲁班经匠家镜》，是一本流行于南方的民间木工行业用书。

图 4-16 《鲁班经》

全书主要讲述木工行帮的规矩、制度，营造房舍的工序、步骤，常用建筑的构架形式、构件尺度、相关术语，民间家具、生产工具的形式、构造和施工工具的运用，等等；也掺和着诸如选择开工吉日的方法和避凶禳解符咒、镇物等属于民俗的或风水迷信的内容；而对于木工技术经验的具体细节很少涉及。中国建筑以木工为主要工种，木工实际上担当民间房舍工程主持人的角色。此书对普及南方民间建筑起过广泛作用，是研究民间建筑营造传统和民间木工技术发展的珍贵资料。

➢4.6.2 《园冶》(图 4-17)

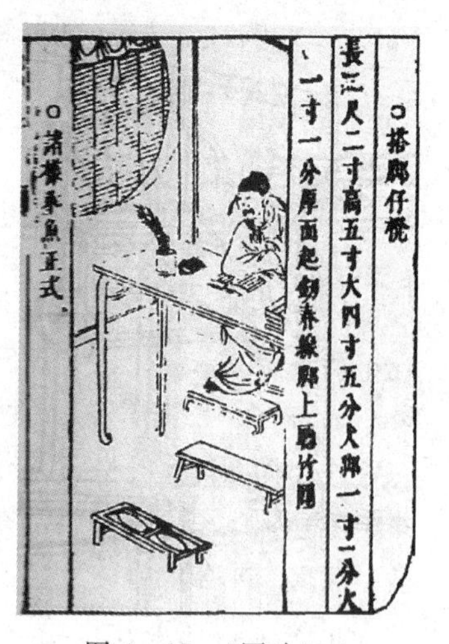
图 4-17 《园冶》

《园冶》是明代的一部造园专著，作者计成，成书于明崇祯四年(1631 年)。全书 3 卷，分为兴造论和园说两部分，其中园说又分为相地、立基、屋宇、装折、门窗、墙垣、铺地、掇山、选石、借景等 10 篇，是中国古代有关造园著作中最完整、最具学科深度的一部。中国造园学的一系列理论、思想、方法在《园冶》中都有精彩的表述：①强调造园设计、构思创意的重要性，指出一般宅屋的营造是“三分匠，七分主人”，这里的“主人”指的是设计主持人。“第园筑之主，犹须什九，而用匠什一”，即造园的设计创意的作用应占到 90%的比重。②突出崇尚自然、顺乎自然的造园目标，对此做出“虽由人作，宛自天开”的高度概括，即园林虽是人为加工的，但应该做得仿佛天然生成的，一语中的地点出中国式园林的真谛和特色。③提出“得体合宜”“随宜合用”的造园原则，造园既要遵循一定的章法、体式，又要灵活地因地制宜。十分强调造园设计应不拘定式，不袭定法；随曲合方，随宜合用；景到随机，得景随形；宜亭斯亭，宜榭斯榭；任意为持，听从排布。④建立一整套“巧于因借”的造园借景方法。“夫借景，林园之最要者也”，把借景提到极重要的地位。强调凡能触情动人的景观、景物、景色、景致，都可以不拘一格地借，空间上可以全方位地“远借、邻借、仰借、俯借”，时间上可以全时令地一年四季应时而借，景象上可以尽情地既借自然景物，也借人文景致。

4.6.3 清工部《工程做法则例》(图 4-18)

图 4-18 清工部《工程做法则例》

中国木构架体系经过三千年的发展，由简陋到成熟、复杂，再进而趋向简练的过程是很明显的。明代的官式建筑已经高度标准化、定型化，而清朝于雍正十二年(1734 年)由清工部会同内务府主编官修了一部建筑法典《工程做法则例》，此书是继宋《营造法式》之后又一部由官方颁布、较为系统完整的古代营造术书。

清雍正时期，政治局面已趋于稳定，经济逐步恢复，官工营造数目增多，急需在用料标准、做法标准、用工标准等方面加强管理制度，加快施工速度，便于审查工程做法、规范建筑等级、验收核算。该书主要针对的是宫廷“内工”和地方“外工”两个方面，实际上是针对官式建筑起规范作用和监督限制作用，当时称为“工部律”。

全书 74 卷，分为“诸作做法”和“用工用料”两大部分，书中把所有建筑固定为 27 种具体做法，其中 23 种列为大式建筑，4 种列为小式建筑。每一种房屋的大小、尺寸、比例是绝对一样的，构建也是一样的。书中附有 27 种标准实例及构架详图。书中有 13 卷专门针对斗拱的做法；有 6 卷针对装饰装修、石作、瓦作、发券、土作的做法；12 卷为各种用料；9 卷为用工。

宋时期已经出现了严格的模数制度，确立了“以材为祖”的设计原则，到了清时已进行了改进，建立了以“斗口”为模数的清式建筑体系，大到屋架组成，小到构件尺寸，榫卯大小多以“斗口”表示。此书反映出清代建筑构架体系的演变，如梁架趋向简化，梁枋断面尺寸增大，屋面曲线以举架法取代举折法，等等。

中国架构体系到明清时已达到高度成熟阶段，定型化和模式化是不可避免的。明清时期建筑将宋元时期复杂的结构简化，例如斗拱失去实际支撑意义，宋元时期的上下层柱网间的斗拱不见了，内檐节点上的斗拱也减少了，内柱直接伸向上层，排列更加丛密，这种构架体系，节点简单牢固，构架的整体性大大加强了。但是高度模式化使得官式建筑自然机械化，再也没有宋元时期灵活多变的空间处理和构建方法。

4.7 建筑技术和艺术

4.7.1 元朝建筑

在材料方面唐宋时期还用砖包砌城垣、铺街道，可是元大都的城垣仍然是土筑的。在结构方面，元以前城门洞上部一般做成梯形，用柱和梁架支撑，从元代起已有一些城门用半圆形券，明清则全部采用砖券。在木结构方面，元代一方面发展唐宋以来的传统，而另一方面，部分地方建筑继承着金代，在结构上做了某些新的尝试。元代许多殿宇柱子排列灵活，往往与屋架不作对称的联系，而是用大内额，在内额上排屋架，形成减柱、移柱的做法。《营造法式》中的斜袱，在元代建筑中占有突出的地位。这些建筑梁架多用原木并且适应材料的形状，有许多灵活的构造，有些则用旧料拼合。

4.7.2 明清建筑

1. **建筑材料、建筑技术**

到了明代，砖的生产大量增长，不仅民间建筑很多使用砖瓦，全国大部分州、县城的城墙(图 4-19)都加砌砖面，特别是河北、山西二省内长达千余公里的万里长城，在十五六世纪间，大部分建为雄厚的砖城。夯土技术在明清时期有了更高成就。福建、四川、陕西等地有若干建于清代中叶的三四层楼房采用夯土墙承重，内加竹筋，且经地震，仍极坚实。

图 4-19 砖砌的城墙

2. **建筑结构**

木结构虽然在元代有一定的变革，没有直接被明代建筑继承下来，但某些构架原则却在明清时期得到了进一步发展。最重要的是斗拱结构机能发生了变化，就是将梁外端做成巨大的要头伸出斗拱外侧，直接承托挑檐枋梁下的昂，自然失去了原来的结构意义；而补间平身科的昂也多数不延长到后侧，成为纯装饰性构件。而内檐各节点上的斗拱也逐渐减少，将梁身直接置于柱上或插入柱内，使梁与柱的交接更加紧密。明清时期的楼阁建筑，都将内柱直接升向上层，而去掉了辽金楼阁建筑常见的上下层柱间的斗拱。这种结构方式在楼阁结构的整体性上无疑具有更大的优点，承德的大乘阁就是一个典型的例子。明清时期将宋元时期的襻间改为檩、垫板和枋，用柁墩代替驼峰，都是简化构件的具体表现。15 世纪出现了全部用砖券结构的无梁殿，并盛行于 16 世纪中晚期。

3. **建筑艺术**

明清二代琉璃瓦的生产，无论数量或质量都超过过去任何朝代，不过瓦的颜色和装饰题材仍受到封建社会阶级制度的严格限制，其中黄色琉璃瓦仅用于宫殿、陵寝和高级的祠庙。今天人们从北京景山俯瞰紫禁城，可以看到一片华丽的金黄色琉璃瓦海，点缀着苍松翠柏，显示中国古代匠师在运用琉璃瓦以获得艺术效果方面是非常成功的。

这一时期内，贴面材料的琉璃砖多用于佛塔、牌坊、照壁、门、看面墙等处。已毁的南京明代大报恩寺塔是用彩色琉璃砖饰面的，现存山西洪洞县广胜寺明代飞虹塔、山西大同明代九龙壁、北京故宫及北海的清代九龙壁(图 4-20)等都是具有高度技术水平与艺术水平的范例。此外，错金、玻璃及其他美术工艺品被用于建筑，丰富了装饰的手法，对建筑艺术的发展起了不少作用。

图 4-20 北京故宫九龙壁

官式建筑的标准化、定型化还包括彩画、门窗、须弥座、栏杆、屋瓦以及装饰花纹等方面。其中只有室内装饰性的木间隔受到限制较少，创造了很多优秀作品。但是从清中叶以后，装饰走向过分烦琐，定型化的花纹也失去了清新活泼的韵味。这些更加深了个体建筑沉重拘束的风格。

4. 建筑组群变化

明清的建筑师在组群的总体布局上获得了不少成就。他们在指定的地段上，把按照成熟定型的做法所产生的各种不同大小、形式的房屋巧妙地组合在一起，如北京的明清宫殿、颐和园、西苑、天坛等便是明证。清朝世袭的皇室建筑师“样式雷”家族留下的数以千计的图纸，绝大部分都是组群的总体平面图，在每座房屋的平面位置上注明面阔、进深、柱高的尺寸、间数和屋顶形式，因具体的结构和施工只需遵照《工程做法则例》进行工作。这种设计的特点，显示了明清建筑师在各种不同的地段上，灵活而妥善地运用各种建筑体形进行空间组织的能力，也表现了他们敏锐而准确的尺度感。

5. 民间乡土建筑

许多民间建筑虽然在发展上也和官式建筑一样趋于定型化、标准化，但由于地区和风俗不同，各地建筑产生出巨大差异。乡土建筑在空间组织、建筑造型、建筑装饰中，利用地方材料和施工设计等方面仍有很多创新和发展。例如，河北武安市伯延镇地势南高北低，土壤条件较好，但镇子缺乏土地，农业条件比较差。当地的民居建筑不同于其他村镇中的建筑，居民绝大多数聚族而居，形成家族庄园。同姓同族各家各户都拥有自己的宅院，再由数十个宅院毗连成一个“庄园”，形成聚落形式。四合院多为晚清建筑，与北京、山西的建筑完全不同，它不再拘泥于程式化，形式多样，建筑艺术与当地人生产生活紧密结合，因此以防御为主的碉堡式四合院较多，晚清到中华人民共和国成立之初百年的动荡不安在武安当地的乡土建筑上充分表现了出来。

(1)街道(图 4－21)。

伯延街道分为地上街道和地下通道两部分。地上街道的设计有很强的防御性，街道采用“L”“丁”形组合，镇内的街巷属于自然发展而成，与西古堡的规划街巷不同。伯延街道狭长，当地的街道是传统的小尺度街道，仅相距五六十厘米，仅供一人一马通行，稍大的街道可容两辆马车并行，可以说无特别明显的主街道。街道曲折蜿蜒，纵横交错，相互贯通，空间延伸感强。道路曲折延伸，陌生人易迷路，而居民却可以自由出入。这样的街道在有兵匪期间的优势在于一方面便于老百姓的疏散，不会因为恐慌而聚堆；另一方面道路的狭窄也使得敌人分散，不易在村内形成大规模的进攻，给村民逃生创造机会。街巷几步便可见到一个大门洞，门洞内遗留有三个门栓洞，可见当时伯延镇真可谓是三步一岗五步一哨，内部防御极严。各个街道之间融会贯通，延伸到院落。这里没有所谓的“死胡同”，当走到一个小巷的尽头时以为到头了，其实会发现有一个不起眼的小门又把人引入另一条小巷，在这里所有的小巷都相通，直通到村外，这就是我们常说的曲径通幽。在这里见不到规整的十字交叉巷道，如果两三条小巷交汇到一起，则在交汇的节点处有一个砖砌的券拱门(村中道路上的地洞子，上部是小庙)或过街堡楼，在当地称为一字阁或丁字阁。丁字阁一般是三条小巷的交汇处，所取名字也有添丁加口之意。这是一种很棒的交通组织方式，小巷的交汇处缓解了人流的压力，丰富了空间形态，增加了生活情趣；同时也满足了防御功能的要求，在高大的墙体和堡楼正对

图 4－21　伯延街道

着道路的方向，每条小巷的尽头都有一个窗作为对景点，尽端的窗子把小巷尽收眼底，便于对街道安全的巡视和保护。女儿墙在当地普遍出现，是高度不超过人体胸部，位于房上、墙上或高台上的墙体，既可以砌实体墙，也可以采用花砖或花瓦的做法。

地下通道的规模据说几乎与地上的相一致，整个伯延镇的地下是空的，家家户户有地道，户户地道相通，通到村外。现在仍完好地保存了这些地下通道。

(2)墙体(图 4－22)。

伯延镇的保护措施不同于蔚县西古堡，整个村子没有明显的外围边界，没有高大厚实的堡墙，而是增加内部防御设施，加高墙体，加设许多可以发挥远距离射击优势的设施，呈现出以热兵器时代为特征的居住防御特点，可见时代变迁、武器的发展也会影响建筑形式的改变。

图 4－22　伯延街道墙体

在街道两边的是宅院的厚重石基砖墙，墙体高达六七米，使得原本狭小的街道从视觉上感觉更加狭长，并且在临街的墙体上还加高近一米的花墙，在当地这被称为“拦马”，也就是拦住响马的意思，这些加高的镂空墙体成为有效的反击点和保护设施。在街巷尽头的影壁和街边的墙体上常留有出气孔，有“圆形方口孔”形、“十”字形，也有的伪装成拴马设施，静静地注视着街上的行人。这样做一方面为了美观，另一方面也是为了出气孔不易被发现。出气孔的存在证明在伯延很多的临街墙体都是空的，当遇到匪患时，墙后躲人，用这些经过伪装的小孔来作为射击点控制街道而不被发现。

思考题

1. 元大都的结构与特点有哪些？
2. 北京故宫在平面布局上有何特点？
3. 故宫三大殿各有何特点？
4. 北京四合院建筑的平面布局有哪些特点？
5. 举例说明明清两代私家园林与皇家园林的特点。
6. 北京妙应寺白塔有何特点？
7. 明十三陵在平面布局上与以往朝代的陵墓有何不同？

第5章 中国近代建筑(1840—1949年)

学习要点

1. 中国封建社会城市的发展和城市布局的特点
2. 中国近代城市住宅的类型和特点
3. 西方建筑的折中主义
4. 中国近代新类型的公共建筑
5. 中国近代的传统复兴建筑活动

5.1 中国近代建筑的发展

中国从1840年鸦片战争开始进入半殖民地半封建社会，建筑的发展也在此期间转入了近代时期，前后大致可分为四个发展阶段。

5.1.1 19世纪中叶到19世纪末

随着中国在鸦片战争中的失败，英、法、美、德、日、俄等国展开了对中国的政治、经济、文化等方面的侵略，在许多城市形成了作为外国侵略基地的商埠，上海、天津、汉口等地则形成几个帝国主义国家共同占领的大片租界地。租界中成立了外国侵略者的行政、税收、警察和司法机构，建立了殖民地式的统治，外国教会则夺取了可随意到内地传教的特权。

封建的州府县域还继续着原来的功能性质和格局。在鸦片战争后城市手工业和农村家庭手工业受到破坏及城乡商品经济取得发展的条件下，从19世纪下半叶开始产生了微弱的民族资本主义。在甲午战争前，民族资本创办了100多个诸如纺织、化学、食品、机械、五金等大小企业。

这个时期的建筑活动很少，是中国近代建筑的早期阶段。广大人民的极端贫困化，使得人民的居住条件非常恶劣，因此民居的发展受到很大局限。北京圆明园、颐和园的重建与最后几座皇陵的修建，成为封建皇家建筑的最后一批工程。城市的变化主要表现在通商口岸、租界地形成了不少新区域，区域内出现了早期的外国侵略者的教堂、领事馆、洋行、银行、饭店、俱乐部及独立式住宅等新建筑。建筑形式大部分是资本主义各国在其他殖民地国家所用的同类建筑的“翻版”，多数是一二层楼的“券廊式”和欧洲古典式建筑。这类建筑是砖木混合结构，用材没有大变化，但结构方式则比传统的木构架前进了一步。

5.1.2 19世纪末到20世纪20年代末

19世纪40年代前后，各主要资本主义国家先后进入帝国主义阶段。中国被纳入世界市场范围，为了强化对中国的控制与掠夺，各帝国主义国家竞相加强对中国的投资，在中国开办各种工矿企业，外资几乎控制了所有的铁路。英、德、俄、日、比、法、美在中国掠夺了近9000 km的铁路建造权，并且随着铁路的修建，肆意扩大帝国主义的"势力范围"。青岛、大连、哈尔滨分别成为德、俄、日帝国主义先后独占的城市。侵华的各资本主义国家纷纷将代表本国文化特色的建筑形式带入其中国的租界地，使延续发展了几千年的中国传统建筑体系受到强烈的冲击。

中国国内封建王朝的统治虽然被辛亥革命推翻了，但延续下来的却是帝国主义支持的大军阀、大地主、大资产阶级的统治和随后大小军阀的割据局面。在文化思想领域，"中学为体，西学为用"的主张曾在洋务派、改良派中盛极一时。新文化运动提倡资产阶级民主，与当时出现的一股反动的"保存国粹""尊孔读经"的逆流相对抗，主张用近代自然科学向封建礼教进行激烈的挑战。甲午战争后有了初步发展的民族资本主义，在第一次世界大战期间进入发展的"黄金时代"，轻工业、商业、金融业都有一定的发展，水泥、玻璃、机制砖瓦等近代建筑材料的生产能力也有了初步发展。国内开始兴办土木工程教育，这个时期的建筑施工技术有较大提高，建筑工人队伍也有所壮大。虽然1910年后有少数留学回国的建筑师，但新建筑设计仍为洋行所操纵。

在这一时期，近代建筑活动十分活跃，陆续出现了许多新类型建筑，如公共建筑中形成的行政、金融、商业、交通、教育、娱乐等基本类型；在城市的居住建筑方面，由于人口的集中、房产地产的商品化，里弄住宅数量显著增加，并由上海扩展到其他商埠城市。在这些建筑活动中，开始有了少数多层大楼，有了较多的钢结构，并初步采用了钢筋混凝土结构。建筑形式主要仍保持着欧洲古典式和折中主义的面貌。仅少数建筑闪现出新艺术运动等新潮样式。一批中国式的新建筑出现在外国建筑师设计的教堂和教会学校建筑中，成为近代传统复兴式建筑的先声。

5.1.3　20世纪20年代末到30年代末

在经历了一段军阀割据局面以后，中国形成了以四大家族为首的垄断的封建买办官僚集团，他们控制了中国的政治、经济。军阀割据时期的战乱，迫使当时的有钱阶层涌入租界内避难，随之带入的大量资产刺激了这一时期租界内的房地产业和公共服务事业的发展。第一次世界大战后至20世纪20年代初期，在各资本主义参战国家战后喘息期间，中国的民族资产阶级也得到了发展机会。这个时期的中国建筑得到了比较全面的发展，是中国近代建筑最主要的活动时期。

首先，中国开始有了自己的建筑师，1921年留美归国建筑师吕彦直独立创办了中国建筑师开设的首家建筑事务所——彦记建筑事务所。以后以中国建筑师为主的建筑事务所陆续开办。其次，建筑产业的规模愈来愈大，施工技术提高也较快，建筑设备水平也相应地得到了发展。广州、天津、汉口和东北的一些城市中，陆续建造了八九层的建筑，尤其是上海出现了28座10层以上的高层建筑，最高的达到24层。国内的建筑教育也有了初步发展，并陆续成立了"上海建筑师学会"(1927年成立，后改为"中国建筑师学会")、"中国营造学社"和"中国建筑协会"等组织。在复杂的意识形态背景和资本主义世界建筑潮流的影响下，我国建筑界的设计思想既受到学院派的影响，也开始受到现代派的影响。建筑形式大体上从"折中主义"和"中国固有形式"向"国际式"现代建筑的趋势发展。这一时期日本侵略者统治的大连、长春、哈尔滨等城市，也出现了一些新的建筑，主要是军事基地用房、工业厂房、金融企业机构和商业建筑及侵略者的生活用房等。尤其在长春，由日本建筑师主持设计、建造了一批具有复古主义和折中主义色彩的伪满军政办公建筑。

5.1.4 20世纪30年代末到40年代末

这期间正逢我国抗日战争与第三次国内革命战争时期，中国的建筑活动很少，基本上处于停滞状态。位于抗战大后方的成都、重庆，因经济的发展和人口的增加，城市建筑有一定程度的发展。由于部分沿海城市的工业随之向内地迁移，四川、云南、湖南、广西、陕西、甘肃等省份的工业有了一些发展。近代建筑活动开始扩展到这些内地的偏僻小城镇。

20世纪40年代后半期，战后的资本主义各国进入恢复时期，现代派建筑普遍活跃，发展很快。通过西方建筑书刊的传播和少数新回国建筑师的介绍，中国建筑师和建筑系师生较多地接触了国外现代派建筑。由于当时建筑活动不多，在实践中还没有产生广泛的影响。

5.2 近代中国城市规划与建设

5.2.1 中国封建社会城市发展的特点

中国古代城市发展亦如中国古代建筑，持续不断发展了数千年，形成了鲜明的民族特色。中国古代城市自进入封建社会起，就走上了一条与西方城市截然不同的发展道路。在长达数千年的封建社会中，中国是一个大一统的中央集权制国家，因此，中国的封建社会城市就有以下几个特点：

(1)城市的建立与发展完全以政治、军事需要为目的，根本不考虑其社会分工与商品经济发展水平。

(2)城市因此具有明显的封建等级标志和军事防御功能。如各个朝代的最大城市往往都是都城所在地，并按行政级别大小来确定城市规模，行政级别愈小，其所在城市规模也相应地愈小。

(3)城市人口组成中，消费人口多于生产经营性人口，消费意义大于生产意义，商业的繁荣程度远远超过商品生产的水平。中国历史上数十万人口的城市比比皆是，各个朝代都不乏百万人口的城市。

(4)城市发展兴衰无常，人口数量忽高忽低和迁移，都有可能造成城市的兴盛与衰败。

(5)中国封建城市的布局呈现出以下特点：

①城市中心为皇家宫殿或各级官府衙门，居于支配地位，商业活动用地少量在城市偏远地带，多数设在城外。

②城市道路一般为方格网式，因宫殿或官府占据城市中心大量用地，致使大多数城市中心地带交通不畅，东西或南北经过中心地区一律绕行。

③直到宋代前，城市一直奉行里坊制，城市居民受到严格的控制，临街建筑不许开窗，晚上街坊均要上锁。同时期的西方封建城市则正与之相反，因为西方的封建社会一直处于分裂状态，没有统一过，富裕阶层与统治者都住在农村地区的城堡中，城市居民以手工业者为主，故西

方封建社会城市规模都不大,城市规模受到城市生产水平的制约,其城市中心多为教堂广场,工商业市场相对发达。

5.2.2 中国近代城市的发展

鸦片战争以后,中国的社会政治经济发生的巨大变动,使近代的中国城市也随之产生急剧的变化。帝国主义各国通过一系列不平等条约,夺取租界地,划分势力范围,疯狂地展开了瓜分中国的活动,控制了从沿海到内地的70余座被强迫开辟为商埠的重要城市,作为对中国进行经济、政治和文化侵略的据点。除了外国资本家在各通商口岸建立起的工商企业,清政府的洋务派也曾一度兴办了一批近代军事工业与民用企业,国内的民族资本家亦随之发展。随着工商业、交通事业的发展,一些新兴的资本主义工商业城市先后在沿海(江)和铁路沿线形成并发展起来。这些城市大体可分如下几种类型:

1. 帝国主义租界城市

这类城市又可分成多个帝国主义国家共同侵占的租界城市和一个帝国主义国家占领的城市。前者如上海、天津、汉口等,这些城市因各国租界各自为政,故城市布局不合理,城市面貌混乱;后者有青岛(德、日)、湛江(法)、大连与旅顺(俄、日)、哈尔滨(俄、日)。

2. 新兴的中国资本主义工商业城市

这类城市又可分为因近代修筑铁路形成交通枢纽而发展起来的新兴城市与因民族资本和官僚资本的工矿企业的开办而兴起的城市两种类型。前者如郑州、蚌埠、石家庄、宝鸡等;后者有唐山、无锡、南通等。

3. 由古代旧城市演化发展起来的半殖民地城市

这类城市原为封建社会的各级行政中心,或在近代产生了较发达的手工业和商业。在近代资本主义的发展带动下,城市发生结构变化,出现新的工业区和商贸中心区,一般在原有旧城的基础上稍有扩大。这类的中心城市有北京、南京、兰州、长沙、太原、昆明、重庆、安庆等,这类的商埠城市有苏州、杭州、宁波、芜湖、烟台、营口、福州等。

因此,中国的近代城市与中国近代建筑的相同之处,都是由于近代西方文化的巨大冲击而中断了原来封建主义的轨道。就鸦片战争时期的中国社会形态而言,还是正处在封建社会的中(后)期阶段,其结果是对中国近代城市产生了多方面的影响:

(1)改变了原有以政治职能为中心的封建社会的城市性质,突出了城市经济职能。突出表现是中国近代经济较发达的城市,都出现了集中或分散的工业区、商贸中心区,开放性代替了封建城市的闭塞。

(2)城市用地布局也随之发生变化,除了新增加的城市工业区和商业娱乐中心用地外,还增加了对外交通用地,尤其是沿海、沿江和沿铁路的大中城市。

(3)市政设施有了较大规模的发展,这也是近代城市与旧有封建城市的重要区别之一。从19世纪60年代开始,许多城市从无到有,规模从小到大,逐渐发展了煤气、电力、自来水、排水与污水处理、电话、电报、公共电汽车等市政公用事业,从根本上改变了城市的生产与生活条件,促进了城市的进一步发展。

(4)出现了一批在西方近代城市规划理论指导下建设的城市。在由一个帝国主义国家管辖的城市中,为其长期占领着想,在城市大规模建设之前都做了比较深入的城市规划,这些城市都有着比较合理的布局结构，城市市政设施也反映了当时较先进的水准，并形成了具有不同特色的城市风貌。如青岛在德国占领后的建设中，港口与工业用地布局合理，留下了最好的沿海东南地段作为生活居住用地，重视绿化和建筑群体的布局，形成了富于海滨城市特色的碧海、蓝天、绿树、红房子的景观。

再如中东铁路枢纽城市哈尔滨，在城市规划中体现了合理的城市功能分区，道路网充分依托自然地形，不强求朝向正南正北，在松花江流过城市段的下游设置了码头与仓库区，上游段则建设成了景色宜人的江滨公园，并用绿化将之引向商业中心中央大街，因整个城市主要由在法国留学的俄罗斯建筑师主持规划建设，故形成了比较统一的来自欧洲的折中主义风格和当时最新潮的新艺术运动风格。

在众多的中国近代城市中，南通市的发展建设独树一帜，在著名的民族资产阶级工业家张謇的主持下，保持南通旧城不变，在其南面开辟新城区，形成了工业区、港口区、生活区三足鼎立的组团式城市结构。

中国近代城市确实较封建时期有了明显的进步，如上海由一个普通的县城发展成远东第一大城市，一些大城市步入了当时的国际性大城市行列。但这些都是用中国人民付出的高昂代价换来的，城市的两极分化十分严重。就是在一些布局基本合理的城市中，中国人民也是同样受到不合理的待遇，他们干的是最重、最脏的工作，住的却是最差的城市地域，根本谈不到生活方便，有时连起码的上水、照明条件都不具备，这与华丽的高楼大厦和花园洋房组成的环境幽雅的高级住宅区形成了鲜明的对比。

5.3 居住建筑

在近代中国城市中，居住建筑发展的最显著特点是两极分化。由于中国近代社会阶级矛盾激化，破产的农民纷纷涌进城市，城市人口急剧增长，城市地价也不断上涨，房荒成为严重的城市社会问题，住宅商品化在城市中得到迅速的发展。这样自然形成了一种反差，有权势的中外大资产阶级与民族资产阶级上层人物，利用近代的建筑技术和市政设施条件，占据了城市中最优越的地段，建造适应资产阶级生活方式的各种类型的高标准住宅；而城市中最贫困阶层的居民，自然被挤到城市环境最恶劣的地段，栖身于最简陋的棚户。为适应城市不同阶层的居民需求，近代城市中的住宅类型也呈现出多种式样。

5.3.1 独院式住宅

这是近代的一种高标准住宅类型，盛行于1910年前后的大城市，一般位于市区内最好地段，总平面宽敞，讲究庭院绿化和小建筑处理，建筑面积很大，有数间卧室及餐厅、厨房、卫生间等。多为一二层楼，采用砖石承重墙、木屋架、铁皮屋面，设有火墙、壁炉、卫生设备，极力讲究排场，追求华丽装饰。外观随居住者国别采用其本国的府邸形式（图5-1）。这类住宅首先在当时最为时髦，同时也确实较中国传统住宅更舒适、方便，所以为当时上流社会所追捧。近代实业家张謇在南通建了7幢类似别墅（图5-2），又如上海的民孚路住宅（图5-3）等。这些住宅虽然在建筑式样上、技术与设备上吸取了西方的做法，但在平面布置、装修、庭院绿化等方面则保留了中国传统形式。

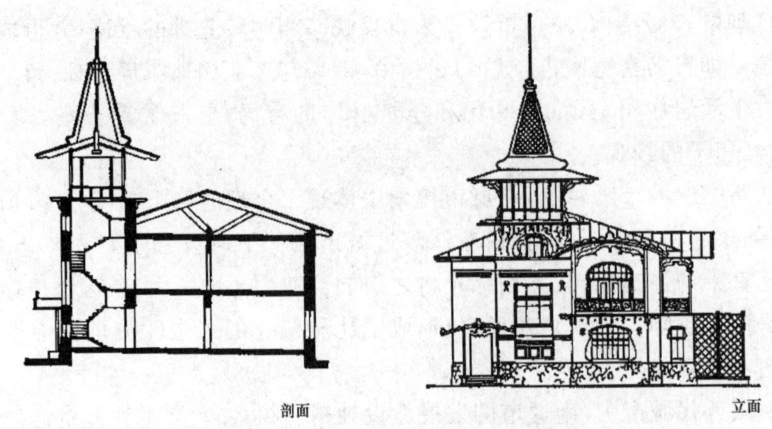

图 5-1　哈尔滨中东铁路高级住宅

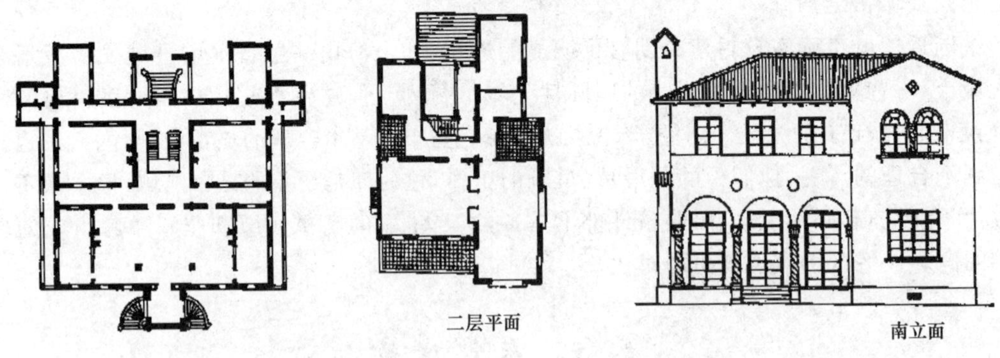

图 5-2　南通“濠南别业”平面　　图 5-3　上海民孚路住宅

5.3.2　公寓式住宅

20 世纪 30 年代以后，一些大城市因地价昂贵，受国外现代建筑运动影响，出现了一些高层公寓式住宅。这些住宅一般住于交通方便的闹市区，楼内电梯分客、货两种，安装有暖气、煤气、热水设备及垃圾管道等，个别厨房还有电冰箱。有的还设有汽车间、工友间、回车道和绿化游园。户室类型较多，主要以二室户、三室户为最多(图 5-4、图 5-5)。住得起这样住宅的仅是一些少数中外上流社会成员。

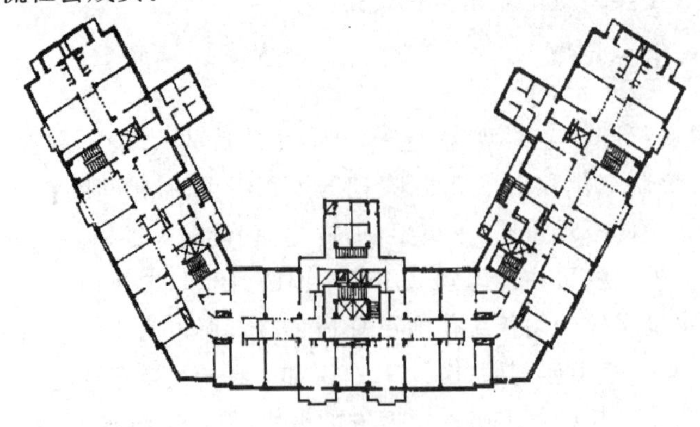

图 5-4　上海毕卡第公寓平面

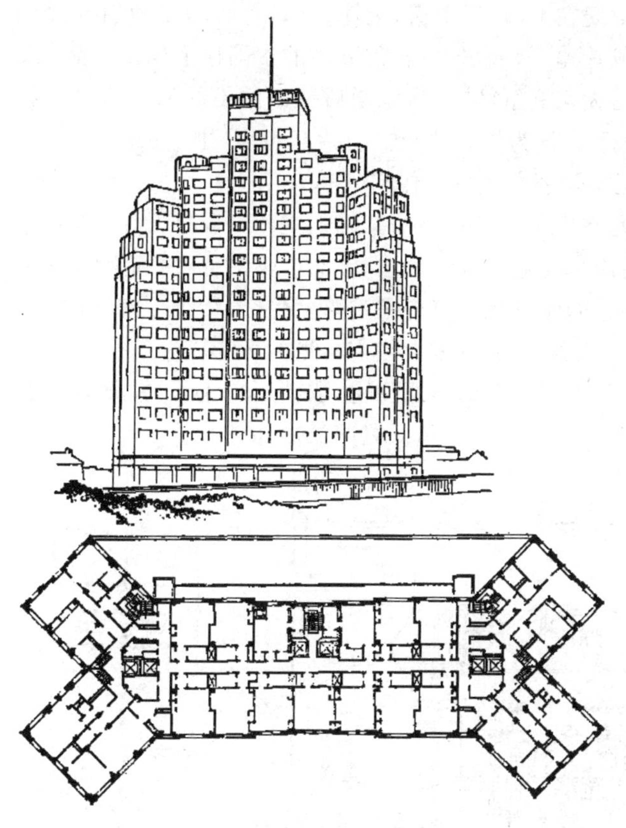

图 5-5 上海百老汇大厦

➢5.3.3 居住大院与里弄住宅

这是近代城市居住建筑中数量较多的两种类型。居住大院是在四合院基础上加以扩大的，多分布在北方，如青岛、哈尔滨、沈阳等城市。这是一种十几户至几十户集中居住的住宅形式(图5-6)，多为砖木结构，为二三层的外廊式楼房，形成大小不等的院子，院内有集中的公用自来水龙头、下水口和厕所。这类建筑密度大、卫生条件差，一般居住对象为城市普通职员和广大劳动者。

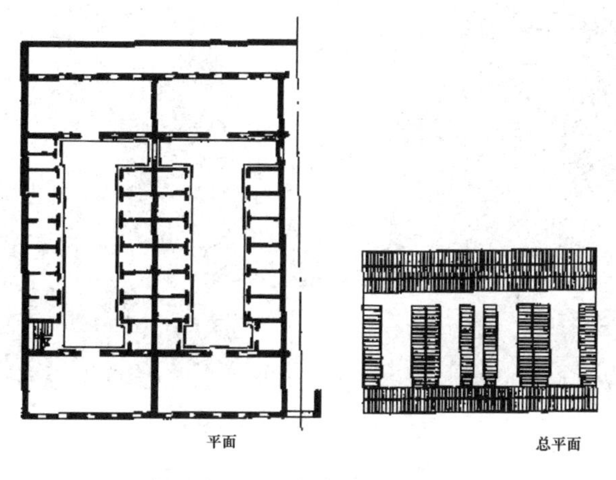

图 5-6 青岛居住大院

里弄住宅最早出现在上海，是上海、天津、汉口等大城市建造最多的一种住宅类型。它由房地产商投资集中成片建造，分户出租，是典型的中国住宅建筑商品化的产物。这种住宅适应了当时社会上出现的大家庭解体、人口剧增后造成的不同经济水平阶层的住房需求。上海的里弄住宅在发展过程中分为三种类型：石库门里弄住宅（1870—1919 年），新式里弄住宅（1919—1930 年），花园与公寓式里弄住宅（1930 年前后—1949 年）。

旧式里弄住宅是在中国传统住宅的基础上受西方联排式住宅的影响而产生的一种联排式住宅，分户单元沿用传统住宅的设计手法，平面严整对称，房间无明确分工，所有房间依靠内院及内天井采光通风，总的印象是建筑包围院落，保持着传统住宅内向封闭的特征。建得最早的石库门里弄住宅数量最多，占上海里弄住宅总量的 2/3 以上（图 5-7）。同时期还有一种更经济的单开间，平面外观类似广东的旧式住宅，取消了前部天井，房屋层高、进深、开间的尺度都缩小了，这类住宅多为工人、小商贩和低级职员居住。

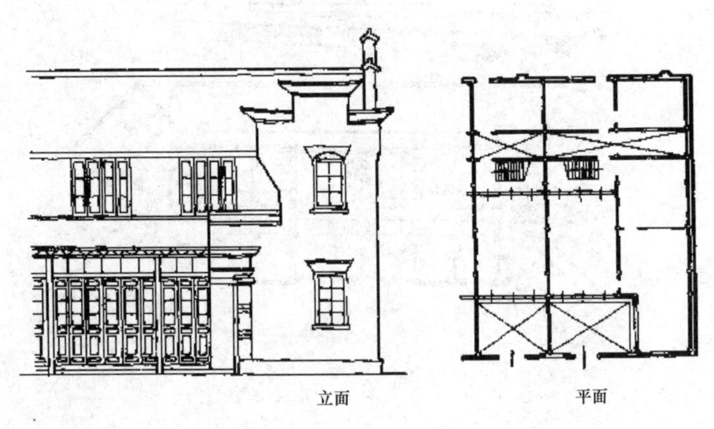

图 5-7　石库门里弄住宅

新式里弄住宅则是从西方引进的联排式住宅（图 5-8），分户单元采用现代住宅的设计手法，平面布置灵活，功能分区明确，充分利用外墙面开设门窗以争取良好的采光通风条件，有院落及绿化包围建筑的趋势，具有现代住宅外向开放的特征。

图 5-8　上海静安别墅

花园式里弄住宅与公寓式里弄住宅建造数量不多，主要是供中上层资产阶级、官僚地主和上层知识分子居住。花园式里弄住宅的主要特点是去掉老式里弄住宅的天井,而由联排式里弄住宅发展而成半独立式住宅建筑。花园式里弄住宅绿化空地大,房屋占地较小,环境幽静。底层多作汽车间、厨房、贮藏室,二、三层为起居室、卧室、浴室,阳台较大。通风、采光条件较好,水暖、电、卫生、煤气设备等俱全(图 5-9)。公寓式里弄住宅内部布局与花园式有所不同,各层有成套房间,自成一独立单元。全栋由若干单元组成,已趋向集体住宅形式。

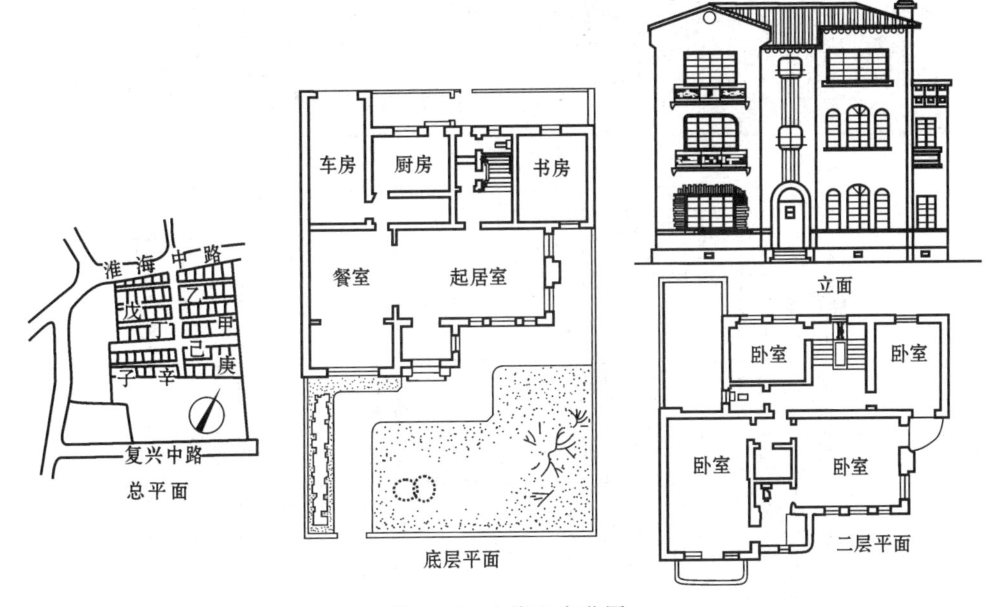

图 5-9 上海上方花园

里弄式住宅是经过近代匠师、建筑师的实践探索和住户在使用过程中的改进而形成的江南城市多见的一种住宅形式,在紧凑布局,利用天井,利用居室空间和楼梯间、屋顶空间等方面,借鉴了江南民居和国外住宅的一些手法,积累了许多增加使用面积和有效空间的经验,对今日的住宅设计仍有一定借鉴价值。

5.4 公共住宅

进入 20 世纪后,随着各帝国主义国家的经济文化入侵与租界地的建设,建筑活动剧增,建筑的功能状况改观了,建筑的规模扩大了,高层建筑也出现了,尤其是增加了许多新类型的公共建筑。

1. 行政、会堂建筑

早期这类建筑主要有外国侵略者的领事馆、工部局、提督公署和清政府的"新政"活动中心、军阀政权的"咨议"机构以及商会大厦(图 5-10),其形式多为欧洲古典主义、折中主义风格。20 世纪 20 年代以后,国民政府在南京、上海等地建造了一批行政办公会堂建筑,形式多为"中国固有式"(图 5-11、图 5-12、图 5-13),其中 1928 年建造的中山纪念堂可容纳 6000 人,是当时最大的会堂建筑。

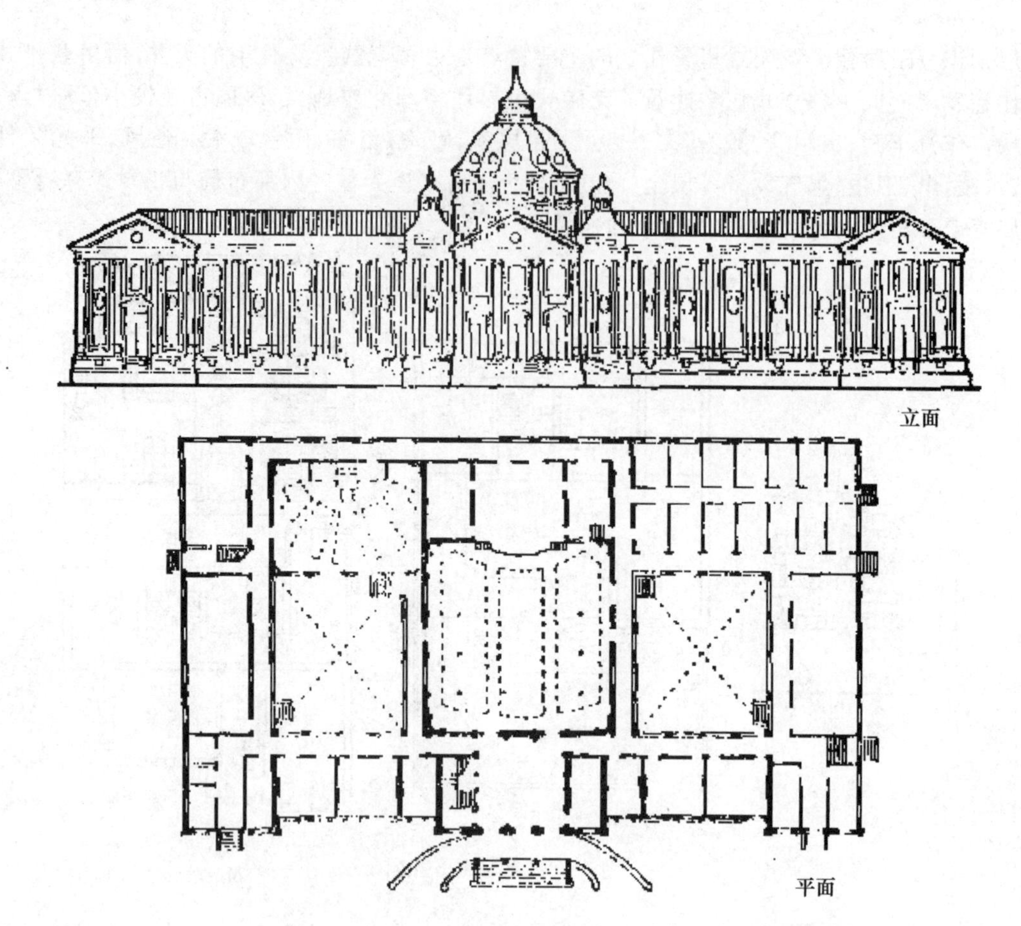

图 5－10　南通商会大厦

图 5－11　原南京国民大会堂

图 5-12 广州中山纪念堂

图 5-13 原中华民国上海市政府大厦

2. 银行建筑

银行建筑在近代公共建筑中发展较快,从1845年第一家外国银行在中国开始营业,到20世纪20年代,外国银行遍布全国各大城市。20世纪30年代开始,四大家族官僚资本的银行建筑也在各地普遍建设。银行建筑的特点是竞相追求高耸、宏大的体量和坚实、雄伟的外观及内景,成为近代大城市中最瞩目的建筑物(图5-14)。比较典型的有建于上海外滩的汇丰银行新楼(1921—1923年)(图5-15)。这栋银行建筑耗资1000余万元,英国人自诩为"从苏伊士运河到远东的白令海峡最华贵的建筑"。它占地约9000 m^2,8层,近似四方形平面,总建筑面积为32000 m^2,1、2层为银行,上面各层出租给洋行做办公室,其库房可收藏白银数千万两。汇丰银行新楼为钢筋混凝土结构,仿砖石结构的外观体现着典型的古典主义风格。中部冠戴高突的圆穹顶,强调出建筑物的主轴线。内部采用爱奥尼克柱式的柱廊和藻井式的天花,极力追求富丽堂皇的装饰效果,也是典型的古典主义形式。汇丰银行一直充当英帝国主义侵华的大本营,其精神作用也是向中国人民耀武扬威地宣扬侵略势力和显示雄厚资金,典型地反映了近代银行建筑的功能本质。

图 5-14　上海中国银行大厦

图 5-15　原上海汇丰银行新楼

3. 火车站建筑

近代在中国所修建的铁路，大多为帝国主义所控制，因而各地的火车站建筑也就多直接套用各国的火车站形式。建于 1903 年的哈尔滨火车站，是中东铁路一等大型客站，采用了当时欧洲最流行的新艺术运动风格，建筑平面功能合理。1937 年日本在大连建造的火车站建筑，受当时资本主义国家现代建筑运动的影响，造型简洁明快，功能明确合理，是近代中国为数不多的现代派风格的典型建筑之一（图 5-16）。

图 5-16　大连火车站

4. 商业、服务业和娱乐性建筑

这类建筑是近代公共建筑中数量最大、

影响面最广的重要类型，尤其是以城市中上层顾客为营业对象的大型百货公司、大型饭店和高级影剧院等，得到显著的发展，以上海、天津、汉口等商业活动集中的城市分布最多(图 5-17)。

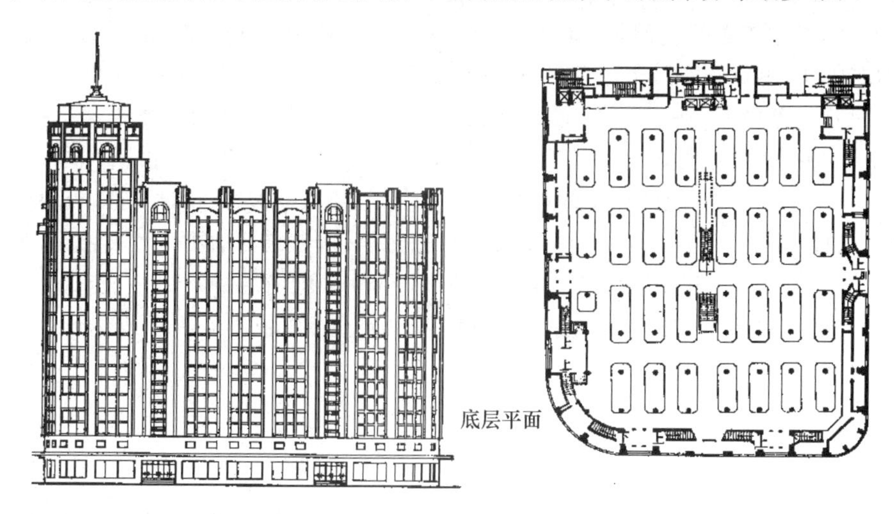

图 5-17　上海大新公司平、立面

建于 1926—1929 年的上海沙逊大厦，是当时标准很高的一幢大型饭店(图 5-18)。建筑为钢架结构的 10 层大楼(局部 13 层)。平面为 A 字形。外观以花岗石贴面，处理成简洁的直线条。建筑物前部顶上耸立一个 19 m 高的方锥体屋顶，是没有实用意义的庞大的装饰物，表现出从折中主义向“装饰艺术”风格过渡的特点。底层一部分为商场，一部分为饭店的接待室、管理室、酒吧间、会客厅等。2、3 层为出租写字间。4、5、6、7 层为客房。8 层为中国式餐厅、大酒吧间、舞厅。9 层为夜总会、小餐厅。10 层为沙逊和旅馆经理住宅。客房分三等。9 套一等客房分别做成中国式、英国式、法国式、意大利式、德国式、印度式、西班牙式、美国式、日本式等九国不同风格的装饰和家具，借以显示建筑的豪奢，迎合旅客的不同口味和好奇心理。

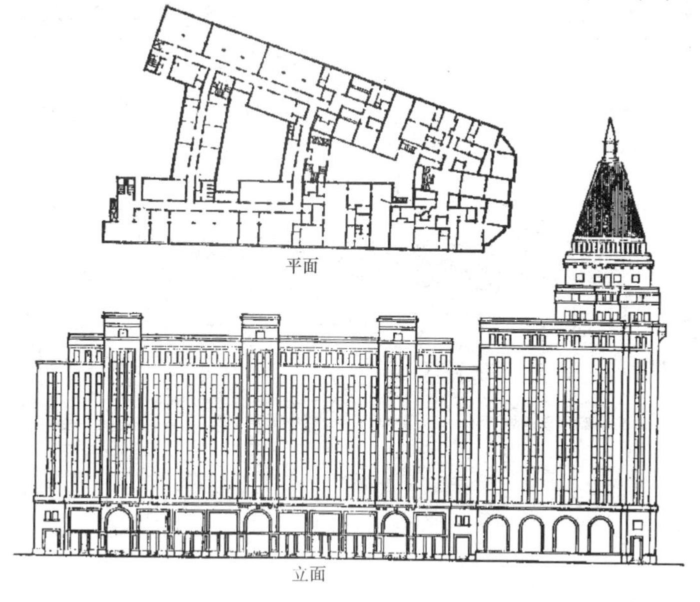

图 5-18　上海沙逊大厦平、立面

近代新类型的公共建筑较之封建时代的建筑类型显然是一个重大的发展，它突破了我国封建社会后期建筑发展的停滞状态，跳出了传统的木构架建筑体系的桎梏，刻印下我国建筑走向现代的步伐，是中国近代建筑发展的一个重要侧面。这些新公共建筑，都达到相当大的规模和很高的层数，如1931—1934年建造的上海国际饭店达24层(图5-19)。这些新公共建筑采用了钢铁、水泥等新材料，采用了砖石钢木混合结构、钢架结构、钢筋混凝土框架结构等新结构方式，采用了供热、供冷、通风、电梯等新设备和新的施工机械。一些高级影剧院，在音响、视线、交通疏散、舞台设备等方面，也达到较高的质量水平(图5-20)。1934—1935年在上海更是建造了容纳6万观众的江湾体育场(图5-21)。所有这些意味着我国建筑活动从20世纪初到30年代，随着国外建筑的传播和中国近代建筑师的成长，在短短的30年间有了急剧的变化和发展，其中有一些建筑，无论从规模上、技术上、设计水平和施工质量上，都已经接近或达到国外的先进水平。

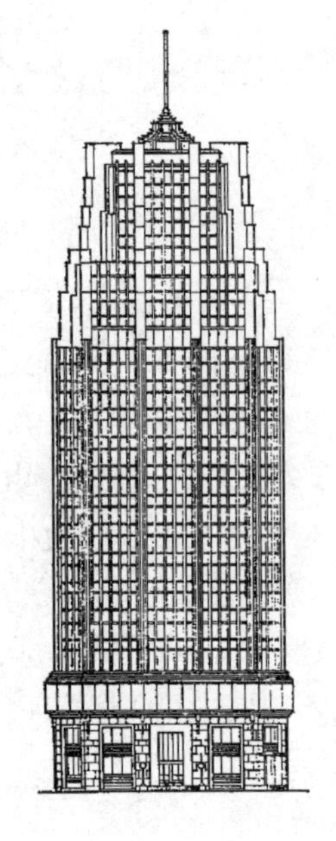

图5-19　上海国际饭店立面

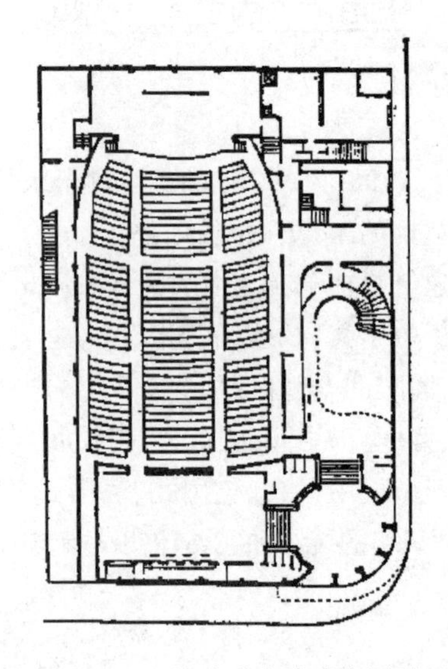

图5-20　上海美琪大戏院底层平面

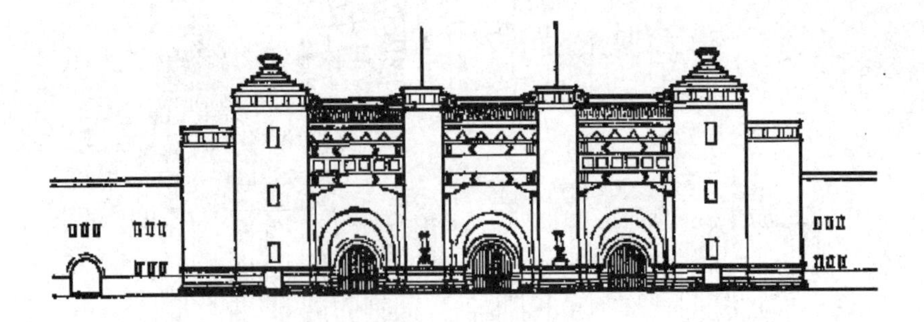

图5-21　上海江湾体育场立面

5.5 近代中国建筑教育与建筑设计思潮

5.5.1 中国近代建筑教育

中国的近代建筑教育起始于派留学生到欧美和日本学习建筑，国内的建筑学科是建筑留学生回国后才正式开办的。

中国近代留学生学习建筑的起步比较晚，当时主管部门并没有通盘的派遣计划或指导性意向，出国学习建筑多是学生自选的。最早到欧美和日本学习建筑的分别是徐鸿与许士得，当时是 1905 年。1910 年赴美国伊利诺伊大学建筑工程系学习的庄俊，是庚款留美的第一位学习建筑的学生，受其影响，先后通过清华庚款赴美留学学建筑的人颇多。受庚款留美的制约，先期赴欧美的建筑系留学生中，以留美占绝大多数，其中影响最大的是美国的宾夕法尼亚大学建筑系，范文照、朱彬、赵深、杨廷宝、陈植、梁思成、童寯、卢树森、李杨安、过元熙、吴景奇、黄耀伟、哈雄文、王华彬、吴敬安、谭垣等，都先后毕业于该系，他们之中的许多人成了中国近代建筑教育、建筑设计与建筑史学的奠基人和主要骨干。至 20 世纪 30 年代末，中国赴欧美和日本学习建筑的官费、自费留学生总数已超过 130 人。

在当时的建筑教育体系上，德国与日本的建筑系偏重于工程教育，比较注重建筑技术。20 世纪 20 年代美、法的建筑教育，还属于学院派的体系，设计思想还偏留于折中主义的创作路子，强调艺术修养，偏重艺术课程。如当时主持美国宾夕法尼亚大学建筑系的美籍法国人保罗·克芮，深造于法国巴黎高等艺术学院。在他执教的 35 年里，把宾大建筑系办成了地道的学院派教学体系的学府，对杨廷宝、梁思成等宾大中国留学生影响很大。前期在美、法的留学生接受的是学院派的建筑教育，对中国近代建筑教育和建筑创作都造成了深远的影响。到 20 世纪 30 年代后期和 40 年代，少数回国的赴欧美学习建筑的留学生，由于他们接受的是现代派建筑教育体系，所以为中国建筑教育和建筑创作添注了现代主义的新鲜血液。

出国学习建筑的学生，大多天资聪颖，勤奋好学，尤其是庚款和公费留学的学生，都经过相当严格的筛选，人才素质很高。他们之间的大多数在留学期间成绩斐然，出类拔萃。许多人取得硕士学位，不少人获得各种设计奖。杨廷宝曾多次获得全美建筑系学生设计竞赛的优胜奖，1924 年获得全美建筑系学生设计竞赛的艾默生一等奖。童寯在 1927 年和 1928 年分别获得全美建筑系学生设计竞赛布鲁克纪念奖的二等奖和一等奖。陈植于 1927 年获得美国柯浦纪念设计竞赛一等奖。留学法国巴黎高等艺术学院的虞炳烈，不仅获得了法国“国授建筑师”的称号，而且获得法国国授建筑师学会的最优学位奖金和奖牌，在当时国际建筑界这是一项很高的荣誉奖。这些留学欧美与留学日本的建筑学人才，形成了我国第一代建筑师的队伍，并开设了中国建筑师事务所，创办了中国近代的建筑教育，建立了中国建筑史学的研究机构，对中国近代建筑的发展做出了重大的历史贡献。

翻开中国人创办建筑学科第一页的是 1923 年设立建筑科的江苏公立苏州工业专门学校，建筑科由留日回国的柳士英发起，与同是留日的刘敦桢、朱士圭、黄祖森共同创办。建筑科学制三年，沿用了日本的建筑教学体系，课程偏重工程技术，专业课程设有建筑意匠（即建筑设计）、建筑结构、中西营造法、测量、建筑力学、建筑史和美术等。该校于 1927 年与东南大学等校合并为国立第四中山大学，1928 年 5 月定名为国立中央大学，其建筑科成为中国高等学校的第一个建筑系。1928 年，东北大学建筑系和北平大学艺术学院建筑系成立。东北大学建筑系由梁思成创办，教授有陈植、童寯、林徽因、蔡方荫，都是留美学者。教学体系仿照美国宾夕法尼亚大学建筑系，学制四年，建筑艺术和设计课程多于工程技术课程。该系招收了三届学生，后因“9·18”事变而被迫停办。北平大学艺术学院建筑系，则是从院长杨仲子开始，包括他聘请的系主任汪申，任教的沈理源、华南圭等，都是清一色留法的学生，自然基本上沿用法国的建筑教学体系，学制四年。

从这以后，中国又陆续开办了一系列建筑系科。其中在 1942 年成立的上海圣约翰大学建筑系，与奉行学院派建筑教育体系的中央大学、东北大学建筑系明显不同，实施了鲍豪斯的现代建筑的教育体系，聘请德、匈、英等国的新派建筑师任教，为中国的现代建筑教育播撒了种子。

经梁思成建议，清华大学于 1946 年开办建筑系，由梁思成任系主任。同年年底，他赴美考察二战后的美国建筑教育，并于 1947 年担任联合国大厦设计顾问。经过一年多在美期间的建筑活动，梁思成回国后提出了“体形环境”设计的教学体系，他认为建筑教育的任务已不仅仅是培养设计个体建筑的建筑师，还要造就广义的体形环境的规划人才。因此将建筑系改名为营建系，下设建筑学与市镇规划两个专业。梁思成说：“建筑师的知识要广博，要有哲学家的头脑，社会学家的眼光，工程师的精确与实践，心理学家的敏感，文学家的洞察力……但最本质的他应当是一个有文化修养的综合艺术家。这就是我要培养的建筑师。”他把营建系的课程分为文化及社会背景、科学及工程、表现技巧、设计课程和综合研究五大部分，分别在建筑学与市镇规划专业加设了社会学、经济学、土地利用、人口问题、雕塑学、庭园学、市政卫生工程、道路工程、自然地理、市政管理、房屋机械设备、市政设计概论、专题报告及现状调查等课程，供学生专修或选修。他还推广了现代派的构图训练作业，按鲍豪斯的做法聘请了手工艺教师，以培养学生的动手能力。这些意味着“理工与人文”结合、“广博外围修养和精深专业训练”结合的建筑教学体系的建构。梁思成的建筑教育思想和实践，推进了中国建筑教育的现代进程。

➢5.5.2 中国近代建筑设计思潮

中国近代建筑处于承上启下、中西交汇、新旧接替的过渡时期，既交织着中西建筑的文化碰撞，也经历了近现代建筑的历史搭接，它所关联的时空关系是错综复杂的。因此，其建筑表现形式也是多种多样的，在同样是新式的建筑中，既有形形色色的西方风格的“洋式”建筑，又有为新建筑探索“中国固有形式”的“传统复兴”；在同样是西方的洋建筑中，既有近代折中主义建筑的广泛分布，也有“新建筑运动”和“现代主义建筑”的初步展露。中国近代建筑形式和建筑思潮是非常复杂的。

1. 中国近代建筑形式中的折中主义和现代建筑思潮

中国近代建筑师所受的建筑教育体系，直接或间接都来自资本主义国家，正是由于他们的勤奋学习和努力工作，才推进了我国近代建筑设计水平的提高，形成了一支数量不大的新建筑设计队伍，同时也使我国建筑界被纳入世界建筑潮流的影响圈。在中国近代先出国的几批留学生在国外学习建筑的时候，在美国、欧洲的建筑潮流中，折中主义还占据着相当地位，他们所受的建筑教育完全是学院派的一套体系。而当时在中国的建筑活动，大多数也是折中主义的建筑。西方折中主义有两种形态：一种是在不同类型建筑中，采用不同的历史风格，如教堂要哥特式的，银行则建成古典式的，剧场要选巴洛克式的，住宅要造成西班牙式的，等等，形成建筑群体的折中主义风貌；另一种是在同一幢建筑上，混用希腊古典、罗马古典、文艺复兴古典、巴洛克、法国古典主义等各种风格式样和艺术构件，形成单幢建筑的折中主义面貌。这两种折中主义形态在近代中国都有反映。如建于1893年的上海江海关（中期）为仿英国市政厅的哥特式；建于1907年的原德国驻天津领事馆，为日耳曼民居式。在折中主义思想指导下，建筑师的设计焦点是艺术造型，对建筑的新技术、新功能并不很关心。古希腊、古罗马、哥特、文艺复兴、巴洛克等历史上的建筑形式被教条地认定为各具某种特定的艺术特征，成为不同的建筑类型模仿的特定形式。这样，建筑师如同一部建筑百科全书，通晓历史上的各种建筑“词汇”，并善于组合构图，可以根据不同业主的审美癖好和口味，创造出不同的艺术格调，如大陆银行北京分行、交通银行青岛分行（图5-22）等。

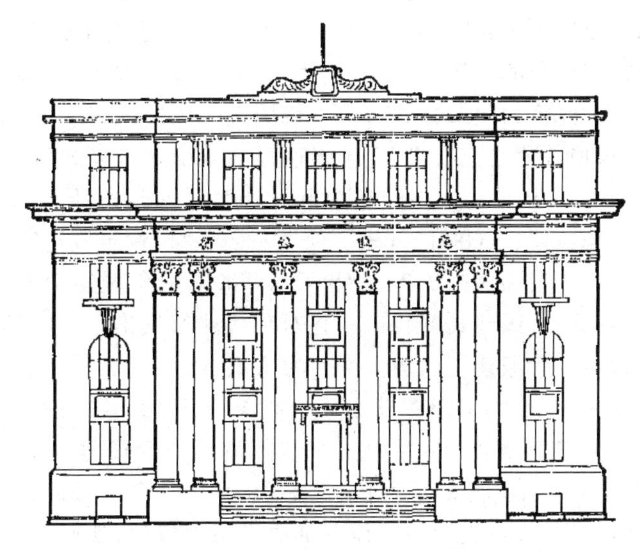

图5-22 交通银行青岛分行旧址立面

值得注意的是，西方折中主义在近代中国的传播、发展，恰好与中国各地区城市的近代化建设进程大体同步，许多城市的发展期正好是折中主义在该城市的流行盛期，因此，西方折中主义成为近代中国许多城市中心区和商业干道的奠基性的、最突出的风格面貌，对中国近现代城市面貌具有深远的影响。时至今日，在上海、天津、武汉、青岛、大连、哈尔滨等一大批城市中，近代遗存的大批以折中主义为基调的西方建筑，依然是城市建筑主脉的重要构成。这些建筑的性质与意义随着时间的推移都起着变化。文化本身具有巨大的融合性和吸附性。这批建筑所关联的殖民背景已经成为历史的过去，而固着在中国土地上的异国情调的建筑文化，经历岁月的积淀，已经转化为中国近代建筑文化遗产的组成部分，我们应以开放的意识来看待这份近代建筑遗产，明确它们在今天作为人类文化遗产的历史价值。

在近代建筑发展过程中，学院派的创作方法已经越来越暴露出折中主义建筑形式与新的建筑功能、经济、结构、施工方法的尖锐矛盾。20世纪20年代后期到30年代，欧美等资本主义国家进入现代建筑活跃发展和迅速传播时期，各国在中国的建筑师的建筑活动也开始向“现代建筑”的趋势转变。上海沙逊大厦、都城饭店等反映了其早期趋势；上海百老汇大厦、毕卡第公寓等反映了它的进一步发展；而上海国际饭店、大光明电影院、大连火车站等则已是很地道的“现代建筑”了。上海国际饭店建于1931—1934年，由匈牙利籍建筑师拉斯洛·邬达克设计，高 24 层，是当时全国最高的建筑，号称远东第一高楼。立面用泰山面砖贴饰，下部用黑色大理石贴面，外观几乎没有图案雕饰，是仿美国摩天大楼的现代风格。大连火车站曾于 1924 年由南满洲铁路株式会社主办设计竞赛，太田宗太郎和小林良治的现代主义设计方案获头奖，后因车站改换地点，又重新设计，由太田宗太郎主持，仍然保持现代建筑风格，形式比原设计方案更为简洁。这个车站建于 1935—1937 年，规模较大，总建筑面积达 14000 m^2，功能设计合理，旅客直接由坡道进入二层大厅候车，并由天桥通向站台。围绕大厅的服务设施空间和其他房间，都压低层高，空间紧凑、妥帖，在当时是很先进的设计。

几乎与欧美和日本建筑师在中国进行的现代建筑活动同时，中国建筑界也开始导入现代派的建筑理论和展开一股现代风格的创作热潮。当时中国建筑师对现代主义建筑的认识是不平衡的。不少建筑师主要着眼于它“国际式”的外在式样，认为建筑样式存在着由简到繁、再由繁到简的循环演变，认为“繁杂的建筑物又看得不耐烦了，所以提倡什么国际式建筑运动”。有的建筑师把它看成是一种经济的建筑方式，认为“德国发明国际式建筑，不雕刻、不修饰，其原因不外乎节省费用，以求挽救建筑上损失”。基于这样的认识，“国际式”往往被视为折中主义诸多形式中的一个新的样式品种。不少建筑师既设计西洋古典式、传统复兴式，也设计国际式。《中国建筑》二卷八期(1934 年 8 月)发表了何立蒸的《现代建筑概论》一文，文中颇为精要地概述了现代建筑的产生背景和演进历程，论及了一些著名的学派和勒·柯布西耶等建筑大师，阐述了“功能主义”理论和“国际式”的特点，并对现代建筑做出七点归纳。何立蒸的分析，代表了当时中国建筑师对现代派建筑的较为准确的认识。

20 世纪 30 年代的中国建筑师几乎都或多或少地参与了现代建筑的设计。从事现代建筑创作较为显著的是华盖建筑事务所，它在中国建筑师设计的现代建筑中，具有较大的影响。1936 年在上海举办的首次中国建筑展览会上，华盖送的均是现代派作品。在华盖主持设计的童寯，创作思想具有明显的现代主义倾向。他不赞成滥用大屋顶，他曾说：“在中国，建造一座佛寺、茶室或纪念堂，按照古代做法加上一个瓦顶，是十分合理的。但是，要是将这瓦顶安在一座根据现代功能布置平面的房屋头上，我们就犯了一个时代性的错误。”李锦沛也是一位现代主义倾向的建筑师。他在 1934 年前后连续设计了几座现代风格的银行建筑，即使是教堂建筑，他也做了创新处理，颇有现代净化的意韵。启明建筑事务所的奚福泉在 20 世纪 30 年代也设计了几座有影响的现代风格作品，他在上海一块狭长的不利地段，为业主设计了一座非常新颖的现代住宅；还为欧亚航空公司设计了一座展现大型工业建筑新姿的外观简洁流畅的龙华飞机棚厂。他设计的虹桥疗养院(建成于 1934 年)是一座很有特色的、引人注目的现代主义作品(图5－23)。设计中对疗养功能考虑得十分周到，为照顾肺病患者需要阳光，全部疗养室都朝南布置，每室都设大阳台，呈阶梯形层叠，使每间疗养室都能获得充足的阳光，并在阳台上方伸出小片雨篷，用以遮挡上层阳台的投射视线。疗养院的病房、诊室、走廊，全部采用橡皮地板，以消除噪声，减少积垢。各室墙角都做成半圆形，以免堆积尘垢，便于消毒洁净。特等病房的门窗还配以紫色玻璃，以取得紫光疗病。由于疗养室呈阶梯形，整个建筑外观成层叠式的体量，十分简洁、醒目、新颖，建筑的功能性和时代性都得到充分的展现。还有杨锡缪(上海百乐门舞厅设计人)、黄元吉(上海恩派亚大厦设计人)等，都设计出了一些很有味道的现代式建筑。即使以设计西方古典式或中国复兴式著称的建筑师，如庄俊、沈理源、董大酉、杨廷宝等人也做了一些现代风格的设计。

总体说来，中国现代建筑运动虽然在近代大中城市有一些作品出现，但由于近代中国的工

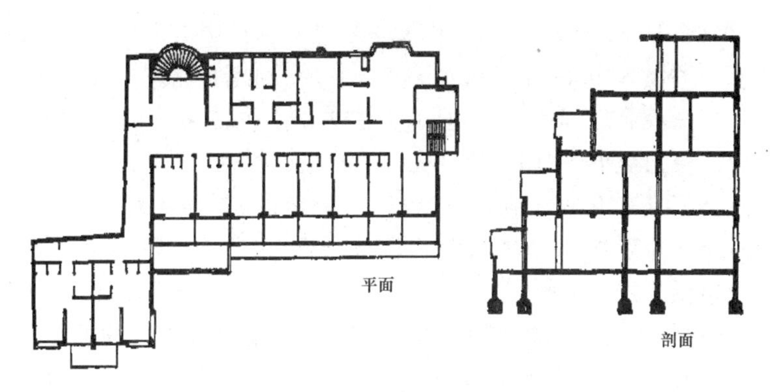

图 5-23 上海虹桥疗养院

业技术力量薄弱,缺乏现代建筑发展的雄厚物质基础,再加上中国长期的战争环境,所以现代建筑仅仅活跃了六七年就中断了,没有能得到正常发展的机会,在实践中也没有产生广泛的影响。

2. 中国近代建筑民族形式的探讨

"中国固有形式"建筑活动,主要集中在20世纪的二三十年代。最初则是出现在教会系统的学校、医院、教堂建筑上。外国传教士经历了与中国传统思想观念的矛盾冲突,他们懂得了着华服、说华语、取华名,将基督教义掺进儒、释、道家经典以适应迎合中国人心理的重要性。在中国人还没有自己的建筑师,一般的洋建筑师对中国的营造术不屑一顾之时,教会便表现出了对中国传统建筑、民族形式的尊重。北京协和医院和燕京大学就是这类建筑的范式。这些建筑的普遍特点是:采用新材料、新结构,平面按功能要求设计,而外观则以大屋顶、斗拱等表现中国固有形式。在设计"中国式"教会建筑的外国建筑师中,以美国建筑师亨利·墨菲(Henry Killam Murphy)的影响最大。1913年他开始做雅礼大学校园规划,设计了湘雅医学院等"中国式"校舍建筑。1918年他先后规划、设计了金陵女子大学、燕京大学等校园、校舍,还设计了南京灵谷寺阵亡将士墓和纪念塔等工程。墨菲对研究中国建筑甚感兴趣,曾说:"中国建筑艺术,其历史之悠久与结构之严谨,使余神往。"他设计的上述建筑都是中西交汇的"中国式"风格。在金陵大学北大楼的设计中,他在歇山顶两层楼房的中部,突起五层的"塔楼",上冠十字脊歇山顶,四面挑出带中国式石栏杆的阳台。在这个设计中,虽然体量组合显得生硬,设计手法却很大胆。在1920年进行的燕京大学校园规划中,他针对海淀校址处于古典园林遗址的优越条件,充分利用湖岛、土丘、曲径和充沛水源,把校园规划成园林化的环境。以东西和南北纵横交叉的两条轴线,担纲整座校园规划布局的系统脉络。校园建筑组成多组三合院,形成规整的院落群体与蜿蜒曲折的湖岛环境的有机结合。单体建筑着意模仿传统宫殿形式,运用房殿、歇山屋顶、深红色的壁柱、花岗石基座和青绿色彩画等,形成古色古香的风格基调。但建筑的功能、结构是全新的,室内设备是很先进的,有冷热自来水、水厕、浴盆、饮水喷头、电灯、电风扇、电炉、暖气等。当时这样的规划设计被认为体现了西方近代的物质文明与中国固有的精神文明的结合。后来墨菲担任了国民政府建筑顾问,对20世纪30年代中国建筑师的传统复兴建筑创作有较大影响。

随着"五四"运动以后民族意识的普遍高涨,中国人在对民族精神追求的基础上,对中国近代的建筑也提出了民族性的要求。由于中国建筑师多数是在欧美留学(1938年前赴欧、美、日学建筑的留学生有50人,其中去美国的占了37人),接受的是学院派的建筑教育,设计中重视追求建筑的形式、风格和历史，其所处的年代又正是具有灿烂历史文化的中华民族被帝国主义列强任意欺侮的时期，“民族主义”成了拯救民族危亡的强心剂，建筑也成为一个民族得以不朽的纪念碑。当时的国民政府定都南京后，着手实施文化本位主义。在1935年发表了《中国本位的文化建设宣言》，极力提倡“中国本位”“民族本位”文化。实际上在这之前国民政府早已将这种文化方针渗透到了其官方建筑活动中，1929年制定的《首都计划》和上海《市中心区域计划》，都已反映出这个指导思想。《首都计划》提出：“要以采用中国固有之形式为最宜，而公署及公共建筑物尤当尽量采用。”上海《市中心区域计划》提出：“为提倡国粹起见，市府新屋应用中国式建筑。”显然，这对当时中国建筑师的传统复兴建筑思潮是重要的推动因素，特别是对于这两个规划所涉及的具体工程，更具有指令性的约制。中国近代传统建筑的艺术形式(尤其是大屋顶)就是在这样的情况下得到了肯定，同时也开始了对中国古典复兴式的建筑探讨活动。1925年南京中山陵设计竞赛是这个活动开始的标志。

《孙中山先生陵墓建筑悬奖征求图案条例》中规定：“祭堂图案须采用中国古式而含有特殊与纪念之性质者，或根据中国建筑精神特创新格亦可。”在有中外建筑师参加的这个设计竞赛中，吕彦直、范文照、杨锡宗三位中国建筑师分获一、二、三等奖，最终吕彦直的方案被选中。中山陵于1926年开始兴建，1929年建成。这是近代中国建筑师第一次规划设计大型纪念性建筑组群的重要作品。

中山陵(图5-24)位于紫金山南麓，周围山势雄胜，风光开阔宏美。陵园顺着地势，坐落在绵延起伏的苍翠林海中。总体规划吸取中国古代陵墓的布局特点，突出天然屏障，注意结合山峦形势。石牌坊、陵门、碑亭等传统陵墓的组成要素和形制经过简化，运用了新材料、新技术，采用了纯净、明朗的色调和简洁的装饰，取得了较好的使用效果。通过大片的绿化和宽大满铺的平缓石级，把孤立的、尺度不大的个体建筑联成大尺度的整体，整个建筑群取得了一定的庄严、雄伟气象，恰如其分地创造了孙中山陵园所需要的气势。整个陵园分成墓道和陵墓两部分，主体建筑祭堂用新材料、新技术，借用了旧形式加以革新。其平面近方形，出四个角室，构成了外观四个坚实的墩子，上冠重檐歇山蓝琉璃瓦顶，赋予建筑形象一定的壮观和特色。祭堂内部以黑花岗石立柱和黑大理石护墙，衬托中部白石孙中山坐像，构成宁静、肃穆的气氛。因为功能的特定性质和技术经济的有利条件，设计者没有局限于单纯采用传统建筑形式，而是既吸收了传统陵墓总体布局的某些手法，对于个体建筑也有一定程度的创新，从而使得中山陵成为中国近代传统复兴建筑的一次成功的起步。

图5-24　南京中山陵

以南京中山陵为起点,以后又出现了广州中山纪念堂(1926年,吕彦直设计)、上海市政府大厦(1931年,董大酉设计)、国民党中央党史史料陈列馆(1934年,杨廷宝设计,图5-25)、南京中央博物院(1936年,徐敬直、李惠伯设计,梁思成顾问)、上海中国银行大厦(1936年,陆谦受设计)、南京中山陵藏经楼(1936年,卢树森设计)等,相继建成了具有不同程度的传统特色的建筑。

图5-25 国民党中央党史史料陈列馆旧址

上述以中山陵为起点的这批建筑,涉及会堂、行政办公、展览、研究机构、高校、官僚住宅等许多类型,采用新的平面布置,采取钢结构、钢筋混凝土结构或砖石承重的混合结构,而外观则保留了传统复兴风格。从中可以看出中国建筑师在为新功能、新结构创造“中国传统形式”的建筑过程中,也探讨了教会建筑采用的两种途径:一种是完全模仿古建筑形式,如仿辽代佛寺大殿的南京中央博物院等;另一种是在新建筑上套用大屋顶和其他古建筑部件,如广州中山纪念堂、上海市政府大厦、国民党中央党史史料陈列馆等一大批带大屋顶的建筑。相比较而言,中国建筑师在建筑处理上,古建筑的法式、则例都用得很到家,比例严谨,形象也比较完整,其设计技巧比外国建筑师设计的宫殿式教会建筑要高明得多。但毕竟也暴露出新功能、新技术与复古的旧形式之间的尖锐矛盾,使内部空间迁就外观形体,以新材料、新结构勉强做出古典形象,都造成难以适用、结构复杂、施工累赘、造价高昂的后果。上海市政府大厦就是一个典型。其主体建筑约9800 m^2,平面为一字形,中部进深稍为扩大。四层楼中,一层开小窗、外观成一台基,二、三层作出中国木构架形式,四层仅靠微小的“拱眼”采光,作宿舍及档案室。立面中部作歇山顶,两侧以庑殿顶插入。建筑采用钢筋混凝土框架结构。由于大小不同功能房间的建筑被勉强框在宫殿式的轮廓里,出现了一系列的实用问题。一层小办公室进深过大,光线不足;二层中部的礼堂成为横长形,很不适用;尤其是四层宿舍采光太差,通风不良,夏季闷热难以住入;楼梯间也因窗户小、窗花密而影响采光。各主要房间因采用井字天花,将宫殿庙宇内高大空间上部使用的天花彩画,用在近代要求明亮采光的小空间室内,造成烦琐、古旧、压抑、阴沉等不良感觉。档案室放在最上层,徒增建筑荷重,大屋顶空间利用效果很差。由于结构复杂化,屋顶曲线硬用钢筋混凝土屋架做成,屋面也是用现浇的钢筋混凝土浇出瓦垄,然后再铺琉璃瓦,给施工造成相当大的麻烦,而且造价随之剧增。

为了解决这些问题,寻求新的途径,大体上形成先后两种处理方式:

一种当时被称为“混合式”，即局部采用大屋顶，仅在重点部位模仿古建筑形式，这种方式的代表建筑有上海中心区二期工程——图书馆、博物馆(均为董大酉设计，图 5-26)。这两幢建筑都位于当时规划的上海市中心行政区内，东西相对，两幢建筑外观形态和尺度大体相仿，都是在两层平屋顶楼房的新式建筑体量上，中部突起局部三层的门楼，用蓝琉璃重檐歇山顶，附以华丽的檐饰，四周平台围以石栏杆，集中地展示中国建筑色彩。

图 5-26　旧上海市图书馆

另一种当时被称为“现代化的中国建筑”，基本上采用新建筑构图，完全摆脱掉大屋顶，只是通过局部点缀某些中国式的小构件、纹样、线脚等，来取得民族格调。这种形式的建筑实际上是受 20 世纪 30 年代国外现代建筑思潮的影响而出现的一种向国际式过渡的带有装饰艺术倾向的作品，即在新建筑的体量基础上，适当装点中国式的装饰细部，这种装饰细部不像大屋顶那样以触目的部件形态出现，而是作为一种民族特色的标志符号出现。用现在的话说，这是一种传统主义的表现。上海市中心区三期工程——体育场、体育馆、市立医院等均属于这一类。南京国民政府外交部办公楼(1932 年，赵深、童寯、陈植设计，图 5-27)、北京仁立地毯公司(1932 年，梁思成、林徽因设计，图 5-28)、南京中央医院(1932 年，杨廷宝设计，图 5-29)等，在这方面都进行了有益的探索。上海大新公司(1934 年，杨廷宝设计)、上海中国银行大厦，更进一步在高层建筑上做了探求。

图 5-27　南京国民政府外交部旧址

图 5-28 北京仁立地毯公司立面

图 5-29 南京中央医院立面局部

南京国民政府外交部办公楼原来是基泰工程司设计的宫殿式方案,后被具有经济、实用又具有中国固有形式特点的华盖建筑事务所的方案取代了。新设计为平屋顶混合结构,中部四层,两翼三层,外加半地下层。平面呈丁字形,两翼稍微凸出,前部为办公用房,后部为迎宾用房。外观以半地下层作为勒脚层,墙身贴褐色面砖,入口突出较大的门廊,基本上是西方近代式构图。中国式装饰主要表现在檐部的简化斗拱、顶层的窗间墙饰纹和门廊枝头点缀的霸王拳雕饰。梁思成和林徽因设计的北京仁立地毯公司,是旧建筑扩建的门面处理。在辟有大面积橱窗的三层建筑立面上,设计者运用了北齐天龙山石窟的八角形柱、一斗三升、人字斗拱和宋式勾片栏杆、清式琉璃背吻等,这些不同时代的古典细部都仿得十分精致,组合得颇为融洽,立面装饰颇具浓郁的民族色彩,同时也有些欧美后现代建筑早期的味道。高 17 层的上海中国银行大厦，外墙用国产花岗石，顶部采用平缓的四角攒尖屋顶，檐部施一斗三升斗拱，墙沿、窗格略用中国纹饰。因为建筑很高，扁平的攒尖顶仰视实际上看不见，整个建筑微微点染着淡淡的中国传统韵味，在外滩建筑群中别具一格。

纵观中国近代传统复兴建筑的发展，可以看出近代中国建筑师为此做出了不懈的努力，既有失败的教训，也有成功的经验。所有这些，在今天探索中国建筑发展的民族风格的工作中有着十分重要的意义，值得我们认真总结。

思考题

1. 中国封建社会城市的发展和城市布局有哪些特点？
2. 中国近代城市发展有哪些特点？
3. 中国近代城市住宅大致有几种类型？各有什么特点？
4. 中国近代新类型的公共建筑的出现有什么意义？
5. 西方建筑的折中主义有哪两种形态？其对中国近代城市建筑发展有何影响？
6. 现代建筑运动对中国近代建筑的发展影响如何？
7. 中国近代的传统复兴建筑活动的历史背景是什么？做了哪些实践活动？

第二编　外国建筑史

外国建筑史主要讲述中国以外国家建筑发展的历史。由于各国的自然条件、哲学思想、社会经济发展、生活习惯等各种因素的不同，形成了各自的建筑体系。它们在建筑风格、建筑材料、建筑结构、建筑施工等诸多方面存在很大的差异。每个建筑体系的发展是不平衡的，有早有迟、有快有慢，每一个历史时期，往往只有少数几个国家代表着一个时期建筑发展的主流，具有典型意义。

通过第6章到第11章的学习，要了解外国建筑背后的社会、哲学、技术的成因，各种空间运用的手法，各类建筑所采用的元素、语言之意义。另外，学习外国建筑史，还可以提高个人的修养、建筑鉴赏力，以及设计的能力。

第6章 外国古代建筑

学习要点

1. 古埃及的陵墓和宗教建筑
2. 两河流域的泥砖建筑及建筑形式
3. 雅典卫城的布局及主要建筑的特点
4. 古罗马的拱券结构及其混凝土工程技术
5. 古罗马万神庙的特点

6.1 古埃及建筑

6.1.1 综述

古埃及是世界上最早创造出高度发达文化的古文明地区之一。当时的人们是在神权思想基础上发展其政治、文化、艺术等社会上层建筑领域的,因此古埃及的代表性建筑作品也以崇拜神的宗教性建筑为主。从很早古埃及就已经形成了一套建立在原始崇拜基础上的、完整的神祇家族崇拜体系,在这套体系中神的职责包罗万象,各种自然现象和人的生老病死等生活的各个方面都有不同的神祇对人们予以保护或惩罚,因此在古埃及人的生活中,神权被认为具有至高无上的力量,包括法老在内。对古埃及人而言,他们所崇信的诸神,是世间万物一切生命的缔造者,是一切死亡的守护者,也是不容置疑的裁判者。神祇通过丰收、饥荒、战争、兴盛、疾病等很多方式来向人们宣布他的判决。

1. 自然条件

古埃及文明主要分布于非洲东北部的一个细长的沿河绿洲地带,其西面是荒无人烟的撒哈拉沙漠(Sahara Desert),东面隔沙漠与红海(Red Sea)相接,南面是瀑布和山川,北临地中海(Mediterranean Sea)。古埃及富饶的条形文明带长约 1200 km,宽约 16 km,在历史上这片领土经常被分为两个埃及:南部以尼罗河(Nile River)谷地为中心的上埃及和北部以河口三角洲为主的下埃及。尼罗河流域每年一次的周期性河水泛滥,会使两岸的沙漠变为季节性的肥沃绿洲。正是由于尼罗河的冲积,平原非常肥沃,古埃及居民很早就开始了锄耕农业和畜牧业,沿河产生了许多地域性的农村公社。大约公元前 3100 年,埃及统一成为一个中央集权的早期奴隶制国家。促使埃及统一的主要原因之一,是需要在尼罗河上建设综合的、系统的水利灌溉工程。由于同样的原因,公社农民世代耕作着的土地一律被认为是属于皇帝的。作为全部土地的所有者,作为复杂的水利系统的总管,皇帝获得了至高无上的权力。

古埃及建筑是世界建筑史上的第一批奇迹,其原因不仅是因为这些建筑的规模庞大,以及其蕴含的复杂、精确的工艺至今仍令人们无法破解，还因为这些古代建筑一直被保存到了今天，这在古代几大文明中是较为罕见的。人们现在看到的一些古埃及时期的建筑依然保存完好，这一方面得益于所选材料的优良质地，另一方面则得益于其天气情况。古埃及的石料资源十分丰富而且建筑石材质地坚硬耐久，其中以中部出产的砂石、南部出产的正长石和花岗石、北部出产的石灰石最为著名。古埃及的日照时间很长，天气十分炎热，但年平均气温变化幅度不大，由于没有风霜雨雪的腐蚀和温度造成的热胀冷缩对建筑材料的摧毁，故而古建筑能够得到很好的保存。

2. 宗教思想

古埃及人也非常成功地把纪念性建筑和尼罗河上下的自然景观结合起来，充分利用自然景观使纪念性建筑的艺术表现力达到极致，以至沙漠、长河、悬崖峭壁仿佛都成了纪念性建筑的一部分。这是因为古埃及人中盛行的是原始的自然神崇拜，这种崇拜影响了他们对形象意义的认识。

宗教对古埃及建筑的影响非常大，因为神学崇拜体系在古埃及国家政治和生活中都占据着举足轻重的地位。古埃及人所崇拜的诸神和由此形成的神学崇拜体系，在各个不同历史时期会有所变化，但有两条最主要的思想是不变且贯穿于各时期神学体系之中的。一是生死轮回思想。古埃及人认为人死后精神是不灭的，因此只要保存好死者的尸体，以待精神再度回归时，得以复活。二是君权神授思想。世间的统治者被认为是神和人之间的传话者，因此无论是法老、大祭司还是王国后期的外来统治者，向世人证明他权力来源合法性的途径，就是通过各种形式来向世人展现他对神的尊崇或神对他的眷恋，并严格保障上层人士所享有的与神交流的独一无二的权力。为了神化皇帝，就要给他们建造宫殿和陵墓这类纪念性建筑，以建筑艺术颂扬他们的伟大、不朽的万能，使人们不论在他们生前或死后都无限忠诚地崇拜他们，从而教育公社农民：皇帝和贵族的统治是不可动摇的。因此，古埃及的纪念性建筑直接服务于赤裸裸的镇压力量，它们在艺术上便有沉重、压抑、震慑人心的部分。

神学体系表现在建筑上则主要有两种形式：一种是为死者建造的陵墓；另一种是为生者建造的神庙。在古埃及人看来，日月星辰、各种动物和自然界的怪异现象均由不同的神操控，因此都可成为崇拜的对象。而且各地都有对不同神的特殊尊崇，因此在古埃及时期，在埃及各地都建有供奉不同神灵的宗教建筑。

综上所述，古埃及建筑史的发展分成三个阶段：第一阶段是古王国时期，这一时期大约是公元前 27 世纪—前 22 世纪；第二阶段是中王国时期，这一时期大约是公元前 22 世纪中叶—前 16 世纪；第三阶段是新王国时期，这一时期大约是公元前 16 世纪—前 11 世纪。

6.1.2 住宅

终年炎热少雨的气候特点，也影响了古埃及房屋的形制。古埃及早期的房屋材料是河岸边最常见的芦苇与黏土。芦苇被扎成捆以后便可以作为梁、柱，人们再将编织好的芦苇席两面糊上黏土泥糊便形成了一面墙，而房屋就是由这样的多片泥墙组合而成的。讲究一些的贵族房屋则由泥砖砌筑而成，房屋也是这种平顶式，并且由多座平顶房屋围合，形成了院落的形式。这种泥房子制作简单，为人们提供了必要的遮蔽。房屋的屋顶均采用平顶形式，且由于少雨水的原因，在建造屋顶的时候并不用考虑排水问题。

古埃及住宅建筑的特点是墙面中只设置很小的窗口或根本不设窗口，这是避免过量光照、保证室内凉爽的必要考虑,而且从门口和四面墙壁孔隙射进来的光线已经足够室内的照明之用。因为墙壁不设窗口,建筑的外形显得更加完整。大面积泥墙体,不但可以阻断来自室外的酷热,而且还为人们在墙体的壁面上雕刻一些花纹装饰提供了可能的条件。这种建筑形式也成了此后石构神庙建筑的原型,形成了古埃及建筑上以绘制或雕刻等方式设置象形文字、人物等形象装饰的传统。这些建筑上的图像不仅是装饰,还是现代人了解古埃及政治、宗教、生活等方面情况的重要媒介。

6.1.3 陵墓建筑

1. **玛斯塔巴**(图 6-1)

金字塔形制的形成有一个漫长的发展过程。古埃及人迷信人死后,灵魂不灭,只要保存好尸体,3000 年后就会在极乐世界里复活永生。因此他们不但发明了木乃伊的防腐技术,也特别重视坟墓。

坟墓的形制起初模仿住宅,人们只能依靠现世生活来想象彼岸生活。在古王国时期最早出现的是一种梯形墓的建筑形式,这是对现实生活中泥房子形象的直接复制。梯形墓的平面多为长方形,用土石或泥砖结构建在地下墓室之上,四面墙体向上逐渐收缩。这种早期的梯形基被后来的阿拉伯人称为玛斯塔巴(Mastaba),玛斯塔巴是阿拉伯人所坐的一种板凳,早期梯形墓的造型与这种板凳很相像。

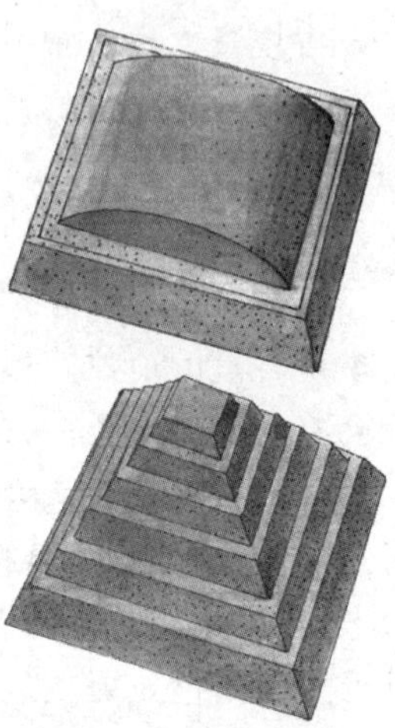

图 6-1 从玛斯塔巴到阶梯形金字塔

2. **昭赛尔金字塔**(图 6-2)

在公元前 3100 年,古埃及的第一代法老美尼斯(Menes)统一了上下埃及之后,古埃及建筑发展也步入了第一个发展繁荣时期,而这一时期在建筑方面所取得的成果,就是金字塔建筑的形制发展成熟。最早的金字塔建筑雏形出现在公元前 2686—前 2613 年的第三王朝时期,并以昭塞尔(Zoser)金字塔为代表。昭塞尔金字塔是一座 6 层的阶梯形金字塔,它不仅是第一座全部由经过打磨的石材建造的、初具金字塔形式特点的陵墓建筑,也是一座以法老金字塔建筑为中心,带有独立祭庙、皇室成员和官员的陵墓等附属建筑的大型陵墓建筑群。

图 6-2 昭塞尔金字塔

昭塞尔金字塔陵墓建筑群的建成,不仅为之后大型石结构建筑的兴建在结构、施工等方面积累了经验,也为此后金字塔陵墓建筑群的组成提供了最初范例。昭塞尔阶梯形金字塔建筑的建成,以及整个建筑群的形成,可能也暗示了此时神学思想的一种倾向,即古埃及人认为高大的层级形金字塔可以使法老最大限度地接近太阳神,以便步入理想中的天国世界。那些在金字塔的周围埋葬着的法老的亲属和重臣,则可以陪伴法老一同升入天堂。昭塞尔金字塔的出现,正式揭开了金字塔建筑兴建的序幕。

3. 吉萨金字塔群(图 6-3)

金字塔是古埃及最古老、最恢宏的纪念性建筑,以吉萨(Giza)高地上的三座为代表,它们是第四王朝皇帝的陵墓,离位于尼罗河三角洲的首都孟斐斯(Memphis)不远。这三座金字塔东北向西南排成一条斜线,依次是胡夫(Khufu)、哈夫拉(Khafra)和门卡乌拉(Menkaura)的墓。它们呈正方锥形,非常高大,胡夫塔底边长 230.35 m,高 146.6 m;哈夫拉塔底边长 215.25 m,高 143.5 m;最小的门卡乌拉塔底边也有 108.04 m 长,66.4 m 高。作为人类建造的最高的建筑物,胡夫金字塔纪录一直到 19 世纪末才被钢铁的巴黎埃菲尔铁塔打破。

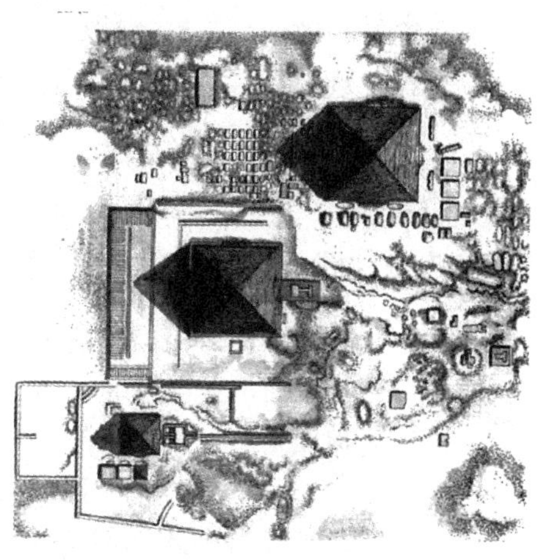

图 6-3 吉萨金字塔群俯瞰图

胡夫金字塔是吉萨金字塔群中,也是古埃及金字塔建筑中最大且最为著名的一座金字塔,它是平面为正方形、四个立面相同的正锥形金字塔。占地面积超过了 5.27 ha,据估计可能共由 250000 块花岗石建成,而且这些石块的平均重量都可达 2.5 t。胡夫金字塔的内部从上至下设置有国王墓室、王后墓室及地下墓室三个有限的空间部分。金字塔内设有三条没有装饰的走廊分别通向各个墓室,这三条通路最后汇集在一起,通过一条狭窄的通廊与外部相接。这条通向金字塔内部的廊道入口,通常设置在金字塔北立面高出地面的某处。

胡夫金字塔中通向各墓室的廊道大都狭窄而低矮,以对抗塔身巨大的压力,但位于国王墓室前的一段大走廊却相当高敞。大走廊是由巨大的岩石所建成的,并且为了应对塔身上部巨大的压力,对走廊两边进行了特殊的结构处理。这段走廊长近 47 m,高约 8.5 m,其空间的横剖面是梯形的,即从地面约 2 m 以上的高度起,连续每层石材逐层对称地向走廊空间的地方出挑。大走廊的顶部空间不断变窄,最终在顶部两侧墙面间距缩减至 1 m 左右,而且顶部也采用斜向错齿式的设置。这样狭窄而且呈锯齿形的顶部设计,不仅在纵向上增强了顶部盖石的抗压能力,也使横向石材间的衔接更加紧密,不会因为某一块石材的破碎或滑落而产生连锁反应,进而破坏整体结构的坚固性。

在哈夫拉金字塔的旁边,是一个巨大的狮身人面像,可能是哈夫拉的像。它高约 20 m,长约 46 m,大部分是就原地的岩石凿出来的,局部用石块补砌。它浑圆的躯体和头部,与远处金字塔的方锥形形成鲜明的对比,使整个建筑富有变化,更完整。变化,或者说对比,才能使艺术群体统一。没有变化的重复,艺术群体是不能成为整体的。

这三座金字塔的艺术表现力主要在外部,体现在它纪念性形象对视觉直观的强大冲击力,阔大而雄伟,朴实而开朗。但是,古埃及人也为它设计了神秘的、压抑的、震慑性的和彼岸性的艺术处理。这就是它的祀庙。祀庙是举行崇拜仪式的地方。它分为两部分:一部分叫“上庙”,紧贴在金字塔的东面脚下;另一部分叫“下庙”,远在东方百米之外的尼罗河边。上庙和下庙之间用石块砌一条全封闭的走廊只容一个人通行。

金字塔通体用浅黄色石灰石块砌筑，外面贴一层磨光的灰白色石灰石板。所用的石块很大，有达到 6 m 多长的。它的中心有墓室，可以从北面的入口经过通道进去，墓室门口堵着一块重达几吨的大石块，墓室顶上还分层架着 7 块大石板，每块的重量都达几十吨。

金字塔方锥形的几何精确性几乎是没有误差的，它的正方位朝向也同样几乎没有误差。开采这样大量的石料，运输它们，把它们一块一块堆垒到那么高，而且精确度达到几乎没有误差的水平，不能不说是一种奇迹。这奇迹的最奇处还在于当时没有金属工具，古埃及人用石头工具建造了金字塔。

6.1.4 神庙建筑

新王国时期神庙建筑已经成为国家建设的重点工程，皇帝木乃伊埋葬在极秘密的石窟里，皇帝的纪念物只有庙宇。

卡纳克神庙是埃及最大的宗教建筑群，它最早的创建历史可追溯到古王国时期，而且此后各个时期的法老都有所扩建。到新王国时期，对卡纳克神庙的扩建活动达到鼎盛，最终卡纳克形成了以阿蒙神庙为主体，附带有穆特和孔斯两座小神庙、圣湖、附属建筑，并被围墙围合的庞大神庙区。当时的神庙建筑已经取代了金字塔成为纪念活动的中心。卡纳克神庙区占地约为 26.4 ha，在庙前有历代国王建造的六座塔门。

在规模庞大的卡纳克神庙区中，柱廊大厅(图 6-4)是由拉美西斯一世、谢提一世和拉美西斯二世三代法老鼎力修造的，这座柱廊大厅共由 134 根柱子组成，它们被分为 16 排，中央两排的柱子采用盛开的纸莎草式柱头，比两侧花苞式柱头的柱子略高，并由此在顶部形成高侧窗。

图 6-4 卡纳克神庙柱廊大厅

从金字塔和崖窟墓的以外部表现力为主，转向内部，这是一个大变化。这种变化固然是由皇帝崇拜观念的变化引起的，但也得力于技术进步的支持。没有技术的支持，观念是不会转化为物质存在的。这些庙使用的还是原始的梁柱结构，但施工水平很高，例如卡纳克阿蒙神庙，它的大殿内部净宽103 m，进深 52 m，密排着 134 根石柱，中央两排柱子高度竟达21 m，直径 3.57 m，上面架设的石梁有 9.21 m 长、65 t 重。把这样大的石梁架到21 m 高的石柱上去，需要很高的施工技术。其余的柱子也有 12.6 m 高，直径 2.74 m。另一座在卢克索(Luxor)的阿蒙神庙，中央柱子也有 20 m 高。这样高的柱子和这样长的梁造就了阿蒙神庙宏大的内部空间，卡纳克阿蒙神庙最大的百柱厅面积竟有 5000 m^2，对施工技术有很高要求，这使得纪念性建筑物的艺术表现力的重点由外部转向内部成为可能。

6.2 两河流域和波斯建筑

6.2.1 综述

幼发拉底河(Euphrates)和底格里斯河(Tigris)流域是亚、非、欧三洲文化交会的地域，在这里形成的一些文化特点，也向亚、非、欧三处传播。由于洪水经常泛滥，战争频繁，这里的古代建筑留存很少，它们的影响主要通过周边的拜占庭、波斯和北非而起作用。

这个地区的建筑大体可分为两个类型，即两河上游和两河下游。伊朗高原的建筑与上游关系密切。两河下游的文化发展最早，约与古埃及同时。公元前4000年，在这里建立了一批规模较小的早期奴隶制国家。公元前19世纪之初，巴比伦王国统一了两河下游，一度征服上游。公元前16世纪初，巴比伦王国灭亡，两河下游先后沦为埃及帝国和上游的亚述帝国的附庸。公元前7世纪后半叶建立了新巴比伦王国，这是两河下游文化最灿烂的时期。到公元前6世纪后半叶，它又被波斯帝国灭亡。上游的亚述在公元前14世纪成为独立的国家，公元前8世纪征服巴比伦、叙利亚、巴勒斯坦、腓尼基和小亚细亚，直到阿拉伯半岛和埃及，公元前7世纪末被新巴比伦灭亡。公元前6世纪中叶，在伊朗高原建立了波斯帝国，向西扩展，征服了整个西亚和埃及，向东到了中亚和印度河流域；公元前4世纪后半叶，被希腊的马其顿帝国灭亡。这个纷乱复杂的历史促进了文化的交流，但也限制了文化的发展。

这里没有形成稳定的、有直接而长远影响的建筑传统，外来的各种建筑文化常常杂糅在一起，古西亚文明发展的时间与古埃及文明的主体部分发展大致是同步的，不同的是西亚文明在建筑方面所表现出的前瞻性。因为在苏美尔文明时期以泥砖砌筑的梯形塔式高台建筑传统与古埃及的金字塔建筑特征十分相像；亚述和新巴比伦文明中所出现的大型拱券和釉面砖贴饰的建筑特色，以及事先规划的整齐城市，则与古罗马时期建筑特征十分相似；而在波斯文明时期诞生的百柱大厅，则明显与古希腊文明时期的列柱神庙一样，在梁柱建筑结构系统方面进行了深入的探索。

古西亚地区因为地理上的关系，从很早起就与古埃及和欧洲古代建筑文明发源地区产生了密切的关联，这些在古西亚建筑与欧洲古代建筑中所出现的共同点，并不能确切地说明两地建筑文明的延续性或师承性，但在表明两地建筑发展关联性方面的作用却是肯定的。

6.2.2 苏美尔文明时期

这一文明区主要位于干旱和广袤的内陆地区，因此形成了与古埃及石砌文明不同的泥砖文明。苏美尔文明时期以泥砖文化为主。

作为西亚美索不达米亚地区最古老的文明，苏美尔文明时期的建筑绝大部分都已经没有踪迹可寻，但当时所建的大型祭祀神庙却留存了下来。建造高大的观象台(ziggurat)或称山岳台的建筑作为祭祀建筑的做法，在埃及、美洲、中国等的古文明时期都曾经有过。在世界各地的早期文明之中，人们都有以天为最高神灵居所或所在的共同信仰特征，这可能是从原始时期所遗留下来的自然崇拜的产物，因此人们建造高的建筑以尽量贴近神灵的做法，就变得易于理解了。

苏美尔人最早的高台祭祀建筑是建于公元前3000年左右的白庙(White Temple)。这座位于乌鲁克(Uruk)地区(今伊拉克境内)的建筑,完全采用泥砖砌筑而成,显示出与古埃及和欧洲石结构建筑所不同的、极强的地区化特色。处于城邦发展阶段的苏美尔人的聚居区,就以这种高大的塔庙及其附属建筑为主体,而其他建筑的营造则不那么被重视。

6.2.3 古巴比伦——汉谟拉比法典

在苏美尔人之后是短暂兴起的古巴比伦王朝,古巴比伦王朝在汉谟拉比的统治下迅速发展成为强盛国家,但现在除了一部刻在石碑上的汉谟拉比法典以外几乎没有什么文化遗迹留存于世。

它于1901年在伊朗被发现,为一个黑色的玄武岩圆柱,现存于法国巴黎卢浮宫博物馆。圆柱上端有汉谟拉比从太阳神沙玛什手中接过权杖的浮雕。

公元前18世纪古巴比伦第六代国王汉谟拉比统治时期(约前1792—前1750年在位)编纂并颁布了一部法典,史称《汉谟拉比法典》,被认为是世界上最早的一部比较系统的法典,产生于3800年前。法典全文用楔形文字和人像浮雕刻在一个2.25 m高的石柱上,除序言和结语外,共有条文282条,包括诉讼手续、损害赔偿、租佃关系、债权债务、财产继承、对奴隶的处罚等。这部法典详细规范了国王、奴隶主与自由民、奴隶之间的阶级关系,还规定保护孤寡,将债奴期缩短为三年,等等。这部法典不仅具有进步性的历史意义,而且堪称人类社会法典领域的开先河之作。

6.2.4 亚述帝国、新巴比伦王国

亚述在底格里斯河上游。公元前9—前7世纪,是它的极盛时期。这一时期农业和园艺业发达,手工业在许多领域发展起来,冶金已经有了相当大的规模。西亚各国和各地区间的商道都在亚述领土交会,底格里斯河就是一条商运大干线。而亚述不断对邻国进行大规模的军事侵略,一方面攻占城池,另一方面虏获俘虏,使他们沦为奴隶。在这个过程中,亚述国内也发生了剧烈的社会分化,自由民的数量大大减少。为了发动侵略战争、镇压被征服的人民,统治者要求高度集中的权力,亚述因此建立了君主专制制度;并且依靠宗教力量把君主神圣化,国王是最高的祭司长。

在亚述帝国之后是经历短暂兴盛的新巴比伦时期。新巴比伦王国几乎占据了亚述帝国在美索不达米亚的全部领域,而且在建筑领域新巴比伦人也继承了亚述帝国以城市为中心的发展模式,并以空中花园(Hanging Gardens)和伊什塔尔门(Ishtar Gate)而闻名世界。

1. **人首翼牛像**(图6-5)

到亚述文明时期,世俗的城市和宫殿已经取代宗教性的神庙,成为大规模兴建的建筑形式。亚述城市和宫殿中的重要建筑都大面积地采用生动的浮雕装饰,这种装饰既是高超工艺水平的标志,也是人们逐渐重视建筑观赏性的表现。在诸多雕刻装饰中,以一种设置在宫殿入口两侧的,人首、带有翅膀的公牛形象最具代表性。在门洞两侧和塔楼转角处,可看到人首翼牛像。由于它们的正面和侧面同时展示给出入大门的人,为了两面形象都完整,所以每个人首翼牛像都有五条腿,正面是立雕,有两条腿,侧面

图6-5 人首翼牛像

浮雕四条，角上一条在两面共用。因为它们巧妙地符合观赏条件，所以并不显得荒诞。五腿像是两河流域最有特色的建筑装饰雕刻。

2. **空中花园（图 6-6）、伊什塔尔门**

空中花园和伊什塔尔门这两项古代文明的建筑杰作都位于尼布甲尼撒二世统治下兴建的新巴比伦城中。尼布甲尼撒二世在位的公元前 605 年到公元前 562 年也是新巴比伦帝国的盛期。

图 6-6 （巴比伦）空中花园

新巴比伦王国虽然只经历了 80 多年的发展，但在这 80 多年中以神庙和城市为主的大规模建筑活动一直在延续，因而在建筑设计与布局、建筑结构和装饰等方面都取得了显著的成果。新巴比伦城是在古巴比伦城的基础上建造的，可以说是世界上第一座经过严格规划的城市。新城位于幼发拉底河流域，河水从中穿城而过，这可能是从城市居民用水方面来考虑的。整个城市由长方形平面的内城与河东岸三角形平面城墙围合的外城两部分构成。王室的宫殿区和主祭祀区位于幼发拉底河东岸，又另外由城墙围合，城墙上每隔一段距离设置一座观望塔楼，总共约有 360 座。整个内城中的主要道路以 9 座城门为起点，在城内形成类似网格形的主道路网，著名的伊什塔尔门就是内城城门中的一座。

伊什塔尔门实际上是新巴比伦的北门，它通过城市中连通南北的一条被称为游行大道的通道与城市南部的大门相通。伊什塔尔门经过漫长岁月的洗礼至今依然矗立于当时城市北入口的地方。在这座经历过岁月洗礼的城门上镶嵌着一种十分漂亮的蓝色彩釉砖，在蓝色的背景之上是由白色彩釉砖和黄色彩釉砖所组成的狮子、公牛、龙图案。

除了伊什塔尔门之外，新巴比伦城最著名的建筑就是传说中的空中花园。据有关史料显示，空中花园是建在高台基上的一处自然花园，不仅有高大的树木和各种植被覆盖，还有发达的灌溉系统以保证这个花园总是繁茂。关于空中花园的传闻是使美索不达米亚文明如此著名的重要原因，但这座花园究竟是宫殿中真正的花园，还是像早期苏美尔人那样的高台祭祀建筑，以及这座花园的具体位置在哪，至今学界存在争议。

6.2.5 波斯王朝

创造了庞大城市和辉煌文明成就的新巴比伦王朝实际上在历史上存在的时间很短，只经历了 80 多年的发展期就被强大的波斯帝国征服。波斯人在公元前 539 年攻克新巴比伦王朝之前，就已经是占据伊朗高原的国力雄厚的国家了，而且在公元前 546 年还攻克了希腊城邦，此后波斯帝国在居鲁士大帝和大流士一世的统治之下，逐渐发展成为拥有地跨亚、欧、非三大洲领土的大帝国。

波斯帝国所征服的地方和国家都远比当时波斯的文化高得多，从希腊、叙利亚、埃及、巴比伦掳来的工匠沦为奴隶，被迫来建造宫殿。当时波斯自己的文化水平远不足以消化这些掠夺来的文化，因此波斯的宫殿就直接把各地建筑杂糅在一起，没有自己统一的风格。

波斯帝国先后在各地建造宫殿，其中以大流士一世以及他的继任者薛西斯一世延续修建的波斯波利斯宫为代表。

波斯波利斯宫建在平台之上，宫殿内部由各种功能空间组成，其中最主要的是两座由柱子支撑的方形平面大型厅堂建筑，分别是大流士一世的觐见厅（图 6－7）和薛西斯一世的百柱厅（图 6－8），形制来自叙利亚的米地亚（Media）。西边的一座是觐见厅，厅内 36 根石柱子，纵横各 6 根。柱子高 18.6 m，柱径只有柱高的1/12，柱间距 8.74 m，结构面积只占大厅的 5％。显然，它上面的梁枋是木质的，所以结构才能这样疏朗，这样轻。觐见厅的墙厚达 5.6 m，也用土坯砌筑，四角是凸出的塔楼，它们之间北、东、西三面都是两跨深的柱廊，高度只及大厅的一半。柱廊柱子是用深灰色大理石做成的，上面的木枋包着金筒。塔楼和柱廊上部的墙面都贴着彩色琉璃面砖和黑白两色的大理石板。琉璃砖从两河流域传来，上做浮雕，题材多用人物。这座觐见厅的空间艺术构思和古埃及的截然相反，它明亮而不幽暗，轻快而不沉重，敞朗而不堵塞，没有神秘的气氛。这不但是建筑技术的重大成就，也反映了还没有形成宗教的出身游猎民族的波斯皇帝的世俗性。

图 6－7　波斯波利斯觐见厅

图 6－8　波斯波利斯百柱厅的柱头

觐见厅东侧的方厅更大，边长 68.6 m，纵横各 10 根柱，一共 100 根。因为这座大厅的用途很多，不确定其具体功能，所以后人只叫百柱厅。柱子高 11.3 m，低于觐见厅，装饰则和觐见厅一样奢侈。最复杂华丽的是它的柱子。柱础做高高的覆钟形，浅刻着花瓣，覆钟之上箍一圈半圆线脚。百柱厅虽然艺术很精致，但过于纤巧，不合乎承构件应有的特点，有悖结构的理性逻辑，不是建筑的当行本色。百柱厅柱头的形式明显是从两河下游古代建筑中的柱子演变而来的。大殿的柱廊是由深灰色的大理石所构建的，柱廊外的围墙处满是浮雕装饰，并且这些浮雕上还曾经涂着鲜艳的色彩。在这些宫殿的外墙上还可能开设有窗户，因此可以想象，当光线通过这些墙壁上的窗户照射进来的时候，大殿内必定是多彩绚烂的。

除了这两座方形大厅之外，宫殿中的其他建筑主要位于这两座大厅的南侧。各种建筑以方形平面加列柱支撑的结构形式建立，建筑组群在总体上并没有体现出统一和严谨的对称关系，但在各单体建筑中，无论建筑还是装饰，却往往显示出很强的对称性与轴线性。

6.3 古希腊建筑

6.3.1 综述

古代希腊并不是欧洲文明唯一的发源地，但是要说欧洲文明不得不从古希腊文明说起，因为它对欧洲文明的影响深远，而且至今不衰。古代希腊也不是欧洲建筑唯一的发源地，但是要说欧洲建筑，也不得不从古希腊建筑说起，因为它对欧洲建筑的影响亦深远，从欧洲影响到全世界，包括中国。

古希腊文明是在由散布在爱琴海、爱奥尼亚海和地中海中的1000多个星罗棋布的岛屿、巴尔干半岛南端、伯罗奔尼撒半岛为主体组成的复杂地理环境下产生的。这个地区在陆地上有着陡峰的狭窄谷地，在海上有散落的诸多岛屿，并位于亚、欧、非三大洲的交界处，因此这也使古希腊文明的发展从一开始就带有多元性的特色。

古希腊文明所处地理环境多山而少耕，但却拥有着舒适的海洋性气候和四通八达的海运条件，这一背景下古希腊建筑自然形成了石结构为主体的特色。发达的对外贸易在为古希腊人带来富裕生活的同时，也将周边亚、非文明区的建筑风格引入古希腊。古希腊的建筑发展按文明发展历史来看，大概可以分为三个主要阶段：第一阶段是大约公元前3000—前1100年的爱琴文明时期，第二阶段是大约公元前750—前323年的希腊时期，第三阶段是希腊时期之后的希腊化时期。

6.3.2 太古希腊——爱琴文明

1. **克里特文明（图6-9、图6-10）**

图6-9 克里特文明——米诺斯宫殿（壁画）

6-10 克里特文明——米诺斯宫殿（遗迹）

古希腊的早期文明发展及取得初步的建筑成果是从克里特岛开始的。大约从公元前3000—前1450年的米诺斯文明，是希腊文明发展史上的第一个文明高潮。生活在克里特岛上的米诺斯人在公元前2000—前1800年期间在费斯托斯、马里亚、扎克罗斯和克诺索斯等地建造了许多华丽恢宏的宫殿建筑。虽然这些宫殿建筑呈现出受西亚、北非等地区建筑影响的特点，但却是真正拉开古希腊建筑发展的第一篇章。

在米诺斯文明中，宫殿不仅是王室成员的住所，还是宗教中心和重要的行政中心。在各地米诺斯文明时期的诸多神殿建筑中，地位最为重要的是米诺斯王宫。它可能早在公元前2000

年前就已经开始兴建了，后来可能因为地震或火灾等原因被毁，但很快以更大的规模被重建，直到公元前1450年的时候才因天灾和战争等原因被废弃。米诺斯王宫的平面略呈方形，虽然总体上并没有明确的轴线与对称关系，但已经形成了围绕中心庭院设置各种建筑空间的固定模式。王宫内的建筑多采用石质梁柱结构营造而成，并由柱廊相互连接。由于王宫建在基址不平的山坡上，因此各种高低不平的建筑空间被曲折回环的柱廊连接在一起。这些三层至五层的建筑与套间形式和很长的楼梯、游廊以及上百个小的房间，形成极为复杂的空间组群结构。米诺斯王宫整体的布局复杂而精巧，有外室、内室、浴室、厕所等功能齐全的房间，其建筑底部还有先进的输水与下水管系统，以保证建筑各处的使用便利性。除建筑本身之外，在石材砌筑的房间内还有雕刻、彩绘壁画等装饰。也许是由于良好的气候条件，米诺斯王宫中的建筑大多通过柱廊与外部直接相连，或开设有较大面积的窗口，而且建筑内部连同柱廊一起，都采用红、蓝、白、黄、黑等鲜明的色彩装饰。在最具代表性的中央大殿中，门框与相邻的浴室上布置有波浪状的美丽花边图案，并且还伴有明快的天蓝色调。在大殿灰泥墙上的海景壁画中，刻画有航行者和五只追逐嬉戏的海豚，不仅画面生动有趣，将整个大殿的墙壁装饰得十分优雅美观，还通过门框上的波浪状花边装饰显示出极强的一体化装饰特色。

米诺斯王宫另一重大的建筑成就还在于，宫殿建筑中的柱子已经形成了较为固定的造型模式。分布在宫殿各处的柱子有整根圆木抹灰和石柱两种形式，但都遵循上大下小的统一柱子形象。柱础、柱基、柱头和柱顶石的形象也已经初步完善，柱子的色彩装饰也趋于固定，有红色柱身、黑色柱头和黑色柱身、红色柱头两种形式。这种柱廊建筑形式和柱式形象的确立，为形制的成熟奠定了初步的基础。

2.迈锡尼文明（图6－11）

迈锡尼文明的发展已经转移到希腊本土，而且此时期文明的缔造者——迈锡尼的居民也已经是说希腊语的真正的希腊人了。迈锡尼建筑是从早期米诺斯建筑向正统古希腊建筑发展的重要过渡阶段。迈锡尼人是好战和善于航海的部族，他们攻占了米诺斯，并将贸易和战争扩展到更广泛的周边区域，因此广泛吸收了各地的建筑经验。迈锡尼人在砌石与建造拱券等方面颇为见长，他们修筑的坚固卫城和蜂巢般的石拱券墓室，都具有很高的工艺水平。然而也是从迈锡尼时期开始，古希腊人掌握了石砌拱券和穹顶结构的制作方法。在迈锡尼卫城中最具代表性的一种尖拱顶的墓穴，都已经以石材为主要材料兴建，因而此时人们的石材砌筑水平也有更进一步的提高。人们不仅掌握了用规则的块石和条石砌筑城墙的方法，还掌握了利用不规则石块砌筑坚固墙体的乱石砌筑法。在城门和岩石墓中，采用两块斜向搭石构成的斜帽拱顶和采用叠涩法构成的尖拱顶形式十分常见。这种更复杂的石结构砌筑建筑的大量出现，不仅表明此时人们在石材加工、运输等加工方面技术的成熟，也表明人们在大型建筑工程的计划、施工等组织方面能力的提高。

图6－11　迈锡尼文明——叠涩券

6.3.3 希腊古典时期文明

1. 柱式(图 6-12)

古希腊留给世界最具体而直接的建筑遗产是柱式,也是对后世建筑影响最大的建筑元素。柱式就是石制梁柱结构体系各部件的样式和它们之间组合搭配方式的完整规范。

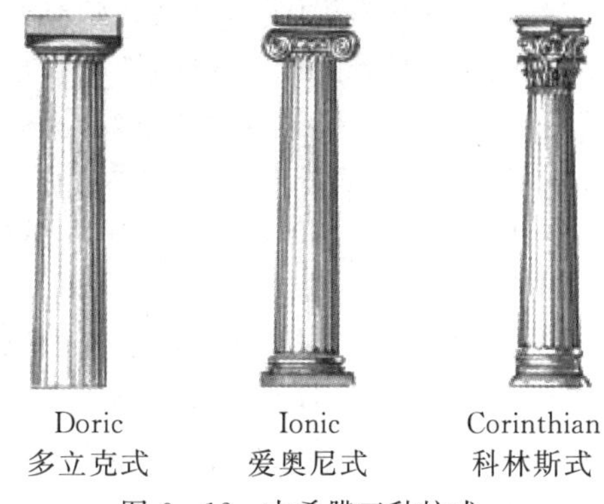

图 6-12 古希腊三种柱式

古希腊柱式起源于木结构,经过长期演变完成了向石结构的过渡。第一,古希腊柱式是一种结构方式,后来演化出一种艺术形式,一种依附于结构方式的艺术形式。第二,柱式规范而严谨,非常精致,艺术上非常成熟。第三,柱式的适应性很强,特别是希腊晚期和古罗马时期,产生了多层组合与拱券结构结合的方式。第四,古希腊柱式各有风格、个性,适用于不同性质或同一建筑不同位置。第五,古希腊柱式包含人文精神,这是它长久不衰的重要原因。

古希腊人主要由生活在希腊本土地区的爱奥尼人和生活在西西里地区的多立克人构成,因此最初在这两个地区诞生的两种柱式也以此命名为爱奥尼柱式和多立克柱式。古希腊建筑发展后期,在科林斯地区又出现了科林斯柱式,至此这三种柱式构成了最初的希腊柱式体系。

(1)多立克柱式。

多立克柱式的柱子没有柱础,早期的柱头像一只浅浅的碗,侧面轮廓弯曲而柔软。到了古典盛期,帕特农神庙的柱头就是一个倒置的圆锥台,轮廓两边都演化为直线,刚劲挺拔。柱身是圆的,很粗壮,早期有点沉重,到帕特农神庙,包括柱头在内的高度为底面直径的 5.47 倍,很匀称而仍然不失雄健的气质。柱身上有二十来个凹槽直通上下,槽与槽之间相交成很锋利的线,它们造成的光影变化使柱子更显得峻峭有力。柱身上细下粗,外廓呈很精致的弧形,连接上径和下径的直线与弧形外廓相差最大之点大约在柱高的三分之一处。这种轻微的外张,使柱子像有弹性的饱满的肢体。柱子没有柱础,它的基座是三层阶座,每层高度随柱式整体的高度变化,不同于踏步。檐部分上下三层,直接搁在柱头上的叫额枋,顶上向前挑出的叫檐口,二者之间的叫檐壁。多立克式檐壁的明显特点是被一种竖长方形板块分隔成段落,板块上有两条凹槽,因此叫三垄板。它们的间隔大致呈正方形,经常在间隔里做雕刻,是近于圆雕的高浮雕,体积感很强,和多立克柱式风格一致。檐口挑出部分的底面有一种叫钉板的装饰构件,在长形的石板上雕出几排圆疙瘩来。每块三垄板上方有一块,它们的间隔上也有一块。就间隔来说,柱开间从下向上形成了 1∶2∶4 的节奏。构件和它们的间距越往上越小,就像树木由根到梢的变化一样,有了生长的活气。多立克柱式简朴单纯,线脚少而方棱方角,没有曲面线脚,没有经过雕饰的线脚,保持着它风格的纯粹。

(2)爱奥尼柱式。

爱奥尼柱式风格纯粹,而且处处与多立克柱式对比。它形成很早,但定型比多立克柱式晚,在古希腊时代有些做法还有明显的变化。它的柱子有柱础,是两层或三层的凸圆盘和凹圆槽组成的,像压缩的弹簧一样很有弹性。柱身比多立克柱式的纤细多了。伊瑞克提翁神庙东面柱廊的柱子,连柱头在内,高度为底面直径的 9.5 倍。柱身也有凹槽,比多立克柱式的多几个，通常是24个左右凹槽，保留着一小段圆形柱身外廓的弧面，所以柱身上垂直线条密且柔和，显得轻灵。

最突出的是柱头，爱奥尼柱式的典型特征是柱头左右各有秀逸纤巧的涡卷。涡卷下的颈部箍一道雕饰精致的线脚，典型的雕饰是盾和剑或者草叶。爱奥尼柱式的檐部也分三层，下层额枋被两道串珠线脚划分为三条，上面还有一组复合的弧形线脚。向前挑出的檐口上缘也是复合的曲面线脚，底部有一排小小的齿形装饰。爱奥尼柱式是一种典雅、轻巧、精致的柱式。爱奥尼柱式的柱头不仅有着独特的卷涡形式，而且在柱头上部的额枋由从下而上一个个挑出的两个或三个长条石组成，在檐壁之上以人物雕刻和花饰雕刻代替了三垄板。在柱头及连接涡纹间均呈现曲线形，使整个柱式看起来优雅柔美。它的檐壁不分隔，呈完整的长条形，通常作内容连续的大场面故事性雕刻。雕刻也是爱奥尼式的，比较薄，重视线条的韵律构图。雕刻的风格和柱式的风格完全统一。爱奥尼柱式线脚比较多，而且是复合的曲面线脚，有华丽的雕饰。这些线脚加强了它和多立克柱式的风格对比。

(3)科林斯柱式。

除了多立克柱式和爱奥尼柱式之外，在希腊的建筑中还有一种科林斯柱式。如果说爱奥尼柱式是略施淡妆的女子，那么科林斯柱式就是华丽浓艳的贵妇。科林斯柱式是在爱奥尼柱式的基础上形成的，但比爱奥尼柱式的比例更加纤细、修长，除了柱底径与柱高的比例拉长至1∶10之外，柱身与檐部的做法与爱奥尼柱式相同。科林斯柱式最具特色的是柱头的形象，其柱头宛如插满了鲜花的花瓶，柱头的部分因为装饰而被拉长，其底部满饰莨苕叶，莨苕叶上部以缩小的涡卷结束，在柱顶的边缘还可以雕饰有玫瑰花形的浮雕装饰。

科林斯柱式柱顶盘之上的檐壁也分为上据、中据和下据。它的上据出挑很大，作为屋檐挑出部分的挑口板是以托架来支撑的；在建筑物中，中据大多数情况下是没有任何装饰的，在少数情况下则雕刻有连续旋状的植物图案；下据处呈三条倒梯状横在横带的上下连接处，有时雕刻着一些美的装饰性植物图案线脚。到古希腊后期，科林斯柱式的柱头变得装饰性更强，柱头上的方形柱顶盘越来越薄，而且平直的四边都向内凹，使柱头显得更纤巧和华丽。

2. 雅典卫城（图6-13）

雅典卫城建筑群就是雅典黄金般的古典时期的纪念碑，是其全面繁荣昌盛的见证。卫城建筑群是城邦的象征，公元前480年，波斯大军一度攻占雅典城，彻底摧毁了卫城上的全部建筑。驱逐了侵略者之后，雅典人立即着手把它恢复，在胜利的豪气与欢乐鼓励之下，他们当然要把卫城建筑群造得比原来的更宏伟壮丽。公元前447年雅典人开始着手恢复雅典娜神庙。后来，主要的工程在伯里克利当政时期完成。伯里克利任命大雕刻家菲狄亚斯主持卫城的建设，建筑师是伊克提诺和卡里克拉特。他们当时的任务是重新建设卫城，而不是恢复。

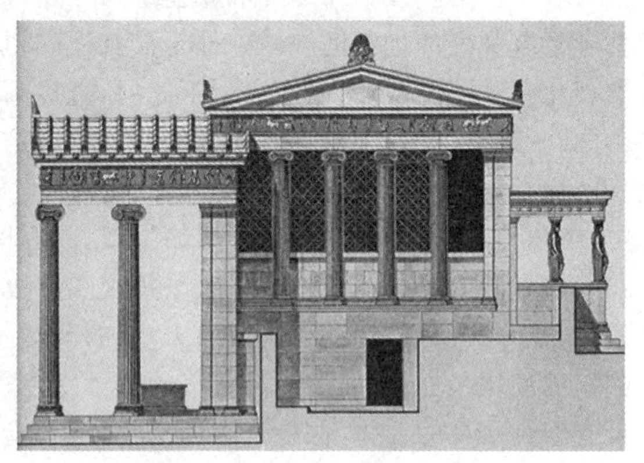

图6-13　雅典卫城主要建筑物复原图

除了称为帕特农的雅典娜神庙之外，卫城上的大型建筑物还有山门、胜利神庙和叫作伊瑞克提翁神庙的供奉几位神祇的庙。起意最早的是建造胜利神庙，公元前449年就由卡里克拉特做了一个模型，不过正式动工比较晚。庆祝胜利，庆祝关系到整个希腊国家生死存亡的反侵略战争的胜利，这是雅典卫城建筑群的第一个主题。伯里克利给予卫城建筑群的第二个主题是歌颂和装饰雅典，以加强雅典的上邦地位。他有意把雅典建设得与它作为全希腊政治、经济、文化中心的地位相配，要压过爱琴海诸岛和小亚细亚各城邦曾经有过的辉煌。他力争把雅典保护神雅典娜奉为全希腊的大神，所以不但要强化泛雅典娜节，更要使雅典娜圣地的壮丽胜过其他有全希腊意义的神祇圣地，如奥林匹亚、德尔斐、萨摩斯、埃庇道鲁斯等。伯里克利建设雅典的第三个目的是繁荣经济。雅典欣欣向荣的建设能吸引全希腊的人来朝圣和参加狂欢节，雅典的店主、作坊主和工匠因此可以大大提高收入。土木工程也能给各行各业的工匠以充分的就业机会。

雅典卫城建筑群的布局没有轴线，不求对称，建筑物的位置和朝向由朝圣路线上的最佳景观来设计。保护神雅典娜的帕特农神庙是多立克式的。它的正北是爱奥尼式的伊瑞克提翁神庙，几乎紧靠北缘。多立克式的山门当然造在卫城西端唯一的入口处。挨着山门南翼有一个向西凸出的陡崖，爱奥尼式的胜利神庙就造在上面。几座主要建筑物都贴近边缘，为的是照顾在山下的观赏。

3.神庙建筑

(1)山门。

山门是一座很有创造性的建筑，位于卫城西端。它东半在山上，西半在登山的陡坡上，西半比东半低 1.43 m。东西两半之间砌了一道隔墙，开五个门洞，中央大门洞不设台阶而铺坡道，供马匹和车辆出入。其余四个门洞前设三步高阶座，再加上踏步。建筑师将这段高差放在山门内部，而保持山门正反两个立面柱式的规范比例，使山上山下两个立面看起来都很美。屋顶也被分成东西两半，东高西低。在山门北翼有绘画系列馆，南翼有敞廊，起到了遮盖作用，使人们无法从外面看到屋顶的结构。山门是多立克式的，东西两面都是 6 根柱子的柱廊，西面柱子高度大约是 8.81 m，东面的略低一些。作为卫城大门，它们的中央开间净空宽达 3.85 m，而且整个建筑没有雕饰，符合山门的身份。而在山门内部，中央通路的两侧，有三对爱奥尼式柱子。这三对柱子采用爱奥尼式，既是两种文化交融的表现，也是为了按规范可以比多立克式的细一点，以免内部显得拥挤。

(2)帕特农神庙(图 6－14)。

图 6－14　帕特农神庙

帕特农神庙始建于公元前447年,于公元前438年竣工,公元前431年完成雕刻。它的建筑设计人是伊克提诺和卡里克拉特,雕刻由菲狄亚斯和他的门人制作。它是卫城上的主体建筑,是城邦保护神的庙宇,是战胜波斯入侵者的纪念碑,是雅典作为全希腊政治、经济、文化中心的标志。同时,它又是提洛同盟的财库、城邦的档案馆。

帕特农神庙是一个长方形的庙宇,形体单纯。中央由墙垣围成的核心分隔成东西两部分,东部比较深,是圣堂;西部比较浅,近乎正方,是财库和档案馆。在这个核心的四周有一圈柱子形成围廊。围廊式是希腊本土庙宇最高贵的形制。台基、墙垣、柱子、檐部、山花、屋瓦,全都是用质地最好的纯白大理石做成。山花和檐部安装着大量的雕刻,并且着十分浓艳的红、蓝、金三种色彩。山花顶上有青铜镀金做成的装饰。

它是希腊本土最大的庙宇,极其恢宏壮伟。基座上沿长69.54 m,宽30.89 m。正面有8根柱子,侧面有17根,柱子高10.48 m。而一般的大型庙宇包括奥林匹亚的宙斯庙,正面只用6根柱子,侧面13根,柱高不过8 m。

圣堂内部左右两侧和正面立着连排的柱子,它们分成上下两层,尺度由此大大缩小,把正中的雅典娜像衬托得格外高大。这神像据传是菲狄亚斯本人的作品,用象牙和黄金制作,在雅典与斯巴达之间发生了长期的伯罗奔尼撒战争(公元前431—前404年)之后,被拆掉填补枯竭的国家财政了。

根据希腊本土的传统,帕特农神庙采用多立克柱式。多立克柱式刚健雄壮而高贵,非常适合于帕特农神庙的主题要求。它的多立克式柱廊是这种柱式的代表作品,比例和各部分的处理最成熟完美。古典时代希腊艺术家审美力的精致敏锐和工匠技术的高超娴熟都在帕特农神庙柱式的比例和处理上充分表现了出来。每根柱子的外廓都不是直的,下粗上细而且微微呈弧形。台基面也微微凸起,长边的中点比两端高11 cm,短边的中点比两端高7 cm。柱身和台基的这种处理使它们避免了僵硬而像富有生命力的活的肌体。所有的柱子略略向中央倾斜,估计它们的中线延长可在高空3.2 km处交汇于一点,帕特农神庙因此看上去更显得稳定、坚实,向心力和整体感更强。由于位置不同,每根柱子的斜率都不同,制作非常复杂困难,但完成得极其精确。

在帕特农神庙之前,伊克提诺曾经尝试过把爱奥尼柱式融入多立克柱式,但那座建筑早已毁了,帕特农神庙则是他融合两种柱式的最成功的作品。它正面用8根柱子,在多立克式庙宇里没有先例,而小亚细亚的爱奥尼式庙宇中则有过。它在财库里立了4根爱奥尼式柱子,细了一些,减轻了室内的拥挤。帕特农神庙的柱子比过去的都修长一点,开间都宽一点,这就向爱奥尼式的靠近了一点,因此在多立克式的雄伟刚毅之中又透出了爱奥尼式的优雅柔和。

图6-15 伊瑞克提翁神庙

(3)伊瑞克提翁神庙(图6-15)。

卫城上另一座主要建筑伊瑞克提翁神庙位于帕特农神庙北面,是一座敬献给希腊先祖的神庙,而且也是传说中雅典娜与波塞冬争夺雅典保护权的圣地。

伊瑞克提翁神庙比帕特农神庙的面积要小得多，大概只相当于帕特农神庙的1/3，而且由于神庙建在一处地理断裂带上，因此由主体长方形平面的神庙与设置在建筑西端南北两侧的两个柱廊构成。主体建筑只在东侧入口设置有一个六柱门廊，两侧实墙面没有柱廊，南立面则采用壁柱配长窗形式。神庙西端北侧的门廊在平面上低于神店主体建筑，采用高大的爱奥尼式柱廊；西端南侧面对帕特农神庙的一侧，则是著名的女像柱廊部分。

由于地势变化而使伊瑞克提翁神庙具有东、西两个门廊，也同时具有东、西两个独立的内部空间。东部经由东立面进入的空间形式较简单，而西部通过西北门廊转向进入的室内则相对复杂，它由一间外室与两间内室构成。由于伊瑞克提翁神庙在后期曾经被大规模改建，因此关于神庙内真实的空间及功能分布，直到现在还是一个极有争议的问题。

伊瑞克提翁神庙最引人注目的是西南部设置的女像柱廊部分。女像柱廊平面为长方形，由六尊古希腊女神像构成，其中正立面四尊、左右各一尊。四尊女像柱都被统一雕刻成头顶花篮身披长袍的少女形象，与承重柱的功能性相配合，六尊少女像被左右分为两组，一组少女微屈左膝，另一组少女微屈右膝，仿佛是因为头顶檐部劳累暂时休息的样子。而少女头顶的花篮，则正好与柱顶盘在一起，形成良好的过渡。伊瑞克提翁神庙中的六尊栩栩如生的女像柱形式，不仅形象优美，而且向世人展现了一种全新的柱式与优雅的建筑形象。

(4)胜利女神庙(图6-16)。

在山门一侧突出的高地上，建有一座小型的雅典娜胜利女神庙，这也是一座造型新颖的爱奥尼小神庙的经典建筑实例。这座神庙的建筑时间为公元前427—前424年。这座神庙的体形非常小，采用的建筑材料是名贵的蓬泰利克大理石。这座神庙的主体建筑平面是正方形的，但没有采用传统的围廊建筑形式，而是在建筑前后各加入了一段四柱的爱奥尼门廊，由此形成新颖而优雅的新建筑形象。小神庙另外一大特色，是三面带有精美浮雕的栏板以及檐壁上雕有战争场景的连续装饰带。

图6-16 胜利女神庙

6.3.4 希腊化时期

古希腊城邦制后期和希腊化时期，专政政权逐渐取代了民主体制，因此建筑的服务对象从城邦民众转化为少数上层人士，因此造成世俗性建筑的兴起和神庙建筑的衰落。同时，一些在早期就已经存在的建筑形式，也随着建筑经验的累积和外来建筑风格的引入而出现了变化，并且逐渐形成了新的建筑规则。

亚历山大大帝在埃及兴建的新城亚历山大里亚，虽然远离希腊文明发展的本土但却对此后希腊文明区建筑的发展产生了很大的影响。在这座新的城市中，神庙卫城圣地的主体地位表现得不太明显，而会堂、剧院、浴场、市场、图书馆和学院等新建筑形式却层出不穷，并逐渐成为城市建筑中最吸引人的部分。

希腊化时期的神庙建筑虽然在很大程度上都继承了早期雅典卫城的建筑模式，多采用围廊式建造而成，但此时的各种神庙建筑已经不再像早期神庙那样谨守规则，在柱础、柱头、檐部等部位的雕刻装饰、三垄板的设置以及不同部位的尺度搭配等方面，都显示出一种更灵活和自由的设置。在希腊化时期，神庙除了展现出世俗化倾向之外，也不再是唯一的建造重点，更多世俗性质的建筑被兴建起来，其中以剧场和体育场最具代表性。剧场和体育场这类公共建筑的大量出现，也是文化娱乐生活加强的表现之一。所以这两种建筑逐渐被人们所重视，就是世俗生活取代神祭生活成为社会生活重点的反映。

希腊化时期是古希腊发展后期的成熟阶段，同时也是逐渐吸引外来建筑文化的异质化发展阶段。在希腊化时期，希腊主要的神庙、广场、住宅、剧场和体育场等建筑形式在长久的历史发展中逐渐成熟。广场、音乐厅和其他纪念性建筑等新形式也在结合古希腊建筑传统的基础上发展，最终为古希腊灿烂建筑文化的发展画上了圆满的句号。

6.4 古罗马建筑

6.4.1 综述

以意大利半岛为起源中心的古罗马文明大约在公元前753年进入奴隶制的王国发展时期，大约在公元前5世纪建立自由民的共和政体，此后开始不断地对外扩张。古罗马在大约公元前30年进入以罗马为中心的帝国时期，各行省都进行了大规模的建筑兴建工作，创造了辉煌的古罗马建筑文明。4世纪之后，强大的罗马帝国逐渐衰败，不仅分裂为东、西两大帝国，还以5世纪西罗马的灭亡为标志，结束了古罗马帝国的辉煌发展历史。

图6-17　混凝土浇筑技术

古罗马建设和建筑的伟大成就，得力于它的拱券结构，也得力于它的混凝土工程技术（图6-17）。正是混凝土技术和拱券结构的结合，促使古罗马建筑大大突破了古希腊建筑传统，大幅度创新，大幅度前进。它简化了建造技术，降低了建造成本，加快了建造速度。它扩大了建筑物的容积和体量，改变了建筑的艺术形式和装饰手法，重塑了建筑的形制，甚至在城市的选址、布局和规模等方面也起了根本的变化。工程技术毕竟是一切建筑得以实现的根本，它的变化，必然会引起建筑本身的变化。古罗马混凝土所用的活性材料是一种天然火山灰，它相当于当今的水泥，水化拌匀之后再凝固起来，耐压的强度很高。维特鲁威在《建筑十书》第二书第六节“火山灰”里说有一种粉末在自然状态下就能产生惊人的效果，它产于巴伊埃附近和维苏威火山周围各城镇的管辖区之内。这种粉末在与石灰和砾石拌在一起时，不仅可使建筑物坚固，而且在海中筑堤也可在水下硬化。“它所用的骨料有碎石、断砖和沙子”，用不同的骨料可以制成强度和容重不同的混凝土，用于不同的位置。例如，在多层建筑中，底层的用凝灰岩作骨料，二层的用灰华石，上层则用火山喷发时产生的玻璃质多孔浮石，因此建筑越往下越结实，越往上则越轻。罗马城里的大角斗场和万神庙的墙体就是按这样的配料建造的。

混凝土随模板而成型，施工远比砍凿方方正正的石块简便，所需的技术也简单得多，因此，大规模的建造,并不需要大量的高水平技术工人,这就为在建筑工程中使用既没有劳动热情又没有专业技术的奴隶开了方便之门。廉价的奴隶劳动力、廉价的天然火山灰和碎石断砖大大降低了建造成本,而且大大加速了施工进度。古罗马宏伟壮丽的城市和建筑,工程量之大简直难以想象,靠的就是工程技术的这个大革新。

浇注混凝土需要模板。拱券和穹顶用木板做模板,墙体则用砖、石做模板,而且事后并不拆掉,所以墙体很厚。最原始的一种浇筑法,是在混凝土墙体内外两面先垒一层大石块,这些石块之间还要形成结构关系,然后在其间浇混凝土。例如,罗马建筑中的大角斗场使用这种方法,混凝土所占的体积很小,所以混凝土倒像是一种灌缝材料。最常见的是在混凝土浇注之前,先用红砖砌好墙体内外表层,作为模板。红砖是三角形的,尖角朝里。所以,外侧面平整而内侧面犬牙交错,浇注了混凝土后,二者容易咬紧。红砖不能一次砌到顶,而是砌一段,浇注一段混凝土,再砌一段,再浇注一段,逐层到顶。公共浴场的墙体便是采用这种施工方法。

古罗马的大多数红砖墙面仍然比较粗糙,所以有的建筑,特别是在室内,还要加一层饰面。这层饰面的做法主要分四种:一种是贴薄薄的磨光大理石板。大理石板的制备工艺水平很高,最薄的可以到三四毫米。每块面积相对较小,大理石产量大且色彩美丽但不易成大块,这种饰面的做法使大理石材料的应用成为可能。这样建筑表面不但色彩富丽,而且可以组成多种多样的图案。另一种饰面采用马赛克,便是用小块大理石镶嵌,这种镶嵌比拼贴大理石片更加自由,可以组成很复杂的曲线流转的图案甚至很写实的图画。古罗马的马赛克镶嵌画很发达。还有一种饰面是用火山灰水泥做水磨石,也便是做人造大理石。先在火山灰里掺上天然大理石碎碴,抹到砖墙面上,干了之后再用人工磨光。第四种饰面是在墙上或拱券底面抹一层灰,然后作壁画。庞贝建筑遗址里所见的大量壁画都是这样的。这四种给砖墙面做饰面的方法或者艺术都是平面的,在室内装饰上逐渐与雕刻性的因素如倚柱、线脚、挑檐、壁柱等并重。壁画等平面装饰在拜占庭建筑里得到很大发展,后来一直是欧洲建筑重要的装饰艺术方法,它们都源起于古罗马的混凝土工艺。

古罗马城市建筑中最引人瞩目,也是最能够代表古罗马建筑水平的建筑,是一些大型的娱乐服务建筑,尤其以角斗场、赛马场和浴场为代表。

6.4.2 建筑技术的革命——混凝土浇筑技术和拱券结构

1. 公共建筑

(1)万神庙(图 6-18)。

哈德良皇帝执政期间督造的罗马万神庙营建于 118—128 年,代表了古罗马建筑设计和工程技术方面的最高水平。

万神庙由入口柱廊和内部全新形式的主殿两个建筑部分构成。柱廊式入口是希腊式的,可能为了在入口与主殿间形成空间过渡,所以设置了三排柱廊作为过渡。主立面为 8 根白色花岗石雕刻的科林斯式柱,主立面柱廊后是两排各 4 根红色花岗石雕刻的科林斯式柱。门廊在柱头、额枋和顶棚等处还采用铸铜包金进行装饰。

神庙内部的建筑形式和装饰手法,是建立在三合土浇筑技术之上的纯正的罗马创新形式。拱券结构有很多优点,但是也存在施工上的困难。第一是每块石料都须大致呈楔形,而且必须有一个或者两个弧面,加工相当麻烦。而使用混凝土制作拱券,在凝固前的可塑性,各种复杂形状的拱券都可以比较容易得到,从而节省了大量需要高技术的工作。虽然混凝土拱券也要胎模，但可以分段来做，从而大大减少胎模数量。要造一个筒形拱，先间隔一定距离砌一道砖券，如此把拱分划成几个相等的段落。只要有两个与此段落一样长的胎膜，就可以先后逐段浇注整个拱顶混凝土了。这种分段用的砖券，很可能是中世纪罗马建筑晚期和哥特时期的肋架券的原型。为了阻挡刚浇注上去的混凝土向模板两侧滑，在模板上再插一些薄砖，混凝土凝固之后，它们就留在混凝土里。如直径 43.3 m 的万神庙的穹顶，是在胎模做好之后，在它的球形表面先砌大大小小几层发券，然后在它们中再浇注混凝土。这样也是分段浇注。分段浇注混凝土可以防止未干混凝土下滑并节省大量人力，方便施工；总体积过大，在凝固过程中因收缩而产生裂缝，这本是连续浇注很难避免的。拱顶和穹顶位于建筑的最上方，除自重外不再承担其他负荷，这里混凝土的骨料采用浮石。

图 6 - 18　万神庙

拱券结构比较沉重，因此支承它的墙体很厚。进而产生的一种装饰母题，就是壁龛。壁龛本身是建筑式的，在巨大的内部空间中，它起着衡量空间尺度的作用，也起着人体和建筑空间之间的过渡者的作用，使建筑空间柔和、人性化。它也是安装神像和其他装饰性雕刻的良好手段之一。壁龛后来在欧洲建筑中广泛而长期地流行。万神庙中的壁龛是围绕墙体一圈向内部开设 8 个大壁龛，其中 6 个壁龛都设置成二柱门廊的形式，另外 2 个不设柱，一个用作主入口，另一端与主入口相对的做主祭坛。各壁龛外部立面都由独立的科林斯圆柱与两边的科林斯方壁柱构成。壁龛与壁龛之间的墙面上还另外开设希腊式的小壁龛用于存放雕像。在底层大壁龛之上是一圈内部连通的拱廊，但拱廊外部仍采用小壁龛与大理石贴面装饰，形成半封闭的拱廊形式。

穹顶中心开设一个直径 8.9 m 的圆洞，既为神庙内部提供自然光照明，又可减轻穹顶重量。在内部，穹顶从下至上设置逐渐缩小的方格藻井式天花，这种通过方格大小变化而起到拉伸空间作用的设置同样也出现在地面方格大理石上。但屋顶天花并不用大理石装饰，而是采用与外部相同的铜板包金形式。

(2)浴场。

在罗马的大型公共建筑中，最常采用拱券结构的是公共浴场。这不仅是因为空间组合的需要，而且也是为了采暖。先在拱券的胎模上铺一层空心砖，使它们的空腔相接，然后浇注混凝土，这些空心砖就在混凝土拱顶和穹顶的内表面形成了许多相通的管道。从锅炉房里把热气或热烟送进这些管道，把拱顶和穹顶的内表面烤热，热量就散发到浴场去了。这些热气和热烟，在穹顶或拱顶内表面流动，没有危险，而如果采用木架屋，那就可能引发火灾。如果用整块石料砌筑拱顶和穹顶，却很难形成采暖管道。混凝土工艺帮助浴场解决了供暖问题(图 6 - 19)。

古罗马浴场的功能却不仅限于提供洗浴服务，它不仅同斗兽场一样，是古罗马人重要的休闲、娱乐场所，也是一种重要的社交场所。

浴场功能的特殊性使得其建筑结构也更为复杂。由于洗浴的功能需要，浴场建筑在传统拱券的基础上又创造出十字拱券的新建筑结构。作为一种重要的公众服务建筑类型，古罗马帝国时期几乎每一位执政的皇帝和每个城市和地区的管理者，都极力试图营造出建造精美和规模巨大的浴场建筑。起初，浴室都是男女混浴的，后来在哈德良执政期间颁布了法令，才规定了男

图 6-19　浴场地下取暖示意图

女洗浴的不同时间。经过长时间的兴建，浴场建筑逐渐形成了比较固定的建筑形制。整个建筑的平面呈矩形或方形，主体建筑大多设置在一个高台之上，下层的服务性空间与上层的使用空间分开。浴室建筑的结构大致可以分为三个部分：主体部分、外圈部分和露天部分。

主体部分由里向外建在一条轴线上，包括一系列洗浴房间，如蒸汽浴室、极热浴室、热水浴室、温水浴室和冷水浴室，在这条室内轴线空间的外部，通常就是巨大的蓄水池。在这条主体浴室两边设置有理发间、更衣室等。而在主体建筑之外，对称着还可以建游泳池、运动场、商店、演讲室等；露天部分则可以设置喷水池、雕像并且栽种树木。

在古罗马城的浴场中以戴克里先浴场和卡拉卡拉浴场最具代表性。

(3)角斗场(图 6-20)。

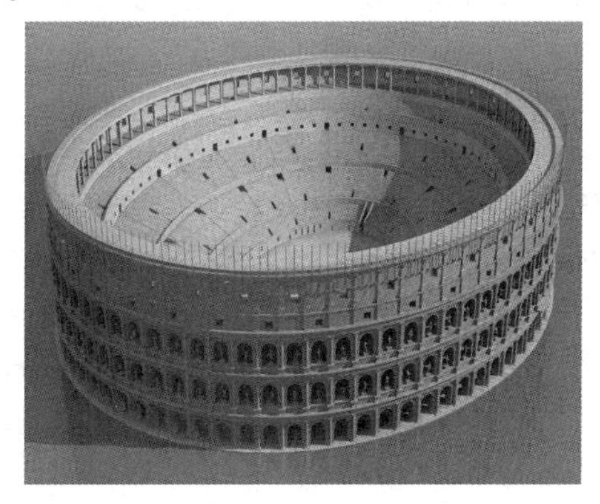

图 6-20　角斗场复原图

完全依仗拱券结构而产生的建筑类型和相应的形制是角斗场。它相似于两个剧场对接而成，这几乎完全不可能依靠自然地形来形成。古罗马人用两层或三层圆形排列的喇叭形拱券把整个观众席架起来，在中央设表演区。表演区的地下室是兽槛和奴隶囚室。表演区的雨水则由暗沟排出。观众人流的出入和剧场采用相同办法，观众席用一连串的筒形拱架起来，而不必依靠山坡。因此观众人流出入可以利用设在观众席地下的空间内的楼梯，这样观众以自己座位区选择楼梯上下，减少了观众席内的移动，大大改善了观众席内的秩序。罗马城内的大角斗场是古罗马建筑最伟大的代表作，没有拱券技术就根本不会有大角斗场。

罗马城中的大角斗场位于尼禄兴建的庞大宫殿——金宫的遗址之内，而且正好位于原有的一座湖泊基址上。角斗场从外看为平面椭圆形的柱体形式，其长轴约 188 m，短轴约156 m，周长约 527 m。内部除中心留有一个长轴约 86 m、短轴约 54 m 的椭圆形铺上地板的表演区之外，都围以阶梯形升高的观众席。

角斗场外部采用石材饰面，从上到下分为四层，其中底部三层为连续拱券式立面，上部一层以实墙为主，但与下部拱券相对应，间隔地开设有小方窗。各层立面都加入壁柱装饰，且四层壁柱摆放的位置上下对应。四层壁柱严格按照古罗马的柱式规则设置，从下至上分别为多立克柱式、爱奥尼柱式、科林斯柱式和混合柱式。底层拱券作为建筑的入口共有80个，满足了巨大人流的需要，上两层拱券中分别设置雕像，使整个建筑立面显得华丽而具有震撼性。

角斗场庞大的座椅系统采用砖、石材和三合土材料与拱券体系相搭配建成，底部采用石材拱券与三合土浇筑墙体，向上则逐渐缩减了石材的使用量而以砖拱代替，以减轻重量。角斗场内部的看台约60排，从下向上逐渐升起，总体上从下向上分为贵宾席、骑士席和平民席，其中贵宾席与表演场之间设有高墙和防护网，并为皇帝设置包厢，为元老院成员、神职人员设置专门的有柱廊顶棚的看台。其他贵宾席和骑士席采用大理石或高级石材饰面，最下面前排的贵宾席可以带自己的椅子，而上层的平民席则采用木结构座椅以减轻建筑的承重。10个不同等级的座位席之间通过环绕的围廊分隔开来，同时这些环廊上设置多个出入口与内部拱券走廊和底层出入口连接，以保证交通的顺畅。

角斗场顶部设有一圈木桅杆的插孔，长而细的木桅杆通过插孔将一端固定在外部的墙面上，另一端则通过系绳共同撑起环绕角斗场顶部的帆布屋顶。

角斗场的底层表演区，也是由木板架设在底部密集的拱券空间之上形成的。底部以筒拱为主要结构，形成带有诸多独立房间和错综通道的地下建筑层，这里是关押角斗士与野兽的主要场所。在特定的出入口设有升降机，可以将野兽和角斗士快速地运送到铺满沙地的表演区。

角斗场可容纳5万～8万名观众，从约公元70年开始建造，至公元80年建成，这一建造速度之快在古代大型建筑中是极为罕见的。而且角斗场在不同人员的流通、结构与使用功能的配合等方面的设置，既科学又细致，显示了此时营造大型建筑工程的实力和能力。

2.城市建设（图6-21）

拱券结构同样也改造了城市建设。城市建设的第一个步骤是选址。影响选址的首要因素之一是供水。所以，城市一般都在水源充足的地方发展起来。水的供应量又决定了城市的人口规模。但是，自从有了成熟的拱券技术，古罗马有些军事卫戍城市就造在水源并不充足而在战略上很占优势的地方。他们用长达十几或几十千米的输水道从远处引水供应军队和居民，这些输水道都高高地架在连续的发券之上。法国南部的加尔桥就是古罗马的输水道，在它跨越加尔河的时候，有249 m长的一段用三层重叠的发券架起来，最高点高度达到49 m。古罗马城造在一片丘陵地上，它虽然濒临特韦雷河，但河床低、取水困难，因此罗马城的规模本来不可能很大。但它在极盛时期竟有100多万人口，用水全靠输水道供应，而输水道有14条之多，总长度达到104 km。最长的一条输水道长达60 km，有20 km架起在连续的券列上。它们每天可向罗马城供应160万立方米的清水。输水道进城之后，分散为许多细支直达各个居民点，在尽端建造喷池，全城一共有1000多个。17世纪，教皇为美化罗马城，把其中一部分用雕像、大理石落水盘等装饰起来，成了罗马城的重要景观。

图6-21　古罗马街道

古罗马城的公共厕所不仅数量多而且设计非常完备，甚至可以说是豪华。这种公共厕所中常有大理石铺设的坐垫，便池底部则是流动的水渠，因此厕所不仅不会臭气熏天，还成为人们闲聊与朋友聚会的首选之地。

共和末期的罗马城已经形成了一定的规模，但需要统一的规划与建造来满足人们的新需要。公元64年，罗马城发生大火，虽然大火发端于贫民区，但由于城市中的建筑过于密集，因此大火竟然烧毁了城市的大半。这次大火使罗马人损失惨重，但同时也给了人们重新规划与兴建新城市的机会。

新建成的罗马在城市规划与基础设施建设方面所取得的成就足以令现代人惊叹。首先，城市按照功能分区，并且在住宅建筑中分区，这使得古罗马城形成了一定的城市布局特色。其次，在城市建筑之前先进行了引水渠、地下污水管道和蓄水池、道路等公共项目的兴建。这些基础设施的兴建不仅避免了大火的再次发生，也在很大程度上改善了罗马城的卫生、消防状况。总之古罗马时期有些城市、建筑等方面的经验和做法已经成为经典法则，这些经典法则借助古罗马时代宫廷建筑师维特鲁威的著作《建筑十书》而流传下来，这本著作也是古典文明时期流传下来的最早的专业建筑著作。通过这本著作和对古罗马时期兴建的诸多建筑的研究，此后各个时期的人们都在不断地从古罗马建筑中汲取营养。古罗马时期的一些建筑理念、做法和经验，甚至直到现在还在城市与建筑的兴建中被广泛应用。

6.5 美洲古代建筑

6.5.1 综述

和世界其他地区相比，美洲古代建筑在世界古建筑之中，尤其具有独特性，因为美洲古典建筑是唯一没有受到其他地区建筑风格影响而发展起来的，其建筑的发展深受当地宗教影响，现存的大部分建筑也以美洲各文明时期的宗教性建筑为主。此外，从时间上说，虽然美洲古典文明也早在大约公元前3000—公元前2000年就已经开始出现大型纪念性建筑，但美洲古典文明的发展进程缓慢，直到16世纪初外来的西班牙统治者将其文明灭绝之时，其社会构成还是奴隶制的，而文化发展则基本上还停留在非常原始的自然状态下。但同时，也就是在这种较为原始的宗教与生产水平的发展状态之下，美洲各地却也创造出了先进的城市、大规模的神庙和堡垒建筑。这些建筑的功能与早期美洲发展起来的社会文化一样，都以宗教生活为中心，但与人们相对原始的生活状态不同的是，在美洲各地兴建的以宗教建筑为主的城市中，不仅有着宏伟的各种神庙和祭祀建筑，还有着规划整齐的城市和明确清晰的生活分区。这些城市和城市中的建筑所反映出来的规划思想、建造特色等方面，甚至与现代城市建筑还有许多相似之处。中美洲和南美洲，这其中又以中美洲地区的文明发展最为兴盛，可以说是美洲土著文明发展的中心地区。

6.5.2 奥尔梅克——特奥蒂瓦坎

大约在公元前1200—前400年是奥尔梅克文明的主要发展时期，此时已经形成了最初的等级社会和比较完善的神学崇拜体系。这个基本的社会生活体系不仅在此后被中美洲地区的许多文明区所沿用，而且也成为中美洲各地建筑发展的特色所在。在各文明区的建筑体系发展中，都以神庙和祭祀建筑，以及政治和神学统治人员使用的议事厅和住宅为主，形成中心的城市区，而其他的普通居住区则位于这个中心区的外围。中美洲早期文明突出代表的象征，是位于墨西哥城附近的古代城市特奥蒂瓦坎（图 6 - 22）的建成。这座城市显然经过特别规划，这种布局即使在阿兹特克人对该城重建时仍被遵守着。阿兹特克人的设计，是使整个城市被东西向和南北向的两条长约 6 km 的轴线大道垂直分割，其中以南北向的死亡大道为主轴，城市中的两座主要的金字塔建筑——月亮金字塔和太阳金字塔就分别位于这条大道的尽头和一侧。太阳金字塔是美洲早期文明时期兴建的最大型金字塔建筑，其底部的主体建筑平面边长达 210 多 m。

图 6 - 22　特奥蒂瓦坎

特奥蒂瓦坎城大约从公元 100 年就已经建立，到公元 600 年左右发展至鼎盛，但在公元 700 年之后就逐渐衰落了。此后先后登上中美洲文明发展历史舞台的是玛雅人和对特奥蒂瓦坎进行了重建的阿兹特克人。

➢6.5.3　玛雅文明

玛雅人的历史是美洲古典文明发展中的真正高潮阶段。玛雅人创造出了文字，并在数学、天文历法等方面都取得了相当高的成就，更为重要的是，玛雅人在中美洲地区的丛林中创造了相当繁盛的文明。玛雅文明时期形成了多个城邦制的国家，这些国家以各自的城市为中心进行发展，这引起城市的布局与规划在统一中也有诸多变化，而且各城市都取得了相当高的建筑成就。

蒂卡尔是玛雅文明中出现较早的一座城市，也是规模最大的一座城市，其发展与繁盛期大约在 3—8 世纪，到 9 世纪后逐渐衰落，此后湮灭于热带雨林之中，直到 19 世纪才重见天日。蒂卡尔城市面积大约为 65 km^2，市内有着明确的轴线和分区。

奇琴伊察是后期玛雅文明的发展中心，虽然奇琴伊察早在 10 世纪之前已经形成城市，但其真正的大发展时期却是在 10 世纪托尔克特人的统治时期。托尔特克人除了遵循以前城市的建造传统，修建了库库尔坎神庙的金字塔建筑之外，还建造了螺旋塔（图 6 - 23），即观象台、武士神庙和球场等几种新形式的建筑。库库尔坎神庙是一座平顶的石构建筑，承托这座建筑的大金字塔是传统的阶梯形金字塔形式，但在四面都设有通向顶端的坡道面，坡道上的阶梯与顶层的一阶台基之和正好是 365 个，代表着一年中的 365 天。此外，神庙的方位设定很可能也与多种天文和气象有关系。比如人们发现在每年的春分与秋分当天，建筑栏杆上雕刻的巨大羽蛇形象（图 6 - 24）都投影在金字塔北立面，届时羽蛇形像的影子随着照射光线的移动而移动。

图 6-23 螺旋塔

除了金字塔神庙所体现出的精确方位性之外，天文台(螺旋塔)更明确地向人们暗示了天文观测功能。这种螺旋塔多位于一片空旷的基址上，塔体建在四边形的基台之上，由圆柱式的塔身和一个圆锥形的尖顶构成。建筑的主入口正对着天上金星的方位，内部有螺旋形阶梯通向塔顶，整体天文台的高度为 24 m，该台分 9 层，底座 75 m×75 m，高 22.5 m。台顶有观察孔，用来观察天体运行。

图 6-24 羽蛇形像

6.5.4 印加人的建筑

印加人建筑上的主要特色是巨大尺度的砖石建筑，而且施工中不用灰浆，将砖石紧密干砌到一起，这些建筑可以在印加人首府库斯科城(12 世纪)内看到。

印加人的建筑艺术不只是表现在砖石建筑上，山顶要塞之一马丘比丘城便是印加人的建筑艺术成就之一(图 6-25)。在这座山顶城市中，有住宅、阶梯、庭院、庙宇、谷仓、墓地等，甚至还有修道院。印加人将裸露的岩石与住宅的墙壁融为一体，从而表现出人、草木、山石之间的相互渗透。

图 6-25 马丘比丘城

思考题

1. 试述古埃及金字塔的演变。
2. 试述波斯建筑外墙饰面的特点。
3. 试述古希腊柱式的演变及各种柱式的建筑风格。
4. 试述雅典卫城的布局及主要建筑的特点。
5. 试述古罗马的拱顶结构体系。
6. 试述古罗马的混凝土浇筑技术对近现代建筑发展的历史意义。
7. 简述古罗马万神庙的特点。
8. 简述美洲古代建筑的独特性。

第7章 中世纪至18世纪建筑

学习要点

1. 拜占庭建筑的特征
2. 西欧中世纪建筑的特征和代表
3. 意大利文艺复兴建筑特征
4. 法国古典主义建筑特征
5. 欧洲其他国家16—18世纪建筑特征和代表
6. 亚洲封建社会建筑特征和代表

7.1 拜占庭建筑

古罗马帝国极盛之后，逐渐衰退。395年，古罗马分裂为东、西两个罗马。东罗马帝国建都在黑海口上的君士坦丁堡，得名拜占庭帝国；西罗马帝国由于异族日耳曼人的入侵，终在476年宣告灭亡，后进入封建社会。

在4世纪以后，基督教的活动处于合法地位，欧洲封建制度主要的意识形态便是基督教。基督教在中世纪分为两大宗，西欧为天主教，东欧为东正教。在世俗政权陷于分裂状态时，它们都分别建立了集中统一的教会。天主教的中心在罗马，东正教的中心在君士坦丁堡。封建分裂状态和教会的统治，对欧洲中世纪的建筑发展产生了深远的影响。宗教建筑在那个时期建筑等级最高，艺术性最强，成为建筑成就的最高代表。

东欧的东正教教堂和西欧的天主教教堂，在形制上、结构上和艺术上都不一样，分别为两个建筑体系。在东欧，大大发展了古罗马的穹顶结构和集中式形制；在西欧，则大大发展了古罗马的拱顶结构和巴西利卡形制。

330年罗马皇帝君士坦丁一世迁都于拜占庭。到5—6世纪，拜占庭帝国成为一个强盛的大帝国，它的版图范围包括叙利亚、巴勒斯坦、小亚细亚、巴尔干半岛、北非及意大利。

拜占庭时期最重要的是宗教建筑。古希腊和罗马的宗教仪式是在庙外举行的，而基督教的仪式是在教堂内举行的。拜占庭宗教建筑用若干个集合在一起的大小穹顶覆盖下部的巨大空间，把建筑空间扩大。另外，拜占庭的建筑内容还包括修建城墙、道路、水窖、宫殿、大跑马场等公共建筑。

可以说，拜占庭文化在中世纪的欧洲占有重要的地位。它的发展水平远超西欧。希腊、罗马文化的传统在拜占庭未曾中断，并通过对埃及和西亚等东方文化兼收并蓄，丰富了拜占庭文化的内容，并使其具有综合的特色。

7.1.1 穹顶和集中式形制

在罗马帝国末期，东罗马和西罗马一样，流行巴西利卡式的基督教堂的传统，为一些宗教圣徒建造集中式的纪念物，大多用拱顶，规模不大。

到5—6世纪，由于东正教不像天主教那样重视圣坛上的神秘仪式，而宣扬信徒之间的亲密一致，从而奠定了集中式布局的概念。另外，集中式建筑物立面宏伟、壮丽，从而使这种集中式形制广泛流行。

集中式教堂，就是使建筑集中于穹顶之下，穹顶的大小、成败直接关系到建筑设计的成功与否，发展穹顶至关重要。

拜占庭的穹顶技术和集中式形制是在波斯和西亚的经验上发展起来的。在方形平面上盖圆形的穹顶，需要解决两种几何形状之间的承接过渡问题。在最初有两种做法：①用横放的喇叭形拱在四角把方形变成八边形，在上面砌穹顶；②用石板层层抹角，成十六边形或三十二边形之后，再承托穹顶。这两种做法内部形象很零乱，不能用来造大跨度的穹顶。

拜占庭建筑通过借鉴巴勒斯坦的经验，使穹顶的结构技术有了突破性进展。它的做法是：沿方形平面的四边发券，在四个券之间砌筑以对角线为直径的穹顶，这个穹顶仿佛一个完整的穹顶在四边被发券切割而成。它的重量完全由四个券承担，这种结构方式其实质性进步在于：①使穹顶和方形平面的承接过渡自然简洁；②把荷载集中到四角支柱上，完全不需要连续的承重墙，穹顶之下空间变大了，并且和其他空间连通了。

为了进一步提高穹顶的标志作用，完善集中式形制的外部形象，又在四个券的顶点之上作水平切口，在这切口之上再砌半圆的穹顶。后来在水平切口上砌一段圆筒形的鼓座，穹顶砌在鼓座上端，这样在构图上的统率作用大大突出了，拜占庭纪念性建筑物的艺术表现力从而也大大提高了。

水平切口所余下的四个角上的球面三角形部分，被称为帆拱(pendentive，图7-1)。帆拱、鼓座、穹顶这一套拜占庭的结构方式和艺术形式，以后在欧洲广泛流行。

巨大的穹顶向各个方面都有侧推力，为此又摸索了几种结构传力体系：①在四面各作半个穹顶扣在四个发券上，相应形成了四瓣式的平面。②常用架在8根或16根柱子上的穹顶，它的侧推力通过一圈筒形拱传到外面的承重墙上，于是形成了带环廊的集中式教堂，如意大利拉韦纳的圣维达尔教堂，但这种方法仍然不能使建筑物的外墙摆脱沉重的负担。③拜占庭匠师们在长期的摸索中，又找到了好的解决方法。他们在四面对着帆拱下的大发券砌筑筒形拱来抵挡穹顶的侧推力，筒形拱下面两侧再作发券，靠里面一端的券脚就落在承架中央穹顶的支柱上，这样外墙完全不必承受侧推力，内部也只有支承穹顶的四个柱墩，无论内部空间还是立面处理，都自由灵活多了，集中式教堂获得了开敞、流通的内部空间。

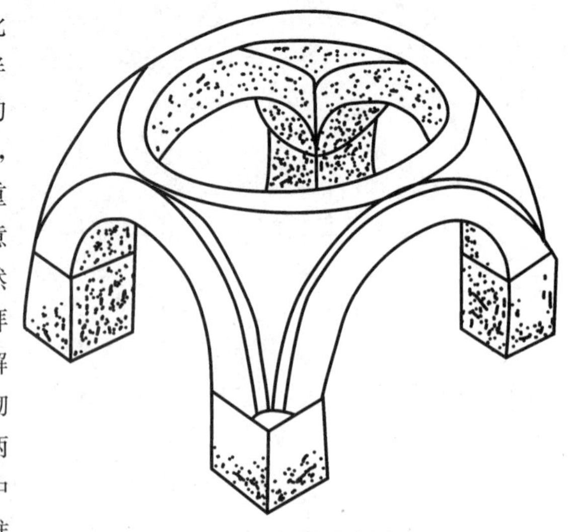

图7-1　帆拱示意图

在结合穹顶设计集中式平面时，匠师们创造了一种希腊十字式平面教堂。这种教堂中央的穹顶和它四面的筒形拱成等臂的十字，得名希腊十字式。后来还有一种形制，用穹顶代替中央穹顶四面的筒形拱，逐渐成了拜占庭教堂中的普通形制。这种形制是把十字平面分成几个正方形，每个正方形的上部覆盖一个穹顶，中间和前面的两个最大，使整个建筑成了统一体，如意大利威尼斯的圣马可大教堂(图 7-2)。

图 7-2 圣马可大教堂

从拜占庭教堂发展中可以看到，一个成熟的建筑体系，总是把艺术风格同结构技术协调起来，这种协调往往就是体系健康成熟的主要标志之一。

在装饰艺术方面，拜占庭建筑是十分精美和色彩斑斓的。

对一些比较大型的重要的纪念性建筑物，其内部装饰主要是：墙面上贴彩色大理石，在一些带有圆弧、弧面之处用玻璃马赛克饰面。这种马赛克是用半透明的小块彩色玻璃熔成的，为了保持大面积色调的统一，在镶玻璃马赛克之前要在墙面上铺一层底色。6 世纪之前，多用蓝色做底色；6 世纪之后，则多采用金箔做底色，色彩斑斓的厚马赛克统一在金黄色的色调中，显得格外辉煌、壮观。另外，用不同色彩的玻璃马赛克作出各种圣经故事的镶嵌画，这种画多以人物为主，辅以动物、植物等，人物动态很小，使室内显得较为安静。

一般的小教堂，墙面抹灰，作粉画，这种画时间长了容易脱落，不如玻璃马赛克耐久，画的主题同样是宗教性的。

另一种装饰重点就是石雕艺术。主要在一些用石头砌筑的地方作雕刻艺术，如发券、柱头、檐口等处，题材主要是几何图案或以植物为主。

7.1.2 拜占庭教堂建筑实例

能够代表拜占庭教堂建筑的最高成就的是君士坦丁堡的圣索菲亚大教堂(532—537 年，图 7-3)。这座大教堂平面接近正方形，东西长 77 m，南北长 71 m，正面入口处是用环廊围起的院子，院中心是施洗的水池，通过院子再通过外内两道门廊，才进入教堂中心大厅。拜占庭建筑的光辉成就在这座教堂中可以完美地体现出来。

(1)穹顶结构体系完整。教堂中心为正方形，每边边长 32.6 m，四角为四个大圆柱及四个矩形柱墩，柱墩的横断面积为 7.6 m×18 m，中央为直径 32.6 m 的大穹顶，穹顶通过帆拱架在四个柱墩上，中央穹顶的侧推力在东西两面由半个穹顶扣在大券上抵挡，它们的侧推力又各由

图 7-3　圣索菲亚大教堂内景与外景

斜角上两个更小的半穹顶和东西两端的各两个柱墩抵挡，使中央大厅形成一个椭圆形，这种力的传递，结构关系明确，十分合理。中央大通廊长 48 m，宽 32.6 m，通廊大厅的一端有一半圆龛，通廊大厅两侧为侧通廊，两层高，宽约 15 m。

(2)集中统一的空间。教堂中大穹顶总高度约 54 m，穹顶直径虽比罗马万神庙小 10 m，但圣索菲亚大教堂的内部空间给人的感觉，要比万神庙大。这是因为拜占庭的建筑师巧妙地运用了两端的半圆穹顶，以及两侧的通廊，这样便大大地扩大了空间，形成了一个十字形的平面，而万神庙只局限于单一封闭的空间。另外，在穹顶上有 40 个肋，每两个肋之间都有窗子，它们是照明内部的唯一光源，也使穹顶仿佛飘浮在空中，从而也起到了扩大空间的艺术效果。

(3)内部装饰艺术同样具有拜占庭建筑的最高成就。地面用彩色马赛克铺砌；柱墩和墙面用白、绿、黑、红等彩色大理石贴面。柱身是深绿色的，柱头是白色的。穹顶和拱顶全用玻璃马赛克饰面，底子为金色和蓝色，从而构成了一幅五彩缤纷的美丽画面，使人们仿佛来到了一个可爱的百花盛开的草地。

拜占庭帝国在建造圣索菲亚大教堂之后，由于国力逐渐衰退，建筑上没有再大兴土木。后建的教堂都很小，也因地域不同在造型上有所不同。如在俄罗斯、罗马尼亚、保加利亚、塞尔维亚等东正教国家建造的小教堂外形都有所改进，鼓座做得很高，使穹顶统率作用加大。有些教堂还在四角的那一间上面升起小一点的穹顶。12 世纪末，俄罗斯形成了民族的建筑特点，它的教堂穹顶外面用木构架起一层铅的或铜的外壳,浑圆饱满,得名为战盔式穹顶。典型的例子是诺夫哥罗德的兹纳缅斯基教堂。

在南斯拉夫,教堂从中央穹顶开始层层降低,外形如实表现内部空间,形成堡垒状,但形体富于变化,加之细部的装饰,更使形体华丽,如格拉查尼茨教堂(图7-4)。

图7-4 格拉查尼茨教堂

7.2 西欧中世纪建筑

从4世纪末古罗马灭亡,到14世纪资本主义萌芽的产生,西欧经济从破败衰落到逐渐兴盛。建筑上是从低起点、结构技术和艺术经验失传开始,到建筑进入一个极富创造性,获得光辉成就的新时期,并以哥特式建筑为最高成就。

从10世纪到12世纪,由于欧洲已经形成了一些新的国家,如法兰西、德意志、意大利等,所以在建筑上又各自形成了各区域的地方特征。法国的封建制度在西欧最为典型,其余各国深受法国影响。意大利和尼德兰的建筑各有独特的风格,西班牙受阿拉伯人的影响,建筑上多以伊斯兰建筑风格为主。

7.2.1 罗马风建筑

到了4世纪以后,基督教的活动处于合法地位,其信徒们开始寻找他们的活动场所。古代的神庙只是神的住宅,祭神的仪式是在庙外进行的。而基督教的教堂是信徒们进行宗教活动的场所,这就要求它有一个广阔的内部空间,这是神庙所缺少的。因此,最初在没有条件建造自己教堂时,就只好利用当时原有的巴西利卡——公共会堂来作为自己的教堂。显然,这种原为交易场所之用的公共建筑物,用来进行宗教仪式,比那些神庙更为合适。于是在建造自己教堂时,也就自然而然沿用了这种形制,并且把这种新的教堂建筑称之为巴西利卡式教堂。

巴西利卡是长方形的大厅。纵向的几排柱子把空间分为三跨或五跨式建筑。中央一跨较宽、高,是中厅;两侧是较低的侧间,中厅比侧间高,可开高侧窗(图7-5)。大多数巴西利卡用木屋架,屋盖轻,支柱较细,用柱式柱子。在中厅后部是圣坛,用半穹顶覆盖,圣坛之前是祭坛,祭坛之前是唱诗班的席位,叫歌坛。随着宗教仪式日趋复杂,后来就在祭坛前增建一道横向的空间,大一点也分中厅和侧廊。于是,就形成了一个十字形的平面,竖道比横道长得多,叫作拉丁十字式。由于拉丁十字象征着基督的受难,并且很适合于仪式的需要,所以天主教会一直把它当作最正统的教堂形制,流行于整个中世纪的西欧。

图 7-5　君士坦丁巴西利卡遗址

教堂形制的定型不等于建筑物体系的成熟,因为一个成熟的建筑物是要经过结构、材料等众多方面长时间的探索,最后才能定型,以及推广。10—12 世纪,以教堂为代表的西欧建筑,就是经过长期摸索、实践才形成了自己独特风格的建筑,即罗马风建筑。

10 世纪起,拱券技术从意大利北部传到西欧各地。教堂开始采用拱顶结构,并开始使用十字拱技术。到 10 世纪末,有些大教堂在中厅使用筒形拱。为了平衡中央拱顶的侧推力,法国西部地区的教堂在侧廊上建造顺向的筒形拱,在中部以及其他地区,大多数在侧廊上造半个筒形拱。这两种方法都要求侧廊上的拱顶抵住中厅拱顶的起脚。这样,中厅失去了侧高窗,室内无采光,侧廊高度却增加了,因而设了楼层。为了争取中厅有直接的天然采光,也曾做过多种探索,如在中厅上用一排横向的短拱,或降低侧廊上拱顶的高度等方法,但这些方法都有破坏内部空间、结构错误等问题(图 7-6)。但有一种方法对以后的结构发展产生了积极的影响,即在中厅使用了双圆心的尖拱,减少了侧推力。

图 7-6　法国克勒芒-费杭圣母教堂剖面

到 11 世纪下半叶,在伦巴底、莱茵河流域等地终于在中厅采用了十字拱技术,侧廊两层间的楼板也用十字拱;外墙仍是连续的承重墙;中厅和侧廊使用十字拱之后,自然采用了正方形的间,由于中厅较侧廊宽两倍,于是,中厅和侧廊之间的一排支柱,就粗细大小相间。随着拱顶结构的使用,骨架券也使用了,开始只是把筒形拱分成段落,没有结构作用。后来,才利用它作为结构构件,把拱顶和支柱联系起来,表现拱顶的几何形状,形成了集束柱,看上去饱满有张力,柱头则逐渐退化。

罗马风建筑的外部造型,多用重叠的连续发券,群集的塔楼,有凸出的翼殿,正门上常设一个车轮式圆窗。此时期较有代表性的建筑是意大利的比萨主教堂(图 7-7),它和钟塔、洗礼堂构成了意大利中世纪最重要的建筑群。主教堂建于 1063—1092 年,拉丁十字式平面,四排柱子的巴西利卡,中厅屋顶为木桁架,侧廊用十字拱。教堂全长 95 m,正立面高约 32 m,用五层的层叠连续发券作装饰,直到山墙的顶端。

图 7-7 意大利比萨主教堂建筑群

比萨钟塔,建于 1174 年,位于主教堂东南约 20 m。平面为圆形,直径约 16 m,高 55 m,共 8 层,底层为浮雕式的连续券,中间 6 层为空券廊,顶层平面缩小。此塔由于地基沉陷产生倾斜,所以也叫比萨斜塔。

洗礼堂,建于 1153—1278 年,位置在主教堂正前面约 60 m,为圆形平面,直径为 35.4 m,立面分三层,上两层为空券廊,屋顶为圆拱顶,总高 54 m。

比萨主教堂、比萨钟塔及洗礼堂位于城市的西北角,三座建筑物建设年代虽长,体形多变,但总的风格却是一致的,采用连续券廊,对比较强,轮廓线很丰富,色彩用红、白大理石搭配,和绿草地相衬,显得十分明快。

罗马风建筑的外部造型,不同地区也不尽相同。如在法国和德国,教堂的西立面多造一对钟塔;莱茵河流域的城市教堂,两端都有一对塔;有些甚至在横厅和正厅的阴角也有塔。另外,法国的罗马风教堂还多用“透视门”,这种门是一层层逐渐缩小的圆拱集合起来,而且有深度的大门,门顶是半圆形的浮雕板。

罗马风教堂也有一些不完善之处,如中厅两侧的支柱大小相间,开间大小套叠,中厅空间不够简洁,东端圣坛和它后面的环廊、礼拜室等形状复杂,不宜结构布置。

7.2.2 以法国为中心的哥特式教堂

12 世纪以后,随着西欧宗教的发展,一些教堂也越修越大,愈来愈高耸。特别是 12—15 世纪以法国为中心的宗教建筑,在罗马风建筑的基础上,又进一步发展,创造了一种以高耸结构为特点,其形象有直入云霄之感的建筑,被称为哥特式建筑。这种建筑创造性的结构体系及艺术形象,成为中世纪西欧最大的建筑体系。

这种建筑体系的形成发展和当时社会发展有着密不可分的关系。在 12 世纪以后,首先在西欧较先进的地区,城市经济得到了迅猛发展,手工业和商业的行会普遍建立起来,中央王权打破了封建割据的分裂状态。12—15 世纪期间,城市经济得以解放,城市内实行了一定程度的民主政体,人民建设城市的热情很高,城市建筑市场繁荣。在法国的一些城市,主教堂是通过全国的设计竞赛选出的,这样好的市场环境,为哥特式建筑的定型、发展提供了良好的社会环境。

世俗文化的渗透及美学观点的渐变,也对哥特式教堂设计者以极大影响。那时的教堂已成了城市公共生活的中心,市民们在里面举办婚丧大事,教堂日益世俗化了。美学观点的转变也使人们认识到,感性的美才是美丽的东西,有比例、和谐等才称为美。这就为活跃建筑设计思想提供了良好的思维模式。

12世纪下半叶，在建筑工程中，专业化的程度有很大提高，各工种分得很细，如石匠、木匠、铁匠、焊接匠、抹灰匠、彩画匠、玻璃匠等，工匠中还有专业的建筑师和工程师；图纸制作也有一定水准，工匠们专业技术较强，使用各种规和尺，也使用复杂的样板。专业建筑师及工匠的产生，对建筑设计及施工水平的提高以及哥特式建筑走向成熟起了重要的保证作用。

12世纪以后，法国王室领地的经济和文化在欧洲处于领先地位。到15世纪这段时期，全法国造了约60所城市主教堂，也为新结构体系的形成提供了实验地。这种哥特式新结构体系集中了罗马风教堂中的一些建筑特点，如十字拱、骨架券、三圆心尖拱、尖券、扶壁等的做法，并把这些做法加以发展，创造出一种完善的结构体系，并完善它的艺术形象。

哥特式建筑的特点主要体现在它的结构体系、内部空间及外部造型三个方面。每个方面之间都有一定的联系，相互利用，密不可分。

1. 哥特式教堂建筑的结构特点

(1)减轻拱顶的重量及侧推力。哥特式教堂把十字拱做成框架式的，其框架部分为骨架券，作为拱顶的承重构件，其余的围护部分不承重，可大大减轻厚度，薄到25～30 cm，既节省了材料，又可降低拱顶的重量，减少侧推力。骨架券的另一个好处还在于它适应各种平面形式，使复杂平面的屋顶设计问题迎刃而解。骨架券的利用使十字拱的间不必是正方形的，这样中厅两侧大小支柱交替和大小开间套叠的现象也不见了，内部较为整齐(图7-8)。

图7-8　骨架券应用实例

(2)使用独立的飞券作为传递屋顶侧推力的结构构件。飞券的起点始于中厅每间十字拱四角的起脚，落脚在侧廊外侧一片片横向的墙垛上。飞券的使用废弃了侧廊屋顶原来的结构作用，使侧廊屋顶可随心所欲降低，不但减轻了侧廊屋顶的重量，而且还使中厅利用侧高窗的自然采光变得很容易。随着侧高窗的扩大，侧廊的楼层部分也逐渐取消了。

(3)将圆券十字拱等全部改用二圆心的尖券和尖拱，减轻了侧推力，增加了逻辑性很强的结构线条，二圆心的尖券、尖拱可以使不同跨度的券和拱高度一致，使内部空间整齐，高度统一(图7-9)。

总之，教堂结构体系条理清晰，各个构件设置明确，荷载传导关系严谨，表现了对建筑规律的理解和科学的理性精神。

图 7-9 韩斯主教堂

2. 哥特式教堂的内部处理特点

教堂的形制基本是拉丁十字式的，但在不同地区，布局也不尽相同。如在法国，教堂的东端小礼拜室比较多，成圆形，西端有一对塔；在英国，通常保留两个横厅，钟塔在纵横两个中厅的交点上，只有一个，东端平面多是方的；在德国和意大利，有一些教堂侧廊同中厅一样高，为广厅式的巴西利卡形制。哥特式教堂中厅一般做得窄而长，使导向祭坛的动势非常明显。面阔与长度，巴黎圣母院是 12.5 m×127 m，韩斯主教堂是 14.65 m×138.5 m，夏特尔主教堂是 16.4 m×138.5 m，其设计意图为利用两侧柱子引导视线。由于宗教的需要加之技术的进步，建造的中厅越来越高，一般都在 30 m 之上。祭坛上宗教气氛很浓，僧侣们进入中厅后，感受到非常大尺度的高空间，视线直视祭坛，产生一种强烈震撼的宗教气氛。从建筑上看，其设计思想是非常成功的，设计目的也达到了(图 7-10)。

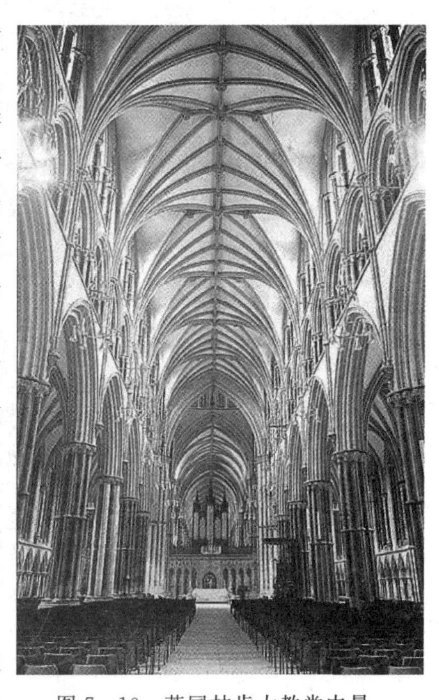

图 7-10 英国林肯大教堂内景

从建筑内部还可以看到，淘汰了以前沉重、厚笨的承重墙，取而代之的是近似框架式的结构，窗子占满了支柱之间的整个面积。柱头逐渐退化，支柱和骨架券合为一体，彼此不分，从地上到棚顶一气呵成，使整个结构仿佛是从地下生长出来的，十分有机。同时，这种向上的动势，也附和了其精神功能的需要。

玻璃窗是哥特式教堂内部处理的另一个重点之一。玻璃窗的面积很大，又是极易出装饰效果的地方，所以备受重视。也许是受拜占庭教堂的彩色玻璃马赛克的启发，工匠们使用各种颜色的玻璃在窗子上镶嵌出一幅幅带有圣经故事的图案。玻璃颜色由少到多，最多达 21 种之多。主色调也不断更换，从蓝到红到紫，逐渐由深到浅，从暗到明亮；玻璃从小到大，图画内容也由繁到简（图 7－11）。

图 7－11　英国林肯大教堂玻璃窗

彩色玻璃的安装方法是用工字形截面的铅条组合图案，盘在窗子上，彩色玻璃镶嵌在铅条之间。

3. 哥特式教堂外立面处理的特点

由于大教堂施工工期一般较长，多达几十年，甚至一二百年，所以有些大教堂立面风格难以统一，甚至可以看到各个时期流行的样式。

但作为哥特式教堂，立面上艺术形象的鲜明特征还是给人留下了极其深刻的印象。以法国巴黎圣母院为例（图7－12），可以看到西立面的典型构图特征是：一对塔夹着中厅山墙的立面，以垂直线条为主。水平方面有山墙檐部比例修长的尖券栏杆和一二层之间放置雕像的壁龛，把垂直方向分为三段。在中段的中央部分是象征天堂的玫瑰窗，是视觉的中心；下段是三个透视门洞，所有发券都是双圆心的尖券，使细部和整体都显得非常统一。

图 7－12　巴黎圣母院

总体来说，哥特式教堂建筑形象有挺拔向上之势、直冲云霄之感。一切局部和细节与总的创作意图相呼应，如多采用比例瘦长的尖券、凌空的飞扶壁，全部采用向上竖直线条的墩柱，并与尖塔相配合，使整个建筑如拔地而起的尖笋。为使建筑轻盈，在飞券等处做上透空的尖券，使教堂看上去不笨重。教堂的外部细部装饰也很出众，如门上的山花，龛上的华盖，扶壁的脊都是装饰的重点。大门周围布满雕刻，既美化建筑又宣传教义，一举两得。

德国的哥特式教堂建筑，在外立面上更突出垂直线条，双塔直插天空，把哥特式的升腾之感，运用到了极端，整个建筑感觉比较森冷峻急，动势极强，如德国科隆大教堂(图 7－13)。

图 7－13　德国科隆大教堂

另有一些教堂在西端只有一个塔，始终没有建成另一个塔，如法国斯特拉斯堡主教堂(图 7－14)。

图 7－14　法国斯特拉斯堡主教堂

英国的哥特式教堂水平划分较重，立面较为温和、舒缓。制高点往往是中厅上面的钟塔，如英格兰索尔兹伯里大教堂。

意大利北部的教堂建筑也见证了西欧中世纪哥特式建筑的发展。如米兰大教堂(图7－15)是欧洲中世纪最大的教堂，内部大厅高45 m，宽59 m，可容纳4万人。外部非常华丽，上部有135个尖塔，像浓密的塔林刺向天空，下部有2245个装饰雕像，艺术性极强。

图7－15　意大利米兰大教堂

在西班牙，由于8—10世纪被阿拉伯人占领，所以在建造天主教堂时，也难免把伊斯兰风格掺入哥特式建筑中，形成了一种独特的建筑风格，被称为穆达迦风格。在西班牙，主要哥特式教堂是布尔戈斯大教堂等，这种风格立面上用马蹄形券，镂空的石窗棂，大面积使用几何花纹图案。

哥特式教堂建筑是非常成功的。它对12—15世纪的世俗建筑也有较大的影响。主要表现有两点：①房屋表现出框架建筑轻快的特点。受哥特建筑骨架券特征的影响，住宅多采用日耳曼式的木构架，且木构架完全露明，着成蓝、红色等，同砖、白墙形成对比，色彩跳动，建筑轻盈。②屋顶很陡，高耸。屋顶占立面的比重很大，提高了建筑物的高度，相应作一些凸窗、花架、阳台、明梯等，构成了西欧中世纪世俗建筑的风光(图7－16)。公共建筑则常常引用哥特式教堂的一些建筑部件，如尖券窗、小尖塔等。

图7－16　哥特式府邸

7.3 意大利文艺复兴建筑

资本主义的最初萌芽，是在14—15世纪的意大利开始的。这一萌芽随后在整个意大利以及西北欧逐渐显现出来，它所带来的是在政治、思想、宗教、文化等各个领域同落后的封建主之间的斗争。所谓意大利文艺复兴运动，就是指这场斗争是借鉴和继承了古典文化而掀起的新文化运动，是人类经历过的最伟大的、进步的变革。建筑思想作为文化的范畴，也在这场运动中开阔视野，学习古典，发展科技，进入了西欧建筑史中的崭新阶段。

如果说文艺复兴运动是资本主义工商业经济发展的必然结果的话，那么与之相适应的新的思想意识，就为其奠定了理论基础。这种思想是以世俗的科学精神来武装的人文主义思想。其核心是主张以世俗的人为中心，肯定人是现世生活的创造者和享受者。另外，当时东西方的贸易往来、文化渗透、考古发现、人才交流等，都为意大利文艺复兴的发展，创造了良好的内外环境。

文艺复兴运动从14世纪起，首先在意大利的佛罗伦萨开始，到15世纪前半叶这一早期文艺复兴阶段，佛罗伦萨始终是艺术繁荣的中心。

➢7.3.1 佛罗伦萨主教堂穹顶

文艺复兴运动对建筑的影响，首先是从佛罗伦萨主教堂的穹顶开始的。它的建设从各方面都体现了设计者的魄力和工匠们脚踏实地的科学精神。

主教堂从13世纪末开始建造，平面为拉丁十字式(图7-17)，东部歌坛是八边形的，对边宽度42.2 m，在它的东、南、北三面各凸出大半个八角形，呈现以歌坛为中心的集中式平面。主教堂西立面之南有一个13.7 m见方的钟塔，高84 m，西边还有一个直径27.5 m的八边形洗礼堂。

图7-17 佛罗伦萨主教堂穹顶

具有文艺复兴时期建筑特点的穹顶是1420年开始兴建的。设计者是工匠出身的菲利波·布鲁内列斯基(Fillipo Brunelleschi)。这座穹顶的成就主要体现在建筑结构、施工及建筑形象上。

(1)在结构上，穹顶为矢形的、双圆心的骨架券结构。穹面分里外两层，所用的材料，下部采用石料，上部为砖，穹面里层厚2.13 m，外层下部厚78.6 cm，上部厚61 cm。两层之间为

1.2～1.5 m的空隙，将穹顶分为内外两层，外层为防水层，以内层作为主要结构层。穹顶的面层，砌筑在八个角的大拱券上，大拱券又由若干次券水平相连。在穹顶底座上加了 12 m 高的鼓座，鼓座墙厚达 4.9 m，穹顶内部顶端距地面高达 91 m，更增加了施工的难度。

(2)在施工中，穹顶由于相当高，所以给施工带来了极大的不便，脚手架的搭接就显得十分重要。另外，设计者还研制了一种垂直运输机械，利用了平衡锤和滑轮组，大大地节省了人力，提高了劳动生产率。就是这样，工匠们把别人认为 100 年也建不成的穹顶，仅用十几年就建成了。

(3)在建筑设计成就方面，吸取了拜占庭的穹顶手法，但它一反古罗马与拜占庭半露半隐的穹顶外形，把穹顶全部暴露于外，这座庞大的穹顶，连同顶尖的采光塔亭在内，高达 107 m，是整个城市轮廓线的中心，成为文艺复兴时期城市标志性建筑物。在设计手法上，既有古典建筑的精神，也可看到哥特式的余韵，为文艺复兴建筑的定型打下了一个坚实的基础。

➢7.3.2 文艺复兴盛期在罗马

在罗马，教廷从法国迁回，并且西欧经济进一步繁荣，带动了一些艺术家、建筑师来到罗马，给罗马的建设增加了活力，文艺复兴运动达到了盛期。

这一时期的建筑，更广泛地吸收了古罗马建筑的精髓，在建筑刚劲、轴线构图、庄严肃穆的风格上，创造出更富性格的建筑物。

这个时期的建筑创作作品，主要集中在教堂、梵蒂冈宫、枢密院、教廷贵族的府邸等宗教及公共建筑上。

在纪念性风格的建筑上，首推 1502—1510 年间建于罗马的坦比哀多(图 7-18)，设计者是伯拉孟特。这座神堂平面为圆形，直径为 6.1 m，它的特色主要在外立面。集中式的形体，内为圆柱形的建筑，外围 16 根多立克式柱子，构成圆形外廊，柱高为 3.6 m。圆柱建筑的上部有鼓座、穹顶及十字架，总高度为 14.7 m。这座建筑物的成功之处在于：虽然建筑物的体量较小，但它非常有层次，有虚实的变化，体积感很强；建筑物从上到下相互呼应，完整性很强。这座穹顶统率整体的集中式形制，看上去毫无多余之笔，标志着意大利文艺复兴建筑的成熟。

图 7-18 坦比哀多

标志着意大利文艺复兴时期最高成就的建筑作品，无疑是罗马教廷的圣彼得大教堂(图 7-19)。这座教堂从 1506 年开始建造，到 1612 年中厅建成，历时长达 100 多年才完成。在这一时期，曾经有很多著名的艺术家担任总设计师，如伯拉孟特、拉斐尔、帕鲁齐、米开朗基罗、维尼奥拉等。在设计和加工过程中，由于设计师众多，个人的信仰、思想不同，设计思想难免不一致。教堂的平面、立面经多次反复修改、变更，最后才得以完成这一伟大的杰作。这一伟大工程的成功之处有以下三点：

图 7-19 圣彼得大教堂

(1)穹顶结构出色。穹顶直径为 41.9 m,很接近万神庙,穹顶内部顶点高 123.4 m,几乎是万神庙的三倍。教堂内部宽 27.5 m,高 46.2 m。穹顶分为内外两层,内层厚度为 3 m,穹顶的肋是石砌的,其余部分用砖砌。穹顶是球面的,造型饱满,整体性很强,侧推力较矢形穹顶要大,但从中也能看到,当时对解决侧推力,在结构及施工上是有把握的。

(2)造型雄伟、壮观。多名艺术大师加盟圣彼得大教堂的设计师行列,为这座雄伟的建筑物增添了成功的砝码。1547 年,接管主教堂设计任务的雕刻家米开朗基罗更是雄心勃勃,以"要使古代希腊和罗马建筑黯然失色"的决心去开展工作。建成后的主教堂外部总高度达 137.8 m,是罗马城的最高点。在教堂的四角各有一个小穹顶,从西立面看,前部的巴西利卡式大厅立面用壁柱,加上两侧的小穹顶,对称的构图突出了处于轴线上的后面大穹顶。穹顶的鼓座有上下两层券廊,采用双柱,比较华丽,形体感很强,使高大的穹顶与整体建筑的比例关系很合适,实现了创造一个比古罗马任何建筑物都更宏大的愿望。

(3)创造了美丽的建筑组群及良好的环境(图 7-20)。这组建筑是主教堂和其前面广场柱廊组成的。该广场平面为椭圆形,长轴为 198 m,其中心竖一个方尖碑,两旁有喷水池。椭圆形广场与大教堂之间由一个小梯形广场作为过渡,梯形广场的地面向教堂逐渐升高,两个广场的周边都由塔司干柱廊环绕,形成广场的界线。整个广场建筑群体仿佛是一个艺术的殿堂,广场上良好的视觉设计也为欣赏建筑艺术提供了保证。这组建筑群平面富于变化,有收有放,互为衬托,缺一不可。

图 7-20 圣彼得大教堂广场建筑群

7.3.3 府邸建筑的发展

15 世纪以后,在佛罗伦萨曾兴起一阵兴建贵族府邸的热潮。这些府邸是四合院的平面,多为三层。正立面凸凹变化较小,但出檐很深。外墙面有一些中世纪的遗痕,如底层用表面粗糙的大石块，二层表面略为光滑，三层用最为光滑的石块，而且灰缝很小。例如，美狄奇府邸（图 7－21），由米开罗佐设计。另外，也有墙面是抹灰的，墙角和大门等阳角周边用重块石板来围护，并和墙面形成对比。

图 7－21　美狄奇府邸

15 世纪下半叶，在威尼斯，府邸建筑多为商人所建。建筑彼此争胜斗富，不吝豪华，整个立面多开大窗，并用小柱子分为两部分，上端用券和小圆窗组成图案。用壁柱作竖向划分，长阳台作水平划分，框架感觉强。如龙巴都设计的文特拉米尼府邸。

桑索维诺设计的府邸建筑在 16 世纪上半叶颇有代表性。他设计的建筑物很突出庄严伟岸、严谨稳定的风格，他设计的四层建筑，多把一二层用重块石砌成统一的基座层，仍保持传统的三层立面，上面两层用券柱式，开间整齐，风格稳健。

16 世纪中叶以后，文艺复兴运动受挫，贵族庄园又大为盛行。欧洲学院派古典主义创始人维尼奥拉和帕拉第奥建筑创作异常活跃，如以帕拉第奥命名的“帕拉第奥母题”，就是他对建筑设计的贡献。在府邸建筑中，古典风格明确，对欧洲的府邸建筑有很大影响。这些府邸建筑的主要特点有：平面方整，一层多为杂务用房，二层由大厅、客厅、卧室等组成，立面较为简明。底层处理成基座层；二层为主立面，层高较高，用大台阶、列柱、山花组成门面，门面凸出墙面，表明中心。如帕拉第奥设计的圆厅别墅（1552 年，图 7－22）。

图 7－22　圆厅别墅

在 16 世纪中叶以后的一段时期内，帕鲁齐和阿利西对府邸建筑的平面和空间布局加以研究，把府邸平面和空间利用相互联系起来，重视使用功能，突出楼梯在建筑中的构图要素，在建筑艺术方面较为严谨，使府邸建筑的设计又前进一步。

另外，这一时期带有烟囱的壁炉也广泛运用于室内，除了取暖之外，还发展为一种独特的室内装饰艺术。

➢7.3.4 广场建筑群

文艺复兴时期，城市的改建注意到了建筑物之间的联系，追求整体性的庄严宏伟效果，所以市中心和广场就成了建设的重点。早期的广场空间多为封闭的，平面方整，建筑面貌很单纯、完整，主教堂主导地位不突出，佛罗伦萨的安农齐阿广场(图 7－23)，便是文艺复兴早期最完整的广场。它采用了古典的严谨构图，平面是 60 m×73 m 的矩形，长轴的一面是安农齐阿主教堂，它的左右两侧分别是育婴堂和修道院；广场前有一条 10 m 宽的街道，对着主教堂。在广场的纵轴上有一座骑马铜像，两侧有喷泉，突出了纵轴。整个广场尺度适当，三面是开阔的券廊，因此，广场显得很亲切。

图 7－23　安农齐阿广场

米开朗基罗设计完成的罗马市政广场，是文艺复兴时期比较早的按轴线对称布置的广场之一。原建筑是正面的元老院和与其正面成锐角的档案馆。米开朗基罗在元老院的右侧设计了博物馆，使广场成对称梯形，短边敞开，通下山的大台阶、广场周围及中心有雕塑，使整个广场层次分明(图 7－24)。

图 7－24　罗马市政广场平面

文艺复兴盛期和后期的广场比较严整，并常采用柱式，空间较开敞，雕像往往放在广场的中央，如前所述由伯尼尼设计的圣彼得大教堂广场。

在威尼斯，圣马可广场（图 7－25）可称得上世界最漂亮的广场之一，有“欧洲最美丽的客厅”之美誉。广场从雏形到完成经历了几个世纪，但主要建筑基本上是在文艺复兴时期完成的。

图 7－25　威尼斯圣马可广场

圣马可广场平面是由三个梯形广场组成的复合式广场，大致呈曲尺形平面，大广场的北、东、南立面分别由旧市政大厦、圣马可主教堂、新市政大厦组成，长 175 m，东边宽 90 m，西边宽 56 m。同这个主要广场垂直的是由东侧的总督府和西侧的圣马可图书馆组成的小广场。两个广场的过渡是由拐角处的 100 m 高塔完成的。在圣马可教堂的北侧还有一个和大广场相连的小广场，其过渡用了一对狮子雕像和台阶来完成。

整个广场的艺术魄力是从西面不大的券门作为入口，进入大广场开始的。梯形平面使视线开阔、宏伟、深远。首入视线的是圣马可教堂和前方的钟塔，高耸的钟塔与广场周围建筑物的水平线构成对比，形成优美的景色（图 7－26）。过塔后右转进入小广场，两侧是以券廊为主的建筑，放眼望去是大运河，远处是 400 m 开外小岛上的圣乔治教堂耸立的穹顶、尖塔，构成广场的对景。小广场的南边竖着一对来自君士坦丁堡的立柱。东边柱子上立着一尊代表使徒圣马可的带翅膀的狮子像，西边柱子上立着一尊共和国保护者的像，构成了小广场的南界。

图 7－26　圣马可广场教堂塔楼

在建筑艺术方面，总督府(图 7－27)、图书馆、新旧市政大厦都以发券作为基本母题，横向展开，水平构图稳定。在这背景中，教堂和钟塔像一对主角，构成了整个画图的中心。圣马可广场一般只供游览和散步，真可谓露天的客厅、游客的天堂。

图 7－27 威尼斯总督府

7.3.5 建筑理论及人物

城市经济的发展，带动了建筑业的发展，也带动了建筑理论的活跃，从而又促进了建筑的发展。

建筑师阿尔伯蒂在 1485 年出版的《论建筑》一书，作为意大利文艺复兴时期最重要的建筑理论著作，对后来的建筑发展起到了极大的影响。在阿尔伯蒂的著作里，重点论述了建材、施工、结构、构造、经济、规划、水文等方面，并认为建筑应把实用放到第一位。

在意大利早期文艺复兴时期，还有两位多才多艺、学识广博的建筑师——布鲁内列斯基和伯拉孟特。布鲁内列斯基把当时流行的对古典文化的兴趣引进了建筑界，而且推陈出新，创造了全新的建筑形象，如佛罗伦萨主教堂的穹顶、育婴堂、巴齐礼拜堂等，为建筑的发展繁荣做出了贡献。伯拉孟特曾当过画家，后从事建筑设计。作为建筑师，他刻苦学习古罗马的文化精典，吸取创造的灵感，为创作古典风格的建筑打下了基础，他的主要作品有坦比哀多、圣彼得大教堂中选方案、梵蒂冈宫等。

作为雕刻家、画家的米开朗基罗、拉斐尔，也以极大的热情投身建筑，为意大利文艺复兴盛期的建筑发展做出了贡献。米开朗基罗喜爱把建筑看成雕刻，常用凸凹变化的壁龛、线脚、圆柱强调体积感。他的作品有圣保罗大教堂的改建、美狄奇家庙、劳仑齐阿纳图书馆。拉斐尔的建筑风格和米开朗基罗正好相反，较为温柔秀雅，宁静和谐，体积起伏小，主要作品有潘道菲尼府邸、玛丹别墅等。

维尼奥拉和帕拉第奥作为意大利文艺复兴晚期建筑师，其作品风格对后人影响极深。他们的创作风格变化幅度非常大，风格多变。在早期，他们注重规范的建筑，维尼奥拉曾著过《五种柱式规范》，帕拉第奥则有《建筑四书》。在帕拉第奥设计的维晋寨的巴西利卡(1449 年)中，柱式构图得以发展，在每个开间中央适当比例发一个券，券脚落在两根独立的小柱子上，小柱子距大柱子有 1 m 左右距离，每个大开间里有三个小开间，两个方的夹一个发券的，以发券为主，大券的两边各一个小圆洞，使构图均衡，这种母题的重复，得名为"帕拉第奥母题"(图 7-28)。他们在建筑创作的后期，更注意空间的变化，力求开敞空间，并时常运用透视法，影响建筑造型。

图 7-28　帕拉第奥母题

➢7.3.6　17 世纪巴洛克建筑

到 17 世纪以后，意大利文艺复兴建筑逐渐衰退。但由于海上运输日益昌盛，工商业有所发展，积累了大量的财富，从而在建筑上又形成了一个高潮。此时，建筑的重点在中小教堂、花园别墅、府邸广场等，不惜使用贵重的材料来炫耀财富，建筑形象及风格以追求新颖、奇特、极尽装饰为美。这种风靡 17 世纪并对以后建筑有极大影响的建筑，被称为"巴洛克式建筑"，意为虚伪、矫揉造作的风格。

巴洛克风格在建筑上的表现有以下主要特征：①立面突出垂直划分，强调垂直线条的作用，并用双柱甚至三柱为一组，多层建筑作叠柱式，强调立面垂直感(图 7-29)；②追求体积的凸凹和光影的变化，墙面壁龛做得很深，多用浮雕且很外凸，变壁柱为 3/4 柱或倚柱；③追求新异形式，故意使一些建筑局部不完整，如山花缺去顶部，嵌入纹章等雕饰，两种不同山花套叠，不顾建筑的构造逻辑，使构件成装饰品，线条做成曲线，墙面做成曲面，像波浪一样起伏流动(图 7-30)。

图 7-29　耶稣会教堂

图 7－30 圣卡罗教堂

在室内，巴洛克风格大量使用壁画、雕刻，用以渲染室内的气氛。

(1)壁画色彩鲜艳，调子明亮，对比强烈。

(2)利用透视线延续建筑，扩大空间，有时也在墙上作画，画框模仿窗洞，造成壁画是窗外景色的假象。

(3)常以动态构图，雕刻的特点也很突出：①雕刻常以人像柱、麻花柱、半身像的牛腿、魔怪脸谱或用大自然的树草、丝穗等为题材；②构图中主观臆断性很强，不考虑构图中是否需要，常随心所欲设计。这些室内装饰特点是和巴洛克建筑外部相吻合的，使建筑风格得以统一。

这个时期，由罗马建筑师封丹纳主持规划设计的罗马广场、街道、喷泉，更使巴洛克风格得以发展。他建造了几个广场和25座以上的喷泉，如罗马保拉喷泉等。在这些喷泉中，材料在幻觉中变形了，像特雷维喷泉上，石头刻成类似喷水和浪花的形状，并与古典人像有效结合，给人以动感变化(图 7－31)。

图 7－31 罗马特雷维喷泉

巴洛克建筑的产生是有其社会性和建筑自身的原因的，可在两方面提供借鉴：①力求摆脱古典建筑的束缚。尽管巴洛克建筑在结构方法上并无新的进展，但它创造了一些新的活泼、细致、丰富多彩的式样。巴洛克建筑对直线已觉厌烦，特意向曲线上发展，以至登峰造极。这种非理性的设计，正是建筑师拓宽思路、摆脱常规的结果，从而走向另一个极端。②社会的腐败在建筑上的体现。这个时期正是封建制度在全欧洲没落的日子，由于这些封建贵族追求富丽堂皇、贪婪享受，在建筑上炫耀财富、标新立异，才使建筑走向追求形式主义，建筑师们的设计迎合了这部分人的需要。

总之，从建筑艺术方面看，巴洛克建筑是有别于以往的、破旧立新的、创造独特的时代建筑，它给予我们的文化财富，使我们终生受益。

7.4 法国古典主义建筑

法国在15世纪末建成了中央集权的民族国家，王权影响加强，宫廷文化逐渐占据了建筑文化的主角。

最初，法国建筑是以世俗建筑为主的，在15世纪末，世俗建筑基本定型，形成了整体明快的风格。法国建筑窗子较大，作贴脸，有时用尖券和四圆心券，也作带有尖顶的凸窗；屋顶高而陡，檐口和屋脊作精巧的花栏杆，老虎窗经常冲破檐口；细部处常用小尖塔、华盖、壁龛等哥特式风格装饰。

16世纪开始，受意大利文艺复兴影响，一些府邸建筑、猎庄、别墅开始以建造意大利建筑风格为时髦。在这些府邸建筑中，开始使用了柱式的壁柱、小山花、线脚、涡卷等，也使用了意大利式的双跑对折楼梯。外立面是完全对称的，用意大利柱式装饰墙面，也加强水平划分。四角碉楼被装饰性的圆形塔楼代替，高高的四坡顶以及数不清的老虎窗、烟囱、楼梯亭，使立面体形颇有中世纪的味道(图7-32)。

图7-32 阿塞-勒-李杜府邸

随着意法两国的文化交流日盛，建筑师的互访，使意大利文艺复兴建筑在16世纪中叶的法国的影响达到了高潮。但随着法兰西民族迅速发展和壮大，不久法国就超过意大利而成为欧洲最先进的国家。法国建筑没有完全意大利化，而且产生了自己的古典主义建筑文化，反过来影响到意大利。这时建造的宫廷建筑比较严谨，如枫丹白露宫、卢浮宫和丢勒里宫。

7.4.1 早期的古典主义

17世纪以后，法国的王权统治进一步加强，王室建筑更加活跃。在建筑创作中，颂扬至高无上的君主，成为越来越突出的主题，不仅建造宫殿，连建造城市广场也如此。

在建筑中，宫廷建筑首先吸取了意大利文艺复兴建筑中权威性、庄严性的那一部分，表现在立面上是刻意地追求柱式的严谨和纯正，十分注意理性、结构清新、脉络严谨的精神，这便是早期古典主义的主要特点，与意大利同期盛行的巴洛克式建筑风格大相径庭，其中代表性建筑物如麦松府邸等(图7-33)。

在这一时期，法国古典主义建筑理论也日益成熟，并为日后的绝对君权建筑的发展奠定了理论基础。1655年法国在法兰西学院的基础上成立了“皇家绘画与雕刻学院”。1671年又成立了建筑学院，从中培养出一批懂古典主义建筑的宫廷御用建筑师。他们的建筑观充满古典主义思想，认为古罗马的建筑包含着超乎时代、民族和其他一切具体条件之上的绝对规则，极力推崇柱式，倡导理性，反对表现感情和情绪。17世纪下半叶，法兰西学院在罗马设分院，许

图 7-33 麦松府邸

多建筑师可以实地学习，并把法国的建筑带到了古典主义极盛时期。

7.4.2 绝对君权时期建筑

17 世纪初在法国，路易十四成为至高无上的统治者。为维护统治者的威严、气概，建造空前的、雄伟的纪念性宫廷建筑，可以达到威慑、炫耀的目的。建造主要围绕着巴黎展开，建筑风格是以古罗马建筑为蓝本，经过设计师的理解完成的。典型的实例是 1667 年经过设计竞赛完成的卢浮宫东立面(图 7-34)。这是一个较为典型的古典主义建筑作品，完整地体现了古典主义的各项原则。卢浮宫东立面全长 172 m，中央和两端各有凸出部分，将立面分为五段；高 28 m，共 3 层，从下到上分为三部分：底层作为基座高 9.9 m，中段高 13.3 m，两层高的巨柱式柱子双柱排列形成空柱廊，上段为檐部和女儿墙。

(1)完整的立面构图。立面上左右分五段，上下分三段，使每个立面都很完整，由于有一个明确的垂直轴线，使构图在中央形成统一，充分体现了建筑的性质。

(2)立面重点部分突出。立面中段空柱廊高 3.79 m，凹进 4 m，外用双柱，形成了稳定的节奏，强烈的光影变化，使立面构图丰富。

(3)摒弃传统的高屋顶。传统的高屋顶颇有中世纪的遗风，和古典主义相左，选用意大利的平屋顶更好地体现了建筑的整体感、完整性。

图 7-34 卢浮宫东立面

在法国绝对君权时期的建筑史上，凡尔赛宫可称得上最伟大的里程碑，这个君王的宫殿，代表着当时法国建筑艺术和技术的最高成就。

凡尔赛宫(图 7 - 35)位于巴黎西南 23 km 处，原址是路易十三的猎庄，原来主体建筑是一个传统向东敞开的三合院。从 1760 年开始，由勒诺特尔负责在其西面兴建大花园，经过近 30 年的建设，才告完成。凡尔赛宫的主要建筑基本上是围绕旧府邸展开的。首先，在原三合院的南北西三面贴上一圈新建筑物，保留 U 形平面，后在 U 形两头，按南北方向延伸，两翼形成南北方向达 580 m 的主体建筑。建筑立面上下分三段，底层为石墙基底，中段采用柱式形成光影变化，构图形式稳定。三合院扩大形成御院，东边两翼又用辅助房间围成一个前院，在东边是宫前的三条放射的大道，其中两侧的大道通向两处离宫，中间的大道通向巴黎市区的爱丽舍田园大道，三条大道分歧处夹着两座御马厩。

图 7 - 35　凡尔赛宫

凡尔赛宫的花园在宫殿的两侧，宫殿建筑轴线向西延长形成一个长达 3 km 的共同中轴线，花园在宫殿的统率之下。花园为几何形状，笔直宽阔，沿轴线设水池，用喷泉、雕塑等作点缀，不管大道还是小径都有对景，花草排成图案，树木均作剪修，形成了极为漂亮的人文景观。

恩瓦立德教堂(1680—1691 年)，是法国古典主义教堂的代表，是为纪念残废军人而设计的(图 7 - 36)。平面呈正方形，60.3 m 见方，上覆盖着一里外有三层的穹窿。内部大厅为十字形，四角上各有一圆形祈祷室，中间穹顶的正中有一个直径大约 16 m 的圆洞。立面分为两大段，上部鼓座高举，穹顶饱满，均分为 12 个肋，下部正方，犹如穹顶的基座，外观庄严挺拔。

图 7 - 36　恩瓦立德教堂

旺道姆广场(1699—1701 年)，由 J. H. 孟莎设计。广场平面为当时时兴的抹去四角的矩形，长、宽分别为 141 m、126 m (图7 - 37)。一条大道在短边的正中通过。广场建筑皆为三层，底层是重石块的券廊，广场中心立着路易十四的骑马铜像。在 19 世纪以后，铜像被拿破仑的纪功柱所代替，柱子高 43.5 m。整个广场轴线明确，中心突出，构图稳定，起到了美化城市的作用。

图 7-37 旺道姆广场

7.4.3 君权衰退和洛可可建筑

18 世纪初，法国的专制政体出现了危机，经济面临破产，宫廷糜烂，贵族和资产阶级上层不再挖空心思挤进凡尔赛宫，而愿在巴黎营造私邸，从此，贵族的沙龙对统治阶级的文化艺术发生了主导作用。代替前一时期的尊严气派和装腔作势的“爱国”热情的，是卖弄风情、妖媚柔靡的贵族趣味。这种新的文学艺术潮流被称为“洛可可”。

在建筑中，巴黎的精致的私邸代替宫殿和教堂而成为潮流的领导者，在这些府邸中也形成了洛可可建筑风格。洛可可风格主要表现在室内装饰上，它反映着贵族们苍白无聊的生活和娇弱敏感的心情。他们受不了古典主义严肃的理性和巴洛克喧嚣的放肆，他们要的是更柔媚、更温软、更细腻而且也更琐碎纤巧的风格。洛可可风格在室内排斥一切建筑母题。过去用壁柱的地方，改用镶板或者镜子，四周用细巧复杂的边框围起来。凹圆线脚和柔软的涡卷代替了檐口和小山花，圆雕和深浮雕换成了色彩艳丽的小幅绘画和薄浮雕。墙面大多用木板，漆白色；后来又多用木材本色，打蜡。装饰题材有自然主义的倾向，模仿植物的自然形态，最常用的是千变万化的舒卷着、纠缠着的草叶，此外还有蚌壳、蔷薇和棕榈。它们还构成撑托、壁炉架、镜框、门窗框和家具腿等。墙上大量镶嵌的镜子，张挂绸缎的幔帐，挂晶体玻璃的吊灯，陈设的瓷器，家具上镶的螺钿，壁炉用磨光的大理石，大量使用的金漆，等等，都使整个建筑更加富丽堂皇。法国贵族特别喜好在大镜子前面安装烛台，欣赏反照的摇曳和迷离(图 7-38)。

图 7-38 洛可可私邸装饰内景

洛可可装饰的代表作品是巴黎苏俾士府邸的客厅(1735年),它的设计者勃夫杭是洛可可装饰的名手之一。

南锡中心广场群的设计人是勃夫杭和埃瑞·德·高尼。广场群的北端是长圆形的王室广场,南端是长方形的路易十五广场,中间由一个狭长的跑马广场相连接。南北总长大约450 m,按纵轴线对称排列(图7-39)。

图7-39 南锡中心广场群

王室广场的北边是长官府,它两侧伸出券廊,为半圆形,南端连接跑马广场两侧的房屋。跑马广场和路易十五广场之间有一道宽40～65 m的河,沿广场的轴线,筑有约30 m宽的坝,坝两侧也有建筑物,坝的北端是一座凯旋门。

路易十五广场的南沿是市政厅,其他三面也有建筑物。有一条东西向的大道穿过广场,形成它的横轴线。在纵横轴线的交点上,立着路易十五的立像,面向北。路易十五广场的四个角是敞开的,北面的两个角用喷泉作装饰,紧靠着河流,南面的两个角连接着城市街道。广场群形体多样,既统一又富于变化,既开敞又封闭。

协和广场在巴黎市,由雅克·昂日·卡布里耶设计(图7-40)。广场在塞纳河北岸,它东临丢勒里花园,西接爱丽舍大道,都是宽阔的绿地。南面,沿河同样是浓荫密布。广场南北长245 m,东西宽175 m,四角微微抹去。它的界限,完全由一周围24 m宽的堑壕标出。八个角上,各有一尊雕像,象征着法国八个主要的城市。站在栏杆上,在正中是路易十五的骑马铜像,两侧各有一个喷泉。协和广场出色地起了从丢勒里花园过渡到爱丽舍大道的承接作用,成为从丢勒里宫到星形广场的巴黎主轴线上的重要枢纽。

图7-40 巴黎协和广场

7.5 欧洲其他国家16—18世纪建筑

7.5.1 尼德兰建筑

16世纪,尼德兰资本主义经济发展很快。尼德兰在中世纪时市民文化就相当发达,相应的世俗建筑的水平很高,所以,它独特的传统很强。

(1)行会大厦。中世纪以来,尼德兰的商业城市里建造了大量的行会大厦。它们的正面很窄,而进深很大,以正面作为山墙。屋顶很陡,里面有两三层阁楼,所以山花上有几层窗子。山花是尖尖的,正适宜于用哥特式的小尖塔和雕像等作装饰,造成华丽复杂的轮廓线。屋顶是木构的,比较轻,因而山墙上砌体很细小,开着很宽敞的大窗子(图7-41)。

图7-41 安特卫普的行会大楼

(2)市政厅。尼德兰的一些市政厅,也以山墙为正面。山花上,沿着屋面斜坡,做一层层台阶式的处理,每一级都用小尖塔装饰起来。还有一些冠戴着高高尖顶的转角凸窗。

7.5.2 西班牙建筑

15世纪末,西班牙人驱逐了侵略者,建立了统一的天主教国家。在建筑上,西班牙人大规模修建宫殿建筑,并继续建造天主教堂,教堂采用哥特式,当耶稣会猖獗时,教堂建筑中流行巴洛克式,而且怪诞堆砌到了荒唐的地步,被称为"超级巴洛克"。

1. 世俗建筑

西班牙人住宅大多是封闭的四合院式。住宅通常有两层,多用砖石建造,以墙承重;也有在二楼用木构架,坡屋顶,以四坡的为多。院子四周多有轻快的廊子,大都用连续券,柱子纤细。外墙是砖石的,窗子小而不多,形状大小不一,排列不规则,但构图相当妥帖。

西班牙的世俗建筑在装饰上有两个特点:①朴素和繁密的对比。装饰总是集中在某个部位,和大片朴素的墙面形成对比。②轻灵和厚重的对比。略显粗糙的大墙面同窗口的格栅、墙角的灯架、窗台下的花盆架、阳台的栏杆等制作精美的构件形成对比。这种风格被称为银匠式,早期的叫哥特银匠式,后期的叫伊萨培拉银匠式。

哥特银匠式的例子是萨拉曼迦的贝壳府邸，它的墙面上很均匀地雕着一个个贝壳，窗罩等铸铁细工非常优美(图 7-42)。伊萨培拉银匠式的出色例子是阿尔卡拉·德·埃纳雷斯大学(1540—1553 年)，其立面构图很严谨，水平分划明确，一对窗子非常华丽。

图 7-42　贝壳府邸

2. 巴洛克教堂

教堂的形制还是拉丁十字式的，西面一对钟塔，保持着哥特式构图。但是，钟塔又完全用巴洛克式手法，堆砌着倚柱、壁龛、断折的檐口和山花、涡卷等。体积的起浮和光影的变化都很浮夸。这种教堂的代表是圣地亚哥·德·贡波斯代拉教堂(1738 年，图 7-43)。

图 7-43　圣地亚哥·德·贡波斯代拉教堂

7.5.3　德意志建筑

在 16 世纪，德意志的住宅建设还是以中世纪为蓝本，没有内院，平面布置不整齐，体形很自由，并留给人们浓郁的乡土气息。随着资本主义因素的发展，住宅定型很快，多为底层用砖石，楼层用木构架。构件外露，安排得疏密有致，装饰效果很强。屋顶特别陡，里面往往有阁楼，并开着老虎窗。圆形或八角形的楼梯间突出在外，上面带着高高的尖顶。也有楼层房间的局部悬挑在外而冠以尖顶的。

公共建筑的形制和形式同住宅相似，它们的尖顶很锋利，直刺向蓝天，如不来梅的埃西大厦(1618 年，图 7-44)。

18 世纪以后，德意志建筑逐渐倾向法国宫廷建筑，室内洛可可风格较浓。

图 7-44 不来梅的埃西大厦

➢7.5.4 英国建筑

16 世纪初，由于英国国王没有自己的宫殿，居住在庄园府邸，使府邸建筑发展很快，并形成了“都铎风格”。这种风格在建筑上常用塔楼、雉堞、烟囱，体形多凹凸起伏，窗子的排列也很随便。结构、门、壁炉、装饰等好用平平的四圆心券，窗口则大多是方额的。喜爱用红砖建造，砌体的灰缝很厚，腰线、券脚、过梁、压顶、窗台等，并用灰白色的石头，风格简洁。17 世纪，宫殿建筑占了主导地位，英国受意大利、法国等古典主义建筑思潮的影响，风格上追随帕拉第奥的品位。

英国的民间木构架建筑，同德意志诸城邦差不多，但更趋于华丽，如增加一些装饰性的木构件，做成十字花形、古钱币形等。

➢7.5.5 俄罗斯建筑

16 世纪，俄罗斯产生了既不同于拜占庭的，又不同于西欧的，最富有民族特色的纪念性建筑，并达到了很高的水平。

1552 年，俄罗斯人推翻了蒙古人的统治，并建造了能够体现国家独立、民族解放这一伟大主题的建筑物——华西里·柏拉仁诺教堂(1555—1560 年，图 7-45)。教堂的设计人是巴尔马和波斯尼克。

教堂用红砖砌造，细节用白色石头构建，穹顶则以金色和绿色为主，夹杂着黄色和红色。它富有装饰，主要的题材是鼓座上的花瓣形。这座教堂成功地把极其复杂多变的局部统一成完美的整体，不愧为世界建筑史的不朽珍品之一。

图 7-45 华西里·柏拉仁诺教堂

18 世纪初，彼得大帝建成了专制政体，并开始向西欧学习先进技术及艺术风格，这些风格在宫殿建筑上便有体现。如在涅瓦河岸边的冬宫(1755—1762 年)，设计者是意大利人拉斯特雷利。它的主要连列厅朝向涅瓦河和海军部，正面对着广场的却是些服务房间。它的立面节奏复杂，柱子组织很乱，倚柱、断折檐部等，都是巴洛克手法。

7.6 亚洲封建社会建筑

在亚洲，城市从来是中央集权政府统治的据点，因此，亚洲的宫廷文化的影响比欧洲的大得多，在许多地方，宫廷建筑左右着建筑的发展，作为建筑最高成就的代表；宗教建筑也由于很受重视，建筑水平也相当高；与这些建筑相应的世俗建筑，则几乎无所表现，显示出建筑发展的不平衡。亚洲封建时代的建筑主要分为三大片：一片是伊斯兰世界，包括北非和有一半在欧洲的土耳其；一片是印度和东南亚；一片是中国、朝鲜和日本。

➢7.6.1 伊斯兰国家的建筑

在伊斯兰世界里，建筑物的类型比较多，比较兴盛的世俗建筑很多，如公共浴池、商馆等，但作为建筑的最高成就，还是以宗教建筑和宫殿为代表。在伊斯兰世界的很多国家，其建筑有许多共同点，如清真寺和住宅的形制大致相似；喜欢满铺的表面装饰，题材和手法也都一样；普遍使用拱券结构，拱券的样式富有装饰性；等等。

阿拉伯人第一个王朝(661—750 年)建都大马士革。由于沙漠地区的原因，作为伊斯兰教建筑的清真寺，其外墙是连续的、封闭的，院内三面围着两三间进深的廊子，一面是大殿，大殿和廊都向院内敞开，院子中央有洗礼池。大殿形制是参照基督教堂后定型的，最大的不同是将巴西利卡横向使用，形成大殿的进深小而面阔大，后又在大殿纵轴线上加了穹顶，最后形成基本定制，如早期最大的大马士革大清真寺(706—715 年)。

在中世纪，中亚和伊朗商业贸易很发达，商道四通八达，经济的繁荣也为封建帝国创造宏伟的纪念性建筑提供了可能。帖木儿帝国(14 世纪下半叶—16 世纪初)时期，建筑达到了辉煌的时代。

伊朗和中亚的伊斯兰建筑同西亚和北非的区别之一，乃是它普遍采用拱券结构。它的纪念性建筑的艺术形象就是以穹顶技术为基础的。做穹顶，首先要解决方形平面与圆形平面之间过渡的问题，最初的办法是在四角砌喇叭形拱，后来则砌抹角的发券或者小小的半圆形龛，先从方形过渡到八角或十六角，以后，又抛弃了这些做法，而在四角用砖逐层叠涩挑出，渐成圆形。16 世纪之后，改变了支承穹顶的结构方法，用肋架券的组合来解决从方墙到圆穹的过渡，或者发八个互相交叉的大券，它们的交点组成一个八角形，上面坐落穹顶。

图 7-46 帖木儿墓

穹顶的出现使集中式的形制更加完整，集中式形制首先在陵墓中采用。陵墓是伊斯兰的重要建筑物，帝王们的陵墓在大清真寺里，有些宗教领袖的墓成了朝拜的圣地。陵墓的最杰出作品之一，是撒马尔罕的帖木儿墓(1404—1405 年，图 7-46)。

作为伊朗和中亚地区中世纪最重要的纪念性建筑物是清真寺。经过多个世纪的推敲、定型，在帖木儿时代具有代表性的撒马尔罕的比比哈努姆清真寺(1399—1404 年)，它代表着中亚伊斯兰建筑的最高成就(图 7-47)。

这座清真寺的基本特点如下:①围绕着宽敞的中央院落,四周都是殿堂,以正面的为主,进深多几间。比比哈努姆清真寺正殿进深 9 间,侧殿进深 4 间,大殿面阔远大于进深。②柱网成正方形的间,每间覆一个小穹顶,一共有 398 个小穹顶覆盖着大殿。③在大殿的正中上面架着大穹顶,成为外部形象的中心,大殿主立面正中突出一片竖长方形的墙,当中嵌一个深度很大的凹廊,墙的两端附一座瘦削的塔,塔上冠以戴着穹顶的小亭子。④清真寺外墙是连续封闭的,四角各有一塔,外立面较为单调,但内院景色较为壮观,穹顶和塔充满活力,一派庄严辉煌的气氛,但由于里面长方形高墙遮挡了穹顶,颇为遗憾。

图 7-47 比比哈努姆清真寺

埃及的清真寺则在集中式建筑物周围建许多厅堂,因此体形较乱,喜欢用石头装饰墙面。土耳其的清真寺则受圣索菲亚大教堂的影响较大。

伊斯兰建筑墙面装饰很有特点,早期用琉璃拼出植物图案,后将古兰经文编进了图案,镶嵌的构图比较自由,幅面多变。

7.6.2 印度次大陆和东南亚的建筑

印度作为世界四大文明古国之一,其建筑方面的成就是非常高的,建筑创作的领域也是很广阔的。印度的佛教和婆罗门教建筑,土生土长,非常独特。伊斯兰教的介入,使印度引进了中亚建筑类型,建筑更加多样化了。

1. 印度建筑

在公元前 3 世纪,孔雀王朝国力强大,经济繁荣,这时的佛教建筑水平也达到了一定的高度,佛教建筑物主要有瘗埋佛陀或圣徒骨骸的窣堵波和石窟建筑。

窣堵波属于坟墓建筑,其造型始于住宅,近似半球形状。最大的一个窣堵波在桑契,大约建于公元前 250 年,它的半球直径为 32 m,高为 12.8 m,立在 4.3 m 高的圆形台基上(图 7-48)。佛教提倡隐世修炼,僧徒们依山凿窟,建造了许多僧院,名为毗诃罗。在它旁边通常是举行宗教仪式的石窟,名为支提。

图 7-48 桑契大窣堵波

10 世纪起，婆罗门教排斥佛教，在印度建起了大量的婆罗门庙宇。庙宇的主体是门厅、神堂和它顶上的塔，如桑纳特浦尔的卡撤瓦庙(1268 年，图 7 - 49)。

图 7 - 49　卡撤瓦庙

12 世纪末，从伊朗及中亚传来的伊斯兰教对印度影响非常大，不论建筑类型、建筑形制还是装饰题材，都给印度的建筑带来了质的变化。莫卧儿王朝最杰出的建筑物泰姬・玛哈尔(1632—1647 年)就是其中最杰出的代表作品。主要建筑师是小亚细亚的乌斯达德・穆哈默德・伊萨・埃森迪。泰姬・玛哈尔是王后的墓，由一组建筑群组成，外墙围成 293 m×576 m 的矩形，纵轴的一边是入口，另一边是陵墓，这中间还有两道门，带有十字形的水渠的草地，草地为 293 m×297 m，接近方形。

图 7 - 50　泰姬・玛哈尔

这座建筑的艺术成就主要体现在总体布局的完美、建筑物完整的构图、适宜的尺度、多方位的对比、柔和的天际线等方面，使陵墓建筑肃穆、明朗的形象完美体现出来(图 7 - 50)。

2. **东南亚建筑**

东南亚国家的建筑受印度的影响很大，随着宗教的传入，这种影响越来越大。

在尼泊尔，佛教流行，佛教建筑便随之产生，如在加德满都附近的一座萨拉多拉窣堵波，便是中世纪的遗物，它在半球体上方有一个很高的塔，这一点和印度窣堵波有所不同。

在缅甸，只流行佛教，但庙宇的形制却和印度婆罗门教相仿，如纳迦戎庙(1056 年)和明迦拉赛底塔(1274 年)。

在泰国，窣堵波比较陡峭挺拔，台基、塔体、圣骸堂、锥形顶子等各个组成部分和缅甸的塔相同，但各部分形体完整，区别清楚，交接明确，几何性很强，显得更多变化。16 世纪建造的，在阿瑜陀耶的三座作为国王陵墓的窣堵波，便是最杰出的代表(图 7 - 51)。

图 7 - 51　泰国阿瑜陀耶的窣堵波

在柬埔寨，庙宇的典型形制是金刚宝座塔，驰名于世的吴哥窟(12 世纪上半叶)便是以金刚宝座塔为主体的(图 7－52)，这是一座兼有佛教和婆罗门教意义的庙宇，也是国王的陵墓。

图 7－52 柬埔寨吴哥窟

7.6.3 朝鲜和日本建筑

朝鲜和日本都是中国的近邻，中国建筑在各个历史时期的变化，在朝鲜和日本的建筑里都有所反映。中国的唐朝对外交往，对这两个邻国影响较大，所以，中世纪里朝鲜和日本的建筑中保存着比较浓厚的中国唐代建筑的特色，并在此基础上创造了许多富有自己特色的建筑物。

1. 朝鲜建筑

7 世纪，新罗国统一了朝鲜半岛，佛教流行，佛教建筑也建了不少，如在庆州附近建造的佛国寺(图 7－53)，不论平面布局，还是形式风格都同中国唐代建筑基本一致。这个时期的石塔也较多，形式也同唐塔相似，方形，有叠层的，也有密檐的，大多不高。这个时期佛教兴盛，各种佛寺建筑遍布全国，受中国唐、宋建筑的影响，建筑讲究华丽，用料考究。

图 7－53 新罗佛国寺

1392 年，朝鲜人打败了异族的侵略，重新统一，国号朝鲜。这时的朝鲜崇儒灭佛，佛教建筑便逐渐衰退。这一时期遗留下来的主要是城郭和宫殿建筑，如平壤的普通门(1437 年，图 7－54)。

图 7－54 平壤普通门

在朝鲜时代遗留下来的宫殿建筑中,以景福宫最有代表性。景福宫的布局同北京的明故宫相似,纵轴是前朝后寝的格式,最后面是御苑。主要的仪典性大殿是勤政殿,在后部,勤政殿的面阔和进深都是5间,重檐歇山顶。

2. 日本建筑

日本的建筑受中国建筑的影响较大,但没有中国建筑的雄伟壮丽,也不像朝鲜建筑的粗犷豪壮,日本匠师们常利用自然材料,使建筑物洗练简约,优雅洒脱。

最能表现日本建筑特色的建筑类型是神社建筑。早在奴隶时代,日本流行自然神教,称为神道教。神社是神灵的住宅。古代神社的形制大致为:长方或正方的正殿,木构架,两坡顶,悬山式;木地板大多架起1 m以上,向四周伸出。较为典型的是伊势神宫(图7-55)。

图7-55　伊势神宫内宫正殿

佛教在6世纪中叶传入日本,中国的建筑术随佛教建筑在日本广泛流传,对日本建筑的发展产生了深刻的影响。7世纪初,寺院为"百济式"布局,即进南大门是围廊围成的方院,回廊正中有中门;进中门,院内有金堂和塔,两侧为钟楼和藏经阁。金堂2层,两阔5间,歇山顶。法隆寺塔5层(图7-56),塔内有中心柱,出檐很大,仿佛就是几层屋檐的重叠。

图7-56　法隆寺五重塔

佛教建筑于10世纪以后在日本已经世俗化。如在1053年建造的京都府的平等院凤凰堂便是一例。平等院是贵族的庄园,凤凰堂是它的主要建筑物(图7-57)。

图 7-57 凤凰堂

在日本，佛教建筑的主要流派有“和式”（或称日本式）、“唐式”（或称禅宗式）、“天竺式”（或称大佛式）等，这些类型建筑反映了各个阶层人的需要。和式建筑主要继承 7—10 世纪的佛教建筑，加入传统的神社建筑的因素。例如，用架空的地板，在檐下展出平台；外墙多用板壁，木板横向；屋顶常用桧树皮葺；柱子比较粗；补间没有斗拱，只作斗子蜀柱等。唐式建筑是随佛教的禅宗从宋朝江浙一带传入的建筑样式。寺院的主要特点是平面布局依轴线作纵深排列，追求严整的对称。天竺式建筑的主要特点表现在结构上，构架近似穿斗式，构架整体性强，更为稳定。

思考题

1. 东、西两个罗马教堂建筑分属于哪两个建筑体系？
2. 简述穹顶的结构技术。
3. 简述圣索菲亚大教堂的建筑特征。
4. 罗马风教堂的优缺点是什么？
5. 哥特式教堂建筑的结构特点是什么？
6. 哥特式教堂建筑的内外造型特点是什么？
7. 试述佛罗伦萨主教堂的艺术特色。
8. 文艺复兴时期府邸建筑的一些建筑特点是什么？
9. 圣彼得大教堂的建筑特点是什么？
10. 巴洛克与洛可可的建筑风格是什么？
11. 伊斯兰建筑墙面装饰特点是什么？
12. 印度的陵墓建筑特点及艺术成就是什么？
13. 日本的建筑类型有哪些？

第8章 欧美18世纪—19世纪下半叶建筑

学习要点

1. 圣保罗大教堂的建筑特点
2. 古典复兴、浪漫主义、折中主义
3. 建筑的新材料、新技术与新类型

英国的资产阶级革命爆发于1640年，经历了反复的、曲折的斗争，在18世纪继续深入，资产阶级在扩大政治胜利的同时，推动生产力的发展，导致18世纪下半叶的工业革命。美国的独立战争(1775—1783年)是一次反对英国殖民压迫的民族解放战争，是一次资产阶级革命。法国的资产阶级革命(1789—1794年)在世界近代史上具有重大的意义，它摧毁了法国国内腐朽的封建制度，建立了资产阶级共和国。同时，它也推动了欧洲各国反封建专制主义的斗争，改变了国际资产阶级同封建主义之间的力量对比关系，促使了资本主义以更大的规模发展。

到19世纪中叶，由于大工业的不断发展，新的生产性建筑和公共建筑的类型越来越多，越来越复杂，成为推动建筑发展的最活跃因素。为解决生产性建筑和公共建筑所提出的建筑结构和材料等问题，现代建筑的思潮已开始逐渐成熟，并得以发展。

8.1 英国资产阶级革命时期建筑

1666年，木结构建筑较多的伦敦被一场大火重创，整个城市受到重大损失。火灾之后，以王室建筑师克里斯托弗·雷恩为首，提出了重建伦敦规划。规划中占据着伦敦中心广场的是税务署、造币厂、五金匠保险公司和邮局等，而交易所堂而皇之地居于正中，城市中心没有宫殿和教堂的位置。城市道路基本是方格网形，并有几条放射路，整个规划贯穿着资产阶级作为主人的思想，和当时罗马、巴黎建造城市广场的做法截然相反。但这一规划基本没有实现，只是在一些道路及个别建筑上体现了规划的思想。这时的克里斯托弗·雷恩设计了一批小教堂，为以后设计圣保罗大教堂积累了一些经验。

8.1.1 圣保罗大教堂

圣保罗大教堂作为英国国教的中心教堂，是英国最大的教堂。由于年久失修，决定重建。重建后的圣保罗大教堂平面为拉丁十字式(图8-1)，教堂内部总长141.2 m，巴西利卡宽30.8 m，四翼中央最高27.5 m，穹顶内皮最高65.3 m，十分壮观。

教堂的穹顶非常轻，分三层，里面一层直径为30.8 m，用砖砌成，厚度只有45.7 cm。最外一层是用木构而覆以铅皮的，轮廓略为向上拉长，显得十分饱满。850 t重的采光亭子由内外两层穹顶之间用砖砌了一个圆锥形的筒来支承，它的厚度也只有 45.7 cm。支承穹顶的鼓座也分里外两层，里层以支承为主，外层分担穹顶的水平推力。鼓座通过帆拱坐落在八个墩子上，形成严密的结构关系(图 8-2)。

外立面上，鼓座和穹项完全采用罗马坦比哀多的构图，到十字架顶点，总高 112 m。西面一对钟塔较高，巴洛克的手法使这对钟塔过于烦琐(图 8-3)。

图 8-1 圣保罗大教堂鸟瞰

图 8-2 圣保罗大教堂结构示意图

图 8-3 圣保罗大教堂正面

8.1.2 府邸建筑

18 世纪初，君主立宪制的建立，使一些资产阶级新贵族得以入阁。他们在城市大兴土木，同时也在城郊等处兴建庄园府邸，并使其成为时尚。这类府邸建筑中最著名的有勃仑罕姆府邸(图 8-4)，设计者为约翰·凡布娄。这座大型府邸全长 261 m，主楼长 97.6 m，它包括大厅、沙龙、卧室、书房、餐厅、休息厅、起居室等。主楼前是宽阔的三合院，它两侧又各有一个四合院，一个是厨房和其他杂用房屋及仆役们的住房，另一个是马厩。府邸的外立面追求刚强、浑厚的形象，设计中采用石墙面，罗马的巨柱式柱子和壁柱，形成沉重的体量感。另一个著名的府邸建筑是霍华德府邸(图 8－5)。

图 8－4　勃仑罕姆府邸

图 8－5　霍华德府邸

8.2　18 世纪下半叶—19 世纪下半叶欧洲及美国建筑

工业革命既为资本主义国家的建筑找到了新的物质技术条件，又彻底改变了社会生活对建筑的要求。一方面，工业革命直接影响社会建筑行业力量的增长，给建筑在数量、质量与规模方面进一步发展的可能性；另一方面，工业革命也给城市与建筑带来了一系列新的问题，如大城市人口膨胀，住宅问题严重，以及对旧有建筑形式提出新的要求。因此，在资本主义初期，建筑创作方面产生了两种不同的倾向，一种是反映当时社会上层阶级观点的复古思潮，另一种则是探求建筑中的新技术与新形式。

8.2.1 建筑创作中的复古思潮

建筑创作中的复古思潮是指从18世纪60年代到19世纪末在欧美流行的古典复兴、浪漫主义与折中主义。由于当时的国际情况与各国的国内情况错综复杂，因而各有重点，各有表现，有两种方法同时存在的，亦有前后排列或重复出现的。即使采用了相仿的风格，其包含的思想内容亦不全然相同。从总的发展来说，古典复兴、浪漫主义与折中主义在欧美流行的时间大致如表8-1所示。

表8-1 古典复兴、浪漫主义与折中主义在欧美流行的时间

	古典复兴	浪漫主义	折中主义
法国	1760—1830年	1830—1860年	1820—1900年
英国	1760—1850年	1760—1870年	1830—1920年
美国	1780—1880年	1830—1880年	1850—1920年

1. 古典复兴

古典复兴是指对古罗马与古希腊建筑艺术风格的复兴。因在格式上有与古典主义风格相仿的文化倾向，故又有新古典主义之称。它最先源于法国，不久后在欧洲与美国汇合成一股宏大的潮流。

18世纪中叶，启蒙主义运动在法国日益发展，法国资产阶级启蒙思想家著名的代表伏尔泰、孟德斯鸠、卢梭等人，极力宣扬资产阶级的“自由”“平等”“博爱”等，为资产阶级专政服务。启蒙主义者向共和时代的罗马公民借用政治思想和英雄主义，倾向于共和时代的罗马文化。

到18世纪中叶，在启蒙思想和科学精神的推动下，欧洲的考古工作大大发达起来，罗马古城一个一个被发掘，向罗马公民借用共和思想的建筑师们，被古罗马建筑的庄严宏伟深深地感动了。后又开展了对古希腊遗迹的考古研究，他们的眼界更开阔了。于是，许多人开始攻击巴洛克与洛可可风格的烦琐及矫揉造作，并极力推崇古希腊、古罗马艺术的合理性，肯定地认为应当以古希腊、古罗马建筑作为新时代建筑的基础。

古典复兴建筑在各国的发展，虽然有共同之处，但多少也有些不同。大体上在法国是以罗马式样为主，而在英国、德国则希腊式样较多。随着法国从第一共和国转入第一帝国，代表上层资产阶级利益的拿破仑独裁者代替了雅各宾的共和制。在上层资产阶级的心目中，自由、平等逐渐成为抽象的口号，古罗马帝国称雄世界的魅力却有力地吸引着他们。于是，对罗马共和的歌颂逐渐被对罗马帝制的向往所偷换。古罗马帝国时期的广场、凯旋门、纪功柱，它们的宏大规模、雄伟气魄与强烈的纪念性成为效仿的榜样。

法国大革命前后已经出现了像巴黎万神庙等仿古罗马建筑的建筑作品(图8-6)。军功庙则采用了围廊式庙宇的形制。

在拿破仑时代，法国巴黎建造了一批纪念建筑。这类建筑追求外观上的雄伟、壮丽，内部则常常吸取东方及洛可可的装饰手法，形成了所谓“帝国式”风格，典型代表如凯旋门(1806—1836年，图8-7)。这座建筑物高49.54 m，宽44.82 m，厚22.21 m；正面券门高36.6 m，宽14.6 m；简洁的墙面上以浮雕为主，尺度异常大，造成了雄伟、庄严的效果，极富纪念性建筑的艺术魄力。

图 8-6　巴黎万神庙

图 8-7　凯旋门

英国的罗马复兴并不活跃，表现得也不像法国那么彻底，代表作品有英格兰银行(1788—1833 年)。英国的古典复兴以希腊复兴为主，如大英博物馆(1823—1847 年)和爱丁堡高等学校(1825—1829 年)等。

德国的古典复兴也以希腊复兴为主，如著名的柏林勃兰登堡门(1788—1791 年)。另外，著名建筑师申克尔(Schinkel)设计的柏林宫廷剧院(1818—1821 年，图 8-8)，也是希腊复兴的代表作。

图 8-8　柏林宫廷剧院

美国的古典复兴以罗马复兴为主。1793—1867 年建成的美国国会大厦(图 8-9)便是罗马复兴的典型例子,它仿造了万神庙的外形,意欲表现雄伟的纪念性。

图 8-9 美国国会大厦

2. 浪漫主义

浪漫主义,18 世纪下半叶源于英国,19 世纪 20 年代开始在欧洲普及。在英国,浪漫主义与古典复兴始终是并进的,它可以分为两个阶段:前一阶段始于 18 世纪 60 年代,称为先浪漫主义;后一阶段始于 19 世纪 30 年代,称为浪漫主义或哥特复兴。先浪漫主义反映了资产阶级革命胜利后封建没落贵族对新制度的反抗与对过去封建盛期的哥特文化的留恋。先浪漫主义在建筑上的表现,主要是在庄园府邸中复活中世纪的建筑。一种模仿寨堡,另一种模仿哥特教堂,例如封蒂尔修道院(1796—1814 年)。先浪漫主义的另一种表现就是追求异国情调。随着与东方的不断交往,中国、印度等建筑被介绍到英国,如英国布莱顿的皇家别墅(1818—1821 年),就是模仿印度伊斯兰教礼拜寺的形式。

从 19 世纪 30 年代到 70 年代,是英国浪漫主义建筑的极盛时期。这个时期浪漫主义的建筑常常是以哥特风格出现的,所以也称之为哥特复兴。它在思想上反映了对正在工业化中的城市面貌感到憎恨,从而向往在生产中能以个人手工自尊的中世纪生活,反对都市,讴歌自然。英国是浪漫主义最活跃的国家,由于对法国"帝国式"的反感,它在 19 世纪中叶的许多公共建筑均采用哥特复兴式。最突出的例子便是英国议会大厦(1836—1868 年,图 8-10)。它采用的是亨利五世时期的哥特垂直式。

图 8-10 英国议会大厦

浪漫主义建筑在德国也流行较广，时间也较长，但在欧洲其他国家流行面较小，时间也较短，这和各个国家受古典及中世纪影响不同有关。

3. **折中主义**

折中主义建筑在欧美均较为活跃，起始于19世纪初，盛行于19世纪末到20世纪初。形成折中主义的原因较为复杂，主要是随着古典复兴、浪漫主义的深入流行，建筑师们不甘自缚于古典与哥特的范畴内，再加上考古工作的深入、阅历的丰富，建筑师们追求艺术高于一切的想法更盛。在设计中表现为模仿历史上的各种风格，或自由组合成为各种式样，所以也被称为"集仿主义"。折中主义建筑并没有固定的风格，它讲究比例权衡的推敲，沉醉于"纯形式"的美。拿破仑三世时期是法国折中主义的兴盛时期，著名的卢浮宫新立面(1852—1857年)与巴黎歌剧院(1861—1875年，图8-11)是法国折中主义的代表作。后者的艺术处理，把古典主义与巴洛克式混用，正是资产阶级所需要的新建筑。

图8-11　巴黎歌剧院

1893年在美国芝加哥举办的哥伦比亚博览会建筑，是美国人在法国巴黎美术学院学习后的应用。建筑格式采用折中主义，建筑热衷古典格式，建筑物堂皇壮观，规格严谨。此次博览会使折中主义建筑达到新的高峰，同时也使巴黎美术学院成为传播折中主义建筑的中心。

8.2.2　建筑的新材料、新技术与新类型

在19世纪中叶，工业革命促使建筑科学快速发展。新建筑材料、技术、施工的出现也为建筑摆脱旧有形式，开辟了广阔的道路。首先是采用当时正在大量生产的铁和玻璃来扩大建筑规模和解决大空间建筑的采光问题。它们突出表现在要求节约用地的多层工业厂房、仓库与要求大跨度的展览馆、火车站站房等建筑中，为日后的高层建筑、高层办公楼、公寓和旅馆以及各种大空间建筑，奠定了发展基础。

随着铸铁业的兴起，人们首先尝试用铁解决大跨度问题。1775—1779年第一座生铁桥在英国塞文河上建造起来。桥的跨度为30 m，高12 m。铸铁梁柱最先为工业建筑所采用，由于它比砖石或木构件轻巧，既可减少结构面积，又便于采光，并因比木材耐火而受到欢迎。19世纪初英国工业厂房先后采用铸铁梁柱，并由此发展了室内铸铁梁柱与外围承重砖墙相结合的多层工业厂房结构体系。如1801年建成的英国曼彻斯特萨尔福特棉纺厂的7层生产车间。

用生铁框架代替承重墙最初在美国得以发展，如在19世纪下半叶建造的商店、仓库等。其中以芝加哥家庭保险公司的10层大厦(1883—1885年，图8-12)最为典型。

图 8 - 12　芝加哥家庭保险公司大厦

19 世纪下半叶，工业博览会为建筑师们提供了施展才华的机会。1851 年在英国伦敦海德公园举行的世界博览会的“水晶宫”展览馆(图 8 - 13)，第一次大规模采用了预制和构件标准化的方法，使总共大约 74400 m^2 的建筑面积能在 9 个月时间内完成。

图 8 - 13　伦敦水晶宫展览馆

1889 年在巴黎举行的世界博览会，使新技术的应用达到了高峰，由埃菲尔工程师设计的埃菲尔铁塔(图 8 - 14)的巨大成功，为巴黎新添了一景。塔高 328 m，在 17 个月内建成，显示了当时工业生产的巨大能力。铁塔后的机械馆也以长 420 m、跨度 115 m 的大跨度结构，刷新了世界建筑的新纪录(图 8－15)。

图 8－14　巴黎埃菲尔铁塔

图 8－15　巴黎世界博览会机械馆

思考题

1. 圣保罗大教堂的建筑特点是什么？
2. 古典复兴的建筑风格是什么？
3. 浪漫主义的建筑风格是什么？
4. 折中主义的建筑风格是什么？
5. 生铁和玻璃的大量生产给建筑业带来的变化是什么？

第9章 欧美的新建筑运动

学习要点

1. 工艺美术运动、新艺术运动
2. 维也纳学派与分离派
3. 芝加哥学派的建筑特色

19世纪80年代至20世纪初，欧美资本主义国家经济迅猛发展，技术飞速进步。在新的社会形势下，建筑业也和过去有了显著的区别。原来占统治地位的学院派折中主义设计方法，随着钢铁、玻璃和混凝土等新材料的大量生产和运用，显得越来越不适应了。另外，学院派偏重艺术、脱离生活实际需要的设计方法，对提高大型办公楼、工业厂房等建筑的空间质量与空间使用率问题显得无能为力。在这种人们向往全新的建筑形象、新的建筑风格的情况下，形成了19世纪末广泛探求新建筑的运动。

作为探求新建筑运动的先驱，德国古典建筑家申克尔看到希腊复兴式建筑与时代脱节时，也曾尝试着要为建筑找寻一种新样式。另一位德国建筑师戈特弗里德·森佩尔(Gottfried Semper，1803—1879年)，原致力于古典建筑的设计，但经时代进步的影响，于1863年发表了他的名著《技术及构造艺术中的形式》，论述建筑应符合时代精神，新的建筑形式应该反映功能、材料及技术的特点。

新建筑运动作为一个探求新的建筑设计方法的运动，在欧洲表现较多。影响较大的有工艺美术运动、新艺术运动、维也纳学派与分离派、德意志制造联盟等。在美国则有芝加哥学派。

9.1 欧洲的新建筑运动

9.1.1 工艺美术运动

工艺美术运动出现在19世纪50年代的英国，以约翰·拉斯金(John Ruskin，1819—1900年)和威廉·莫里斯(William Morris，1834—1896年)为主要代表。该运动热衷于手工艺的效果与自然材料的美，反对机器制造的产品。建筑也受该运动的影响，主要表现是建造田园式住宅，享受大自然的美。如在英国肯特郡，由威廉·莫里斯和菲利普·韦伯(Philip Webb)设计建造的"红屋"住宅(图9-1)。这座住宅是按功能进行平面布局的。红砖砌筑，摒弃饰面，表现材料本身的质感。这种新型浪漫主义住宅对当时占统治地位的古典复兴式住宅提出了挑战，同时也是功能、材料与艺术造型结合的尝试，为今后的居住建筑找到了较为适用、灵活与经济的方法。

图 9-1 “红屋”住宅

9.1.2 新艺术运动

新艺术运动最初是 19 世纪 80 年代由比利时新艺术画派发起的。新艺术运动创始人之一为画家亨利·凡·德·威尔德(Henry van de Velde，1863—1957 年)。19 世纪末以来，比利时的布鲁塞尔成为欧洲文化和艺术的一个中心。绘画界在绘画艺术方面的不断探索，影响到了建筑界，从而引起了所谓“新艺术”建筑。

受新艺术运动影响的建筑师们摒弃历史样式，利用最新建材，努力创造能够表现时代风格的建筑装饰。在装饰中喜用流线型的曲线纹样，特别是植物花卉图案。由于铁便于表现柔和的曲线，因而又使用部分铁构件。但是，新艺术派的建筑表现不在外立面，而是在室内。如 1893 年霍尔塔设计的布鲁塞尔塔塞尔旅馆的楼梯间(图 9-2)。

图 9-2 布鲁塞尔塔塞尔旅馆楼梯间

新艺术派的建筑源于布鲁塞尔，不到 10 年便波及法国、荷兰、奥地利、德国和意大利。新艺术运动在德国被称为青年风格派，地点在慕尼黑，其主要人物有贝伦斯(Behrens)和艾克曼(Eckmann)等，他们也是几年后奥地利“分离派”的支持者。主要作品有埃维拉照相馆(1897—1898 年)和慕尼黑剧院(1901 年)。另外，在德国的达姆斯塔特，为现代艺术展览会而设计的路德维希展览馆也能反映出新艺术运动的特征(图 9-3，1901 年，设计者约瑟夫·奥布里希)，它的主要入口两旁有一对圆雕，大门周围布满了植物图案的装饰。

新艺术运动在建筑中主要是它的艺术形式与装饰手法，没有从根本上影响建筑，所以在 1906 年左右便逐渐过时。但它在建筑设计中所提出的关于建筑形式的时代性问题，以及建筑艺术与技术的关系问题，对 20 世纪前后欧美国家在新建筑的探求中影响很大。当时美国的芝加哥学派和建筑师赖特的早期作品，英国的新艺术运动的支持者麦金托什(C. R. Mackintosh，1868—1928年)的作品，例如格拉斯哥艺术学校等，说明它们在审美与手法上是有联系的。西班牙浪漫主义者高地(Gaudi)虽与新艺术运动没有主观上的联系，但在方法中却有一致的地方。同时新艺术运动对法国、奥地利与德国等的影响，共同刺激了现代建筑艺术的形成。

图9-3 路德维希展览馆

9.1.3 维也纳学派与分离派

受英国工艺美术运动和比利时新艺术运动的影响，在欧洲其他一些国家，如奥地利、荷兰、德国、瑞典等国，要求抛弃复兴与折中主义建筑的呼声日益高涨。这些国家主张净化建筑，使建筑回到它的最纯净、最真实与最基本的出发点，使之有可能从此创造出适合于当时社会生活、经济与精神面貌的建筑。

1. 维也纳学派与瓦格纳

在奥地利的维也纳学院，以奥托·瓦格纳(Otto Wagner，1841—1918年)教授为首的维也纳学派，主张只有从现代生活中才能找到艺术创作的起点，认为新的结构原理和新的材料不是孤立的，它们必定会引起不同于以往的新形体，因而应使之与人们的需要趋向一致。在艺术造型方面，维也纳学派主张与历史格式决裂，创造新格式。

瓦格纳的建筑设计作品有维也纳邮政储蓄银行大楼(图9-4)、维也纳地下铁道车站(1896年)等。在邮政储蓄银行大楼中可看到大厅采用了大跨度的铁构架，建筑外形简洁，重点装饰，注意到了建筑自身形体的展露。

图9-4 维也纳邮政储蓄银行大楼

2. 分离派

分离派成立于1897年，由19位青年画家、雕刻家与建筑师所发起。建筑方面主要为瓦格纳的学生，有奥布里希和霍夫曼等。瓦格纳本人在1899年也参加了这个组织。分离派强调建筑的经济性与实用性，认为艺术构图应以几何形体组合为主，提倡与传统分离，反对多余装饰，强调建筑艺术中的真实表现。1898年在维也纳建成的分离派展览馆（设计者奥布里希）和1912年霍夫曼为银行家司徒莱特建造的住宅为分离派的代表作。

3. 憎恨装饰的路斯

维也纳建筑师阿道夫·路斯（Adolf Loos，1870—1933年）主张建筑以实用为主，强调建筑物的比例关系，他坚决反对装饰，认为建筑"不是依靠装饰而是以形体自身之美为美"，甚至认为"装饰就是罪恶"，表现了以功能代替一切的倾向，使建筑走向与折中主义相反的另一个极端。路斯的代表作品是1910年在维也纳建造的斯坦纳住宅（图9-5）。该建筑外部几乎没有装饰，但注意比例关系的推敲。

图9-5 斯坦纳住宅

9.1.4 德意志制造联盟

20世纪初的德国，工业生产迅猛发展，居欧洲第一位。为继续提高工业产品的质量，争夺国际市场，在1907年由企业家、艺术家、技术人员等组成的全国性"德意志制造联盟"由此产生了。

这个联盟在对待工业品质量与工业生产方法的矛盾问题上，不同于英国的工艺美术运动。工艺美术运动反对机器生产，提倡恢复手工业生产，德意志制造联盟则提倡艺术与工艺协作。这些观点同样也左右着德国建筑师的创作观点，促进了德国在建筑领域里的创新活动。在探求新建筑中，德意志制造联盟强调建筑设计应该结合现代机器大生产，创造出具有时代美的建筑物。

在联盟里，彼得·贝伦斯（1868—1940年）是一位享有威望、经验丰富的建筑师。他认为建筑要符合功能要求，并体现结构特征，创造前所未有的新形象。1909年他在柏林为德国通用电气公司设计的透平机制造车间与机械车间，就体现了这些观点。透平机车间（图9-6）屋顶由三铰拱钢结构组成，形成大生产空间，每个柱墩之间以及两端山墙中部镶有大片的玻璃窗，满足了车间对光线的要求，山墙上端呈多边形与内部屋架轮廓一致，外形处理简洁，没有任何附加的装饰。这座透平机车间建筑为探求新建筑起了一定的示范作用,被称为第一座真正的"现代建筑"。像这类或规模更大的单层或多层工业厂房,由贝伦斯领导设计的还有若干。它们的特点是建筑以适应生产要求为主,并采用了与之相应的新型工业建筑材料和结构方法。

图 9-6 德国通用电气公司透平机车间

贝伦斯的成就不仅是对现代建筑做出了贡献,而且还培养出了不少人才。现代著名建筑师中在贝伦斯事务所工作学习过的有瓦尔特·格罗皮乌斯(Walter Gropius,1883—1969 年)、路德维希·密斯·凡·德·罗(Ludwig Mies van der Rohe,1886—1969 年)、勒·柯布西耶(Le Corbusier,1887—1965 年),他们在事务所中学到了许多建筑的理论,为今后的发展打下了坚实的基础。

9.2 美国探求新建筑运动

9.2.1 芝加哥学派

19 世纪中叶以后,美国工业迅速发展,由于城市人口剧增,地皮紧张,为了在有限的市中心,尽可能建造更多的房屋,不得不向高空发展。于是营建高层的公共建筑物成为当时形势所需,而且有利可图。特别是 1873 年的芝加哥大火,使得城市重建问题特别突出。一大批建筑师云集芝加哥,创新理论,而且自成一派,被称为芝加哥学派。

芝加哥学派创建于 1883 年,创始人是詹尼(W. B. Jenney,1832—1907 年)。1879 年他设计了第一拉埃特大厦,它是一个 7 层货栈,采用砖墙与铁梁柱的混合结构,玻璃窗开得很大(图 9-7)。而后他又设计了芝加哥家庭保险公司的 10 层框架建筑。芝加哥学派认为在设计高层建筑中应争取空间、光线、通风和安全。为了要在高层建筑群中争取阳光,创造了扁阔形的所谓芝加哥窗。

芝加哥学派最具代表性的作品是 1894 年建造的马凯特大厦(图 9-8),设计者为霍拉伯德和罗希(Holabird & Roche)。大厦平面成 E 字形,电梯集中在中部光线较暗、通风较差的位置上,外立面简洁,整齐排列着芝加哥窗。大厦的另一特点是采用框架结构后使内部空间划分较为灵活。

图 9-7　芝加哥第一拉埃特大厦

图 9-8　芝加哥马凯特大厦

在芝加哥学派里，还有一位著名的建筑师路易斯·沙利文(Louis Sullivan，1856—1924 年)，这位麻省理工学院毕业的建筑师，为功能主义的建筑设计奠定了理论基础。他的名言“形式随从功能”便是其建筑思想的精髓。他的“功能不变，形式就不变”的主张，使追随他的建筑师们一改折中主义的设计方法，开辟了建筑从内到外设计的先河。沙利文还设定了高层办公楼的典型形式：①地下室设置动力、采暖、照明等多种机械设备；②底层用于商服等服务设施；③二层功能可以是底层的继续，并有楼梯联系，整个空间要求开放、自由分隔；④二层以上为办公室；⑤最顶上为设备层。通常的外貌分为三段，一、二层形成一个整体，如他设计的芝加哥百货公司大厦(图 9-9)各层办公室的外部开芝加哥窗；设备层外形可略有不同；顶部有压檐。

图 9-9　芝加哥百货公司大厦

芝加哥学派在 19 世纪探求新建筑运动中起着不可忽视的进步作用。首先，它突出了功能在建筑设计中的主要地位，明确了功能与形式的主从关系；其次，在高层建筑中，探讨了新技术的应用，并把建筑技术与艺术结合在一起进行了尝试。

9.2.2　赖特对新建筑的探求

弗兰克·劳埃德·赖特(Frank Lloyd Wright，1867—1959 年)是美国著名的现代建筑大师。作为芝加哥学派沙利文的学生，他早年曾在芝加哥建筑事务所工作过。1894 年后，赖特自己从事建筑设计，并结合美国西部地方特色，设计发展了土生土长的现代建筑。由于他设计的建筑与大自然相结合，所以被称为草原式住宅。草原式住宅提出于 20 世纪初，它的目的是要创作带有浪漫主义闲情逸致的、适宜于居住的新型建筑。

草原式住宅多为中等资产阶级的别墅，住宅多处于芝加哥城郊。建筑是独立式的，周围有林木茂密的花园。它吸取了美国西部传统住宅中比较自由的布局方式，创造了自己布局上的特点：平面常作十字形，以壁炉为中心，起居室、书房、餐室围绕壁炉而布局；卧室常设在楼上。室内空间可分可合，净高可高可低，形成自由的内部空间。窗户宽敞，和室外的联系十分自然。比较典型的例子如 1902 年的芝加哥威利茨住宅(图 9－10)，1936 年的流水别墅。室内是草原式住宅常用的十字式平面，体现草原式平面布局的各种特点；在室外，住宅多表现砖面的本色，意与自然协调。外形反映内部空间的关系与变化。

图 9－10 芝加哥威利茨住宅

高低不同的水平向墙垣，深深的挑檐，坡度平缓的屋面，层层叠叠的水平向阳台与花台，在形体构图上为一垂直的烟囱所统一起来。这一垂直的烟囱加强了整体的水平感，并使之不至于单调。住宅为了强调水平效果，房间的室内高度一般都很低，窗户不大而屋檐又挑出很多，室内光线比较暗。

草原式住宅在建筑功能及艺术上有所探索，但在结构与施工等方面并不突出。其在当时的美国并没有引起很高重视，而是在欧洲扬名。赖特的这些早期建筑作品，多注意建筑体形的组合，探索建筑的构图手法，为美国现代建筑的发展做出了贡献。

思考题

1. 试述工艺美术运动的艺术风格。
2. 新艺术运动对建筑有哪些影响？
3. 试述维也纳学派与分离派的建筑风格。
4. 试述彼得·贝伦斯的建筑思想及风格。
5. 芝加哥学派的建筑特色是什么？

第10章 现代建筑与代表人物

学习要点

1. 第一次世界大战前后的建筑思潮
2. 新建筑运动
3. 格罗皮乌斯、勒·柯布西耶、密斯·凡·德·罗、赖特

在第一次世界大战(1914—1918年)和第二次世界大战(1939—1945年)期间,主要的资本主义国家经历了由经济衰退到经济恢复、兴盛,再由经济危机到经济渐渐复苏,之后二战爆发这样一个经济发展过程。这个时期是充满着激烈震荡和急速变化的时期。社会历史背景的这种特点也明显地表现在这一时期各国的建筑活动之中。

第一次世界大战之后,欧洲各国经济严重削弱,大量的房屋也毁于战争。所以,战后相当长的一段时期,各国都面临着严重的住房缺乏问题。建筑师们开始注重多种住宅的设计,建筑材料及建筑体系也不断推广,为以后的住宅工业化发展做了准备。

在20世纪20年代的后五六年,欧洲各国相对稳定,经济繁荣,建筑活动十分兴旺;另外,美国在此期间的建筑活动更是活跃,摩天大楼拔地而起,建筑市场一片繁荣。但20世纪30年代初的经济危机和1939年爆发的第二次世界大战,使建筑活动停滞不前。

10.1 第一次世界大战前后的建筑思潮及建筑流派

在第一次世界大战后初期,主宰建筑市场的还是以折中主义为主的复古建筑。虽然在结构上已采用钢筋混凝土结构,但在外观上却看不到这种结构给建筑带来的宽敞、明亮、框架等形式的建筑形象。但这种情况很快就被飞速变化的社会生活所打破,首先是建筑的功能要求日益复杂,新材料、新结构形式不断出现;其次建筑需向高层化发展等诸多问题,使套用历史建筑样式遇到了难以克服的矛盾与困难。所以,到了20世纪20年代,建筑师中主张革新的人愈来愈多,他们对新建筑的形式问题进行了多方位、多层次的探索。这个时期出现的探索现代建筑的运动,可看成是新建筑运动在20世纪欧洲的继续。

10.1.1 德国的表现主义

表现主义(Expressionism)最初是20世纪二三十年代流行于德国、奥地利等国,以绘画、音乐和戏剧为主的艺术流派。表现主义的艺术家对资本主义黑暗现实带有盲目反抗性,强调自我感受的绝对性,认为主观是唯一的真实,力求个性与个人独创性的表达,在手法上强调象征。

在建筑领域中,表现主义建筑师批判学院派的折中主义,提倡创作能够象征时代、象征民

图 10-1 爱因斯坦天文台

族和象征个人感受的新形式。所以表现主义建筑的形式有的象征机械化的动力，有的带有某些民族传统的格式，此外便是形式上的无奇不有。在德国波茨坦市，由孟德尔松设计的爱因斯坦天文台(1919—1920 年，图 10-1)可谓表现主义的突出作品。这座天文台是为了研究爱因斯坦的相对论而建造的。设计者抓住其理论的新奇与神秘，把它作为建筑表现的主题，整个建筑物形体以立体的流线型出现，墙面、屋顶与门窗浑然一体，窗洞形状不规则，和整体建筑一样，造成似由于快速运动而形成的形体上的变形。设计者充分利用钢筋混凝土的可塑性塑造这座建筑，发挥了材料的特点。

表现主义另一个主要表现领域是教堂和电影院。在教堂中经常采用简单的类似尖券的构件或纹饰，以此来象征和产生德国中世纪哥特教堂的气氛。在电影院中则以流线型的形体与装饰来象征所谓时代精神。如在门德尔松设计的宇宙电影院观众厅中，水平向的弧影线条在灯光的映影下，像旋风似地自一端卷到另一端。在细部装饰上经常有用砖砌成的凹凸花纹与线条来加强表现，并特别善于利用光和影来加强效果。总体来看，表现主义只是用新的表面处理手法去替代旧的建筑样式，并没有解决新技术、功能给建筑带来的本质问题。随着它的手法、花样造型的新鲜过后，表现主义也就退出了历史舞台。

10.1.2 意大利的未来主义

意大利的未来主义(Futurism)是第一次世界大战前后流行于意、英、法、俄等国，以文学和绘画为主的艺术流派。未来主义否定文化遗产和一切传统，宣扬创造一种未来的艺术。未来主义崇拜机器，提倡具有现代化设施的大都市生活。

图 10-2 安东尼奥·圣埃里亚的未来城市设想

安东尼奥·圣埃里亚(Antonio Sant' Elia，1888—1916 年)是未来主义者的典型代表。他一生虽然短暂，但却设想了许多大都市的构架，完成了许多未来城市和建筑的设计，并发表了《未来主义建筑宣言》。在他的设计图纸中，建筑物(图 10-2)全部为高层，简单的几何形体为主，在建筑物的下面是分层车道和地下铁道，全部设计围绕着“运动感”作为现代城市的特征。他在《未来主义建筑宣言》中提倡脱离传统，寻求代表自己时代的建筑，而且强调应该从机器和工程技术中寻求新的美观。他说：“应该把现代城市建设与改造得像一所大型造船厂一样，现代房屋造得像一部大型机器一样。”

未来主义者没有实际的建筑作品，它要解决的主要是寻求能够表现机器、动力和现代大都市生活的建筑形式。所以，意大利的未来主义建筑对外影响不大，但其思想却对一些建筑师产生了很大的影响，使他们的建筑作品多多少少均带有未来主义的色彩。

➤10.1.3 荷兰的风格派与苏维埃俄国的构成派

荷兰的风格派(De Stijl)是荷兰的艺术家组织,成立于1917年。艺术家中包括画家蒙德里安(P. C. Mondrian)、雕刻家万顿吉罗(G. Vantongerloo)及建筑师奥得(J. J. P. Oud)、里特维尔德(G. T. Rietveld)。他们认为最好的艺术就是几何形象的组合和构图。在绘画中需用正方形、长方形、垂直线、平行线构成图形,色彩选用原色,画面的和谐取决于形体的对比。这种绘画风格也被称为新造型主义,这和以毕加索为首的立体主义画派在思想上有很多的相似点。

在建筑中,建筑的使用功能使其不能作为一种纯艺术出现,所以他们只能有重点地设计一些建筑的基本要素,如墙面、门窗、阳台和雨篷等。

在荷兰乌德勒支,一座由里特维尔德设计的住宅可称得上风格派的典型代表(图10-3)。建筑物像是由一片片不同厚度、不同质感的垂直面和水平面组成的立方体,它们相互联系、穿插,在构图上取得了体量上的平衡。

图10-3 乌德勒支住宅

第一次世界大战后的苏维埃俄国,一些青年艺术家成立了构成派(Constructivism)艺术团体。他们认为艺术的实质在于它的构成,强调以简单的几何形体构成空间,它原先以雕刻为主,随后扩大至工艺美术和建筑。他们的建筑作品很像工程结构物,如塔特林(Vladimir Tatlin)设计的第三国际纪念碑设计方案(图10-4),可谓苏维埃俄国构成主义的代表作品。

图10-4 塔特林的第三国际纪念碑设计方案

从总的艺术风格上看,风格派和构成派没有本质上的区别,他们在设计手法上有很多相似的地方。表现的领域既在绘画和雕刻方面,也在建筑装饰、家具等许多方面。但他们同表现派、未来派一样,流行的时间都不长,20世纪20年代后期即逐渐消散。他们的一些理论和作品对后来的建筑发展产生了不同程度的影响。

10.2 20世纪20年代后的建筑思潮及代表人物

➢10.2.1 新建筑运动走向高潮

随着探求新建筑运动向纵深领域不断发展，多种不同的派别层出不穷，像表现派、未来派、风格派及构成派等，但他们都没有涉及建筑发展最根本的问题。原因之一是他们本来源于美术或文学艺术方面的派别，他们对建筑的影响只是片面的，他们无法解决建筑同迅速发展的工业和科学技术相结合的问题，无法解决现代生活及生产对建筑提出的功能方面的要求。总体来说，各学派的观点还没有形成系统，但他们却为现代建筑的发展打下了坚实的基础。

在20世纪20年代以后，一些思想敏锐的年轻建筑师们，思想活跃，实践经验丰富，提出了比较系统的建筑改革方案。这些代表人物包括德国的格罗皮乌斯、密斯·凡·德·罗和法国的勒·柯布西耶等。他们都有参与实践设计的能力，都曾在柏林建筑师贝伦斯的事务所工作过。贝伦斯是德意志制造联盟中很有成就的建筑师，他的设计及思想紧跟时代的潮流，对这些年轻的建筑师影响很大。

1920年勒·柯布西耶在巴黎同一些年轻的艺术家和文学家创办了《新精神》杂志。他在杂志中为新建筑运动摇旗呐喊，并提供了一系列的理论根据，为新建筑的发展打下了良好的理论基础。根据杂志上的文章整理而成的《走向新建筑》一书，在1923年出版，更为新建筑的发展吹响了进军号。在德国，格罗皮乌斯当上了一所名为鲍豪斯(Bauhaus)的设计学校的校长。这所学校推行全新的教学制度及教学方法，聘用的教师很多都是各艺术流派的青年主力，他们为学校培养出了一批又一批有思想、有实践的人才，充实了新建筑运动的有生力量。

在建筑实践方面，他们也设计了很有影响力的建筑作品。如1926年格罗皮乌斯设计的鲍豪斯新校舍，1928年勒·柯布西耶设计的萨伏伊别墅，1929年密斯·凡·德·罗设计的巴塞罗那展览会德国馆等。有了比较完整的理论观点，又有鲍豪斯的教育实践，再加上建筑实例的成功设计，这一切都预示着一个新建筑运动的高潮已经到来。1927年由德意志制造联盟在斯图加持近郊维逊霍夫举办的住宅展览会，可谓20世纪20年代现代建筑的一次正式宣言。展览会里的建筑以采用新材料、新技术，证实它们的效能，并以寻求它们的艺术表现为目的。在19栋住宅中，设计者认真解决小空间的实用功能问题，在材料、结构和施工等方面做了新的尝试；在造型上，全部住宅为没有装饰的立方体形，白粉墙，大玻璃窗，具有朴素清新的外貌特征。

展览会一系列的成功，表明新建筑被广为接受。于是，1928年第一个国际性的现代建筑师组织——国际现代建筑协会(CIAM)成立，从而使现代建筑的设计原则得以传播。

纵观这一时期的建筑思潮，可以看到这些建筑师在设计思想上并不完全一致，但是他们有一些共同特点：①提高建筑设计的科学性，以使用功能作为建筑设计的出发点；②注意发挥新型建筑材料以及现代建筑结构的性能特点；③注重建筑的经济性，努力用最少的人力、物力、财力造出实用的房屋；④主张创造建筑新风格，坚决反对套用历史上的建筑样式，强调建筑形式与内容(功能、材料、结构、工艺)的一致性，主张灵活自由地处理建筑造型，突破传统的建筑构图格式；⑤将建筑空间作为设计重点，认为建筑空间比建筑平面或立面更重要；⑥废弃表面多余的建筑装饰，认为建筑美的基础在于建筑处理的合理性和逻辑性。

10.2.2 格罗皮乌斯与鲍豪斯学派

格罗皮乌斯出生于柏林，青年时期在柏林和慕尼黑高等学校学习建筑，离校后进入贝伦斯事务所工作，1910 年起独自工作，设计了法古斯工厂(1911 年，图 10－5)，1914 年设计了德意志制造联盟在科隆展览会展出的办公楼。这两座表现新材料、新技术和建筑内部空间为主的新建筑在当时引起了广泛的关注。在这个时期，格罗皮乌斯明确地表达了突破旧传统、创新新建筑的愿望，主张走建筑工业化的道路，进行大规模生产，降低成本造价，并主张要解决建筑内部问题。他认为建筑不仅仅是一个外壳，而应该有经过艺术考虑的内在结构，不要事后的门面粉饰；同时他强调现代建筑师要创造自己的美学章法，抛弃洛可可和文艺复兴的建筑样式。

图 10－5　法古斯工厂

1919 年，格罗皮乌斯应魏玛大公之聘出任魏玛艺术与工艺学校校长。该校后经格罗皮乌斯引进建筑教学，于当年改名为魏玛建筑学校，简称鲍豪斯。这是一所培养新型设计人才的学校，在格罗皮乌斯的指导下，学校请来了欧洲不同流派的艺术家来校教学。纵观鲍豪斯的教学内容，大致包括三个方面：①实习教学，主要是对材料的接触与认识，如木、石、泥土及金属等；②造型教学，学习制图、构造、模形制作、色彩等；③学习三年期满后，可在校内进修建筑设计并在工厂劳动、实习，最后授予毕业证书。

鲍豪斯学校教学思想鲜明，教学方法独特，艺术人才会集。在 20 世纪 20 年代的欧洲，这所学校所代表的鲍豪斯学派独成一派。在鲍豪斯任教的主要教师有：画家约翰·伊顿(Johannes Itten)、瓦西里·康定斯基(Wassily Kandinsky)、保尔·克利(Paul Klee)，建筑学家阿道夫·梅耶(Adolf Meyer)等。他们给学生们带来了立体主义、表现主义、超现实主义、构成主义的艺术类型，对学生的日后建筑和实用工艺品的设计有积极的参考作用。

对于建筑的理解，鲍豪斯学派认为建筑是“我们时代的智慧、社会和技术条件的必然逻辑产品”。在建筑设计中，鲍豪斯学派认为“新的建筑外貌形成于新的建造方法和新的空间概念”。在建筑形体上不做简单形式上的抄袭，要求有精确的设计。另外，“在生产中，要以较低的造价和劳动来满足社会需要，就要有机械化和合理化”。从鲍豪斯学派的建筑观可以看到新建筑运动的革新精神，针对学院派“为艺术而艺术”和新建筑运动各执一端的缺点，提出应该全面对待建筑，把建筑单体同群体联系起来，把建筑同社会联系起来，用新技术完善功能要求，提倡以观察、分析、实验等方法为设计寻求科学的依据。

1925年鲍豪斯从魏玛迁到德骚，新校舍由格罗皮乌斯设计。1926年底新校舍竣工(图10-6)。这座建筑群包括三部分，即设计学院、实习工厂和学生宿舍区；另有德骚市一所规模不大的职业学校也在其中。鲍豪斯校舍在当时是范围大、体形新、影响较广的建筑群。校舍的建筑面积近10000 m^2。格罗皮乌斯在设计中严格按使用功能进行平面划分，把整座建筑大体分为了三个部分(图10-7)。

图10-6 鲍豪斯校舍

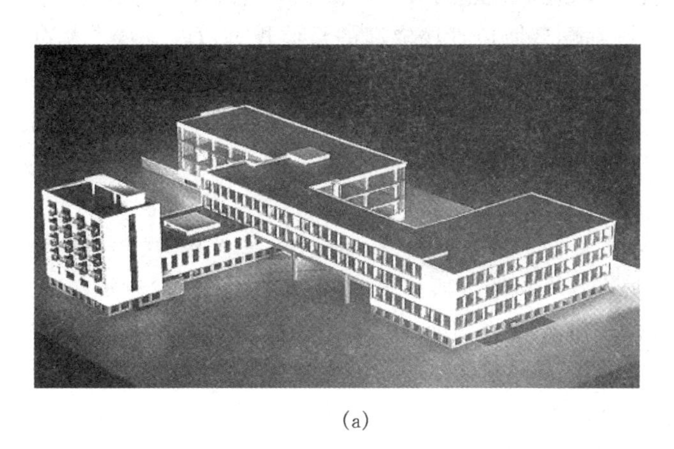

(a)

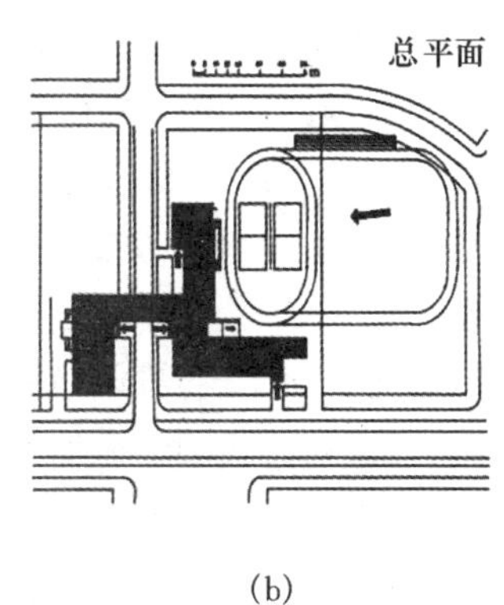

(b)

图10-7 鲍豪斯校舍平面

第一部分是鲍豪斯的教学用房，主要是各专业的工艺车间。它采用四层的钢筋混凝土框架结构，作为主要建筑，面临主要街道。第二部分是鲍豪斯的生活用房，包括学生宿舍、饭厅、礼堂及厨房、锅炉房等。学生宿舍设在教学楼后部的六层小楼里，两者用单层饭厅及礼堂连接。第三部分是职业学校，它是一个四层楼，与教学楼隔一条道路，但两层以上部分由过街楼相连。两层的过街楼是办公和教员用房。

格罗皮乌斯设计的鲍豪斯校舍不再是古典的柱廊、雕刻和装饰线脚，同传统的公共建筑相比，它非常朴素。作为一代建筑大师的精心之作，它的设计具有以下特点：

(1)把建筑的实用功能作为建筑设计的出发点。

以往的建筑设计,通常是先设计好外立面,然后由外到内开始设计各个房间。格罗皮乌斯则把设计的重点放到了室内,把整个校舍按功能的不同分成几个部分,按照各部分的功能需要和相互关系定出它们的位置,决定其体形。鲍豪斯的教学楼面临主要街道,框架结构增加室内空间,大玻璃窗满足教学及实习需要。学生宿舍同教学楼联系也较为密切,它由一层的饭厅和礼堂联系。格罗皮乌斯把学生的生活、学习安排得非常紧凑,宿舍的后面是活动操场。鲍豪斯的主要入口没有开在主要街道上,而是布置在教学楼、礼堂和办公部分的接合点上。职业学校另有自己的入口,同鲍豪斯校舍的入口相对而立,又正好在进入校区的通路的两侧,这种布置对于外部和内部的交通联系都是比较便利的,可减少交通所占面积。

(2)采用灵活的不规则的构图手法。

在造型上,几个既分又合的盒子形方体,采用了对比统一的手法,努力谋求体量的大小高低,实体墙面与透朗的大玻璃窗,白粉墙与黑色钢窗,垂直向的墙或窗与水平向的带形窗、阳台、楼板等对比。总之,鲍豪斯校舍给人印象最深的不在于它的某一个正立面,而是它那纵横错落、变化丰富的总体效果。

(3)运用现代建筑材料和结构特点,塑造现代建筑艺术形象。

校舍主要教学楼采用钢筋混凝土结构,其他采用砖混结构。屋顶是钢筋混凝土平顶,人可在上面活动。所有落水管都在墙内,因而外形整洁。

1928 年,随着德国法西斯的得势,格罗皮乌斯离开了鲍豪斯学校。在 1928 年到 1934 年期间,他到柏林从事建筑设计和研究工作,在居住建筑等方面做了深入研究。这期间有柏林西门子住宅区(1929 年)等得以实施。格罗皮乌斯负责住宅区的总体规划以及其中几幢住宅的设计。住宅是四五层公寓,单元类型多,适合大小户,每户平面紧凑,空间利用好,建筑外形简洁。这些住宅从功能、设备和经济等角度来看是成功的,可谓小空间住宅在这方面的良好先例。

1933 年希特勒上台后,德国变成了法西斯国家。1934 年格罗皮乌斯离开德国到了英国,他在伦敦同英国建筑师福莱合作设计了一些中小型建筑,如英平顿的乡村学院。

1937 年,格罗皮乌斯接受美国哈佛大学之聘到该校设计研究院任教授,次年担任建筑学系主任,从此长期定居美国。在美国,格罗皮乌斯主要从事建筑教育工作。在建筑实践方面,他先是同鲍豪斯时代的学生布劳耶尔合作,设计了几座小住宅,比较有代表性的是格罗皮乌斯的自用住宅。这以后他很少单独搞建筑设计,在 1946 年格罗皮乌斯同一些青年建筑师合作创立“协和建筑师事务所”,他后来的建筑设计几乎都是在这个集体中合作产生的。

作为世界著名的建筑师,格罗皮乌斯是公认的新建筑运动的奠基者和领导人之一。他的建筑思想从 20 世纪 20 年代到 50 年代在各国建筑师中曾经产生过广泛的影响。

早在 20 世纪一二十年代,格罗皮乌斯就提出过用工业化方法建造住宅,特别强调现代工业的发展对建筑的影响。与此同时,他又坚决地同建筑界的复古主义思潮进行论战,他认为建筑学要前进,否则就要枯死。他提出“现代建筑不是老树上的分枝,而是从根上长上来的新株”,这充分表明了格罗皮乌斯在 20 世纪新建筑运动时期的建筑思想。

在这种建筑思想指导下,格罗皮乌斯比较明显地把实用功能和经济因素放在建筑设计的首位。这在他 20 世纪二三十年代的设计中表现得尤为突出,如法古斯工厂、科隆展览馆、鲍豪斯校舍等。

随着社会的发展,尤其是二战后,格罗皮乌斯的设计思想更加注意满足人的精神上的要求，他把精神要求同物质需求放到了一个同等重要的地位。

10.2.3 勒·柯布西耶

勒·柯布西耶，瑞士人，1917年起长期侨居巴黎。他少年时在故乡受过制造钟表的训练，以后学习绘画。勒·柯布西耶没有受过正规的学院派建筑的教育，相反从一开始他就受到当时建筑界和美术界的新思潮的影响，这就决定了他从一开始就走上新建筑的道路。

1908—1909年，勒·柯布西耶在巴黎建筑师贝瑞处工作，学习到了贝瑞运用钢筋混凝土表现建筑艺术的方法。他又在柏林贝伦斯事务所工作了五个月，贝伦斯致力于利用新结构为工业建筑创造范例，对他也有较深影响。

1920年，勒·柯布西耶与他人创办《新精神》杂志，杂志创刊号标题是“一个伟大的时代开始了，它根植于一种新的精神，有明确目标的一种建设性和综合性的新精神”。在这个刊物上，勒·柯布西耶连续发表了一些关于建筑方法的文章。1923年，他把这些文章汇编成书，书名为《走向新建筑》，在书中他系统地提出了对新建筑的见解和设计方法。

首先，勒·柯布西耶赞美了现代工业的伟大成就，称赞了由经济法则和数学计算而形成的不自觉的美，指出建筑应该通过自身的平衡、墙面和体形来创造纯净的美的形式。

其次，勒·柯布西耶提出了新建筑的方向，他对居住建筑及城市规划深感兴趣，提出改善恶劣居住条件的办法是向海轮、飞机与汽车看齐。于是，他提出了惊人的论点——“住房是居住的机器”，认为房屋不只应像机器适应生产那样地适应居住要求，并且还应像生产飞机、汽车那样地大量生产。他认为机器由于它们形象真实地表现了其生产效能，因此是美的，房屋也是如此。

勒·柯布西耶还极力主张用工业化的方法大规模建造房屋，认为“规模宏大的工业必须从事建筑活动，在大规模生产的基础上制造房屋的构件”。

勒·柯布西耶还提出了革新建筑的设计方法。他认为“平面是由内到外开始的，外部是内部的结果”。他赞成简单的几何形体，反对装饰，净化建筑，提倡使用钢筋混凝土。受立体画派影响，他认为表现建筑立体空间为主的“纯净的形象”，意味着新时代风格的来临。

1926年，勒·柯布西耶把自己提倡的新建筑归结为五个特点：

(1)底层的独立支柱。房屋的主要使用部分放在二层以上，下面全部或部分地腾空出独立的支柱。

(2)屋顶花园。建筑物的屋顶应该是平的。

(3)自由的平面。由于采用框架结构，内部空间灵活。

(4)横向长窗。墙不再承重，窗可以自由开设。

(5)自由的立面。承重支柱退缩，外墙可供自由处理。

勒·柯布西耶在20世纪二三十年代的建筑作品，大多体现了他的见解和上述五个特点。

1930年建成的萨伏伊别墅是最能代表勒·柯布西耶新建筑五个特点的别墅建筑(图10-8、图10-9)。

图 10-8　萨伏伊别墅

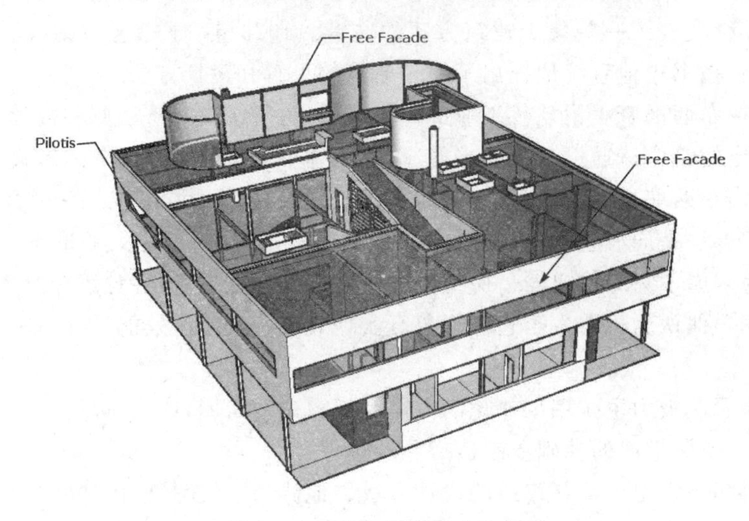

图 10-9　萨伏伊别墅建筑模型

萨伏伊别墅位于巴黎附近，房屋平面为 22.50 m×20 m 的方形平面，钢筋混凝土结构。建筑物底层三面有立柱，中心部分设门厅、车库、楼梯和坡道；二层有客厅、餐厅、厨房、卧室、院子；三层有主人卧室及屋顶晒台。各楼层用斜坡联系。空间在水平向、垂直向互相交错，室内外相互穿插地打成一片，平面划分自由。立面构图严谨，全部为直线和直角。

巴黎市立大学的瑞士学生宿舍(1930—1932 年，图 10-10)，也是按新建筑的五个特点来设计的。勒·柯布西耶把底层做成六对大柱墩支承，使建筑物架空。在南立面上，二、四层全用大玻璃窗，五层为实墙，开有少量窗洞。北立面上，楼梯、电梯等辅助房间突出立面，平面是凹曲的 L 形。在直线及规整的几何形体上，加上自由的曲面形成对比效果，这也是勒·柯

图 10-10　巴黎市立大学瑞士学生宿舍

布西耶的风格。另外，弯曲的石砌北墙同大楼整体材料的对比也十分成功。

1927年，勒·柯布西耶与他人合作参与了日内瓦的国际联盟总部的建筑设计投标。他在设计中以解决实用功能为主，并认真地解决了会堂中的各种技术问题。整体造型不拘泥于传统，做成了非对称的建筑群。但最终勒·柯布西耶的方案落选，学院派建筑师的方案被选中，但勒·柯布西耶的设计方案还是对保守的评委们及传统的建筑风格发起了强有力的挑战。

勒·柯布西耶对城市规划也做出了巨大的贡献。他在1922年提出了拥有300万人口的现代城市的设想方案，并在以后的十几年中做了大量的城市改建规划。他的规划特点是：按功能将城市分为工业、商业等居住区；建造高层建筑；有城市绿地和体育设施；各种交通工具在不同的路面上行驶，全立体交叉；各种管网分层设置在地下或地面；塔式建筑平面多为十字、T字形，内部设有商店等福利设施。他的规划极其宏伟，富有远见。虽然城市规划的实施需要相当长的时间及经济的发展，但从以后的发展看，有很多城市建筑都在不同程度上和勒·柯布西耶的规划方案有许多相近之处。

第二次世界大战后，勒·柯布西耶的建筑设计风格出现了明显的转变，由理性主义转而强调感性在建筑创作中的作用。

图10-11　马赛公寓大楼

马赛公寓大楼(1947—1951年，图10-11)是一座带有完整服务设施的居住大楼。设计者勒·柯布西耶把大楼称为“居住单位”。大楼引人注目之处在于他把拆除现浇混凝土横板的面直接使用，表现出一种粗犷原始又富有雕塑性的建筑风格。

朗香教堂(1950—1953年，图10-12)的设计更能说明勒·柯布西耶设计风格的转变。这个天主教堂不同于传统的教堂形式，它的平面很特别，墙面几乎全是弯曲的，窗洞大大小小形状各异，屋顶向上翻起。总之，朗香教堂的体形和空间处理得十分特别，丢掉了理性主义，转向神秘主义。勒·柯布西耶将教堂作为人与上帝对话的地方，把教堂当作“形式领域里的声学元件”来设计。

图10-12　朗香教堂

这以后勒·柯布西耶为印度昌迪加尔做了城市规划,并且设计了市政中心的几座政府建筑。

勒·柯布西耶一生建筑成果丰硕。从20世纪20年代《走向新建筑》一书出版起,他就是一个坚定的建筑改革派,他的早期作品的理性主义和功能主义的风格,表现的是新时代的精神;二战后的作品则带有浓厚的浪漫主义和神秘主义倾向,表现出重视建筑风格的特点。

10.2.4 密斯·凡·德·罗

密斯·凡·德·罗出生于德国亚琛一个石匠家庭,19岁开始接触建筑。1908年,密斯·凡·德·罗进入贝伦斯事务所工作。第一次世界大战后的德国,建筑思潮很活跃,密斯·凡·德·罗也投入建筑思想的争论和新建筑方案的探讨之中。

1926年,密斯·凡·德·罗设计了德国共产党领袖李卜克内西和卢森堡的纪念碑,砖砌的碑身,凸凹中有些立体主义的构图手法。

1928年,密斯·凡·德·罗提出"少就是多"的建筑处理原则。

1929年,密斯·凡·德·罗设计了巴塞罗那世界博览会德国馆(图10-13、图10-14),建筑物为钢结构,屋面由8根十字形断面钢柱所支承,墙不承重,按展出流线与空间效果来布置。隔墙分隔很随意,但设计很精心,室内、外空间相互贯通。结合馆内水池旁的雕像,一个流动的建筑空间展现在观众的面前(图10-15)。这座建筑形体处理简洁,没有附加装饰,建筑材料特色突出,色彩、质感运用得当,使建筑本身成为展品之一。

图10-13 巴塞罗那世界博览会德国馆

图10-14 巴塞罗那世界博览会德国馆模型

图 10－15 巴塞罗那世界博览会德国馆内景

1930 年建成的吐根哈特住宅是密斯・凡・德・罗的又一名作。在起居室的设计中又能看到巴塞罗那展览馆的空间特点，流动的空间打破了墙的界限，使室内、外浑然一体。同年，他出任鲍豪斯的校长。

1938 年，密斯・凡・德・罗被聘为美国芝加哥阿莫尔学院（后改为伊利诺伊理工学院）建筑系主任，从事建筑教育工作。

到达美国后，他参加了伊利诺伊理工学院的规划设计，并设计了伊利诺伊理工学院建筑馆（图10－16）。密斯・凡・德・罗采用了他善用的钢结构和玻璃等建筑材料作建筑主材，馆内是没有柱子和承重墙的大空间，钢梁突出在屋面之上，围护结构以大玻璃为主，材料较为单一，造型简洁明快。这以后，取消建筑内部隔墙和柱，用一个很大的空间布置不同的活动内容，建材采用钢材和玻璃，便成了他建筑设计的特色，也在 20 世纪 50 年代的美国掀起了采用玻璃、钢来建筑的热潮。1950 年建成的范斯沃斯住宅便成了密斯・凡・德・罗玻璃和钢设计风格的最好体现，同时这座玻璃盒子也引起了非议。

图 10－16 伊利诺伊理工学院建筑馆

西格拉姆大厦（1954—1958，图 10－17）是密斯・凡・德・罗所设计的高层建筑中最有代表性的建筑之一。这座 38 层高的大楼柱网整齐一致，立面窗子划分相同，方格子的立面直上直下，外形极为简单。古铜色的金属划分，加上建筑前的花岗岩小广场，使建筑物具有古建筑的气息。

图 10-17　西格拉姆大厦

20 世纪 60 年代,密斯·凡·德·罗应邀为西柏林设计新的国家美术馆,1968 年落成。美术馆为两层的正方形建筑,一层在地面,一层在地下。地面上的展览大厅四周都是玻璃墙,面积为 54 m×54 m。上面是钢的平屋顶,每边长 64.8 m。整个屋顶由 8 根大型钢柱支承,柱高 8.4 m,断面是十字形的,每边两个(图 10-18)。

图 10-18　西柏林新国家美术馆

美术馆的地面层只作临时性展览之用,主要美术作品陈列在地下层中,其他服务设施也在地下。这座美术馆的建成,使钢与玻璃的纯净建筑发展到了顶峰。

密斯·凡·德·罗作为第一代现代大师留给后人的建筑成果是丰富的。他长期探索钢结构和玻璃两种建筑材料,注重发挥这两种材料在建筑艺术造型中的特性和表现力。他对实用功能不大注意,引起人们的异议,但他抓住了钢结构和玻璃,抓住了建筑材料发展的趋势,所以,他的影响很大。总之,他是一个对现代建筑产生广泛影响的具有独特风格的建筑大师。

10.2.5　赖特

赖特是 20 世纪美国最重要的建筑师之一。他出生在美国威斯康星州,大学学习土木工程,后从事建筑设计。赖特的建筑设计开始是以中、小资产阶级为对象的住宅别墅设计。他的早期别墅设计吸收了美国民间建筑的特点，结合美国中西部地广人稀的现状，创造出了独特的处理手法，被称为草原式住宅。

1904 年赖特设计了纽约州布法罗市的拉金公司大楼(图 10 - 19)，这是一座砖墙面的多层办公楼，设计摒弃了传统构图的手法，清水砖墙的墙面装饰很少，室内设有采光井，手法较为新颖。

图 10 - 19 拉金公司大楼

1915 年赖特设计了日本东京的帝国饭店。这个设计融合了东西方的文化、风格，且结构设计较为成功，受到各界的好评。这以后赖特的声誉在欧洲和亚洲很高，甚至超过了在本国。

赖特特别偏爱大自然，结合大自然创造建筑往往灵感迭出，灵活多样，无所拘束，佳作不断。1936 年，他设计的“流水别墅”，便是其建筑风格的杰出代表(图 10 - 20)。

图 10 - 20 流水别墅

这座别墅是为富豪考夫曼设计的。赖特亲自到现场选址，选中小溪逐级跌落、四周树木茂密的地方。赖特设计的巧妙之处在于，建筑物不是毗邻小溪，而是自然地跨越在一条小瀑布上。房屋与岩石、水面、树丛结合自然，毫无造作之感。建筑分为三层，为钢筋混凝土结构。第一层直接临水，设有起居室、餐室、厨房，起居室阳台有梯子直达水面，阳台是横向的；第二层是卧室，挑出的阳台纵向地覆在下面的阳台之上；第三层也是卧室，每个卧室都有阳台。

室内的隔墙有的地方用石墙，也有用玻璃的。起居室平面形状的直角凹凸，使室内不用屏风而形成了几个既分又合的部分。部分墙面用同外墙一样的粗石片砌筑，壁炉前的地面是一大块磨光的天然岩石(图 10-21)。

图 10-21　流水别墅内景

建筑物的立面最具特点,粗犷的竖向石墙与白色光洁的横墙形成强烈对比;各层的悬挑水平阳台前后纵横交错,垂直向的粗石烟囱高出屋面,使整个构图非常完整、均衡。

建筑物结合自然,融于自然。流水别墅给人回味无穷的魅力还在于它与周围自然环境的密切结合。它的体形变化较大,与地形、山石、树丛、流水关系密切,互相渗透。设计一方面把室外的天然景色引入室内,另一方面又使建筑空间穿插在大自然之中,建筑与自然互不对立、相互补充,真不知是建筑为自然而建,还是自然为建筑而生。

1936 年,赖特为约翰逊制蜡公司设计了总部办公楼(图 10-22)。办公大厅为 69 m×69 m,纵横排列的柱子做成蘑菇形,格外引人注目。蘑菇顶的空隙,铺上了玻璃管,自然光弥漫大厅。这座建筑设计手法新奇,构思独特,仿佛是未来世界的建筑。

图 10-22　约翰逊公司总部大楼

1943 年,收藏家古根海姆委托赖特设计一座收藏艺术品的博物馆,地点在纽约第五大道上。古根海姆博物馆占地面积为 50 m×70 m,主要建筑部分是一个很大的螺旋形建筑(图 10-23),里面是一个高约 30 m 的圆筒形空间,周围有盘旋而上的螺旋形坡道,美术作品沿坡道陈列,观众循坡道观看展品。此设计弥补了多层展览馆在展出中层层为交通厅所间断的缺陷,获得了连续不断的展出墙面。但是这要解决好斜坡的倾斜度与展品的关系。整个大厅靠玻璃圆顶采光。博物馆的办公部分放在另一个体量较小的圆形建筑中,同展览建筑并联在一起。圆形建筑是赖特一直想尝试的设计形式,在这里赖特终于实现了。但博物馆直到1959年10月才建成,开幕时,赖特已经去世了。

(a)古根海姆博物馆外景

(b)古根海姆博物馆内景

图10-23　古根海姆博物馆

建筑大师赖特一生建筑思想活跃,设计手法灵活,善于运用材料,能够创造同大自然融合一体或形体独特的作品。他给自己的建筑起了一个富有哲理的名字——有机建筑。赖特的解释是:有机表示是内在的——哲学意义上的整体性。有机建筑是一种由内而外的建筑,它的目标是整体性。有机建筑便是按着事物内在的自然本性创造出来的建筑。

纵观赖特的建筑作品,可以看到他是非常注意建筑整体性的。他的建筑往往与自然景色密切相连,彼此相互交错,形成一种不可分割的整体感。另外,赖特善于利用材料的性能去设计建筑。在他的作品中,各种不同的材料丰富的色彩、纹理和质感,均得以充分表现,它们对建筑的整体性起到非常重要的作用。

10.3　两次世界大战之间的主要建筑活动

第一次世界大战以后,欧洲各国都面临着住房短缺问题。当时在英国和德国居住在城市而无家可归者约百万户以上。所以,住宅建筑就成为突出的问题,尤以大量的普通住宅居多。在20世纪30年代以后,独建的高质量花园住宅越来越多。

在住宅设计与施工方面做得比较好的首推德国。德国利用原来工业生产与科技的实力,积极推进住宅建筑。具体的实施方案是:通过总体布局上的革新使人们拥有享受阳光和空气的权利,通过内部空间的合理组合来提高空间使用率,通过使用新材料与新技术来降低建筑造价,通过自身而不是外加装饰来形成悦目的建筑形体。

德国建筑师从城市规划到建筑内部空间布局积极探索,勇于实践,提出了包括建筑阳台、壁橱、家具、厨房和浴室等的革新改进方案,并尝试使用新材料、新结构。1927年由德意志制造联盟主办的住宅展览会在斯图加特展出,使住宅建设达到了一个高潮,会上确定了居住建筑的方向。

在住宅建筑走向高潮时,一些中产阶级也积极为自己营造私人别墅,它们的规模、形式随着业主的差异不同而各异。当时这也包括了设计者的设计意图及表达艺术的方式。20世纪30年代后的10多年里,一批非常有艺术表现力的别墅建筑不断出现,如德国格罗皮乌斯在德骚为他自己设计的住宅，勒·柯布西耶的萨伏伊别墅，密斯的吐根哈特住宅及赖特的流水别墅等。

大工业的生产使得工业厂房要有足够的空间。这样可以集中设备，自由调整装置，变换工艺过程等。早期的工业建筑理性主义认为工业建筑是生产的一部分，它的艺术以表现高效能为目的，应该把厂房造得像机器一样。随着建筑理论的发展，在20世纪30年代以后，理论界认为工业建筑应体现功能并以促成这些功能的物质技术为表现，但在建筑的个体与群体的构图与组合上应做美的推敲。在这种建筑中有荷兰鹿特丹的凡纳尔烟草厂和瑞典斯德哥尔摩近郊的卢马灯泡厂。

在公共建筑方面，由于牵涉面比较广，很难将其完全概括，但其中的市政厅、学校、图书馆建筑还颇有发展。

市政厅一般位于城市的中心，是城市外交与社交活动的中心。但随着社会的发展，其社交活动中心的地位开始动摇。原来传统布局有些落伍，但由于它在城市中的精神地位很高，所以它的设计比一般建筑要来得保守。这时兴建的市政厅如荷兰的希尔弗苏姆市政厅、瑞典的斯德哥尔摩市政厅，后者在造型中采用了折中主义的手法。

20世纪20年代以后的图书馆，在如何满足新的功能要求方面有了很大的提高。现代图书馆活动比较多样，使图书馆成为一种功能复杂的建筑物。瑞典斯德哥尔摩的市立图书馆，功能处理较为合理，但造型比较生硬。英国剑桥大学图书馆是一个讲究对称布局的建筑，但解决大量藏书问题却没有什么好办法。

学校建筑则以鲍豪斯校舍为这一时期的典型代表，设计者格罗皮乌斯将功能、材料等多方面灵活运用，为学校建筑的设计带来了深远的影响。

摩天大楼在这个时期蓬勃发展。芝加哥学派的成立为美国的高层建筑发展创造了良好的条件。这时的摩天大楼形体呈塔形，垂直向上的线条是构图的主要特征。20世纪30年代以后，悬臂楼板的应用，促成了层层叠叠的以水平向带形窗为特征的水平向构图。1931年，纽约第五大道上建成了20世纪70年代以前世界上最高的建筑——帝国大厦（图10-24）。大厦底部面积为130 m×60 m，向上逐渐收缩，大厦总高102层，381 m，其中包括61 m高的尖塔。帝国大厦从动工到竣工只用了19个月，平均每5天多建一层，施工速度极快。另外，帝国大厦从造型上也基本上摆脱了传统建筑的影响，为高层建筑的发展做出了贡献。

图10-24　纽约帝国大厦

思考题

1. 试述第一次世界大战前后的建筑思潮。
2. 举例说明格罗皮乌斯的建筑思想及风格。
3. 举例说明勒·柯布西耶的建筑思想及风格。
4. 举例说明密斯·凡·德·罗的建筑思想及风格。
5. 举例说明赖特的建筑思想及风格。

第11章 第二次世界大战后的建筑思潮与建筑活动

学习要点

1. 高层建筑主要结构体系
2. 大跨度建筑主要结构体系
3. 晚期现代主义
5. 后现代主义

第二次世界大战结束于1945年。在这之后的半个世纪里，建筑的发展是多方面的。一方面，建筑材料工业、建筑设备工业、建筑机械工业与建筑运输工业不断发展，带动了许多国家的经济。如美国就把建筑工业列为国家经济的三大支柱之一。另一方面，二战后国外的建筑活动和建筑思潮也非常活跃，现代建筑的设计原则得以普及；各种建筑思潮五花八门，建筑设计的理论呈现出多元化的趋势。

11.1 二战后各国建筑概况

第二次世界大战持续七年时间。七年的战争给世界各国人民带来了巨大灾难，战争的结束意味着重建家园的开始。此后各国大力发展经济，从而带动了建筑业的迅猛发展。这其中，美国成为资本主义国家经济发展的带头人，建筑业也成为本国的支柱产业；西欧各国建筑现代化发展非常迅速；日本则由一个战败国发展成为一个经济大国，其现代建筑也不断崛起，为建筑业的发展做出了贡献。

第二次世界大战后，各国的发展不论在经济上还是建筑上步伐都很大，建筑材料和科学技术的发展带动了建筑业的发展，同时也为建筑思想的活跃开阔了空间。当然，这种发展也是不平衡的，它大致可分为三个阶段：一是20世纪40年代后半期的恢复时期；二是20世纪50年代到70年代后半期，这一时期一些发达国家建筑发展空前兴旺，第三世界国家包括中国则是发展时期；三是20世纪70年代中期至今，这一时期发达国家建筑平稳发展，发展中国家尤其亚洲国家建筑发展进入兴旺时期。

11.1.1 二战后各国建筑活动

1. 西欧各国

二战后初期的恢复阶段，是以重建被战争破坏的城镇开始的。许多国家开始着手各城市的规划及设计工作，在这方面，尤以英国与荷兰做得比较出色。在英国，城市人口膨胀严重，控制大城市的人口问题成了当务之急。因此，英国做了大量的卫星城镇规划，卫星城镇以工业的重新分布来解决大城市无限膨胀的问题。它与大城市的关系有独立式的，如英国伦敦周围的八个城镇，其中以哈罗新镇最为著名；也有半独立式的，如瑞典斯德哥尔摩附近的凡林贝。卫星城镇的规划实施，在世界各国影响较大，很多国家包括中国予以效仿。在建筑设计方面，以英国青年建筑师史密森夫妇(A. & P. Smithson)为代表的新粗野主义和60年代以彼得·库克(Peter Cook)为代表的拉基格拉姆学派对建筑设计影响较大。前者以钢或钢筋混凝土营建巨型结构，后者提出未来乌托邦城市的设想。面对日益严重的交通堵塞问题，英国建造架空的“新陆地”。“新陆地”的上面是房屋，下面是机动车交通等，这样的设计已被应用到一些大型的建筑群中，如伦敦的南岸艺术中心。另外，英国作为一个工业发展较早的国家，在建筑工业化方面，如钢筋混凝土墙板系统，在建筑材料的开发方面，如抗碱玻璃的研制成功，都在当时居世界领先地位。

法国在第二次世界大战期间，也遭受到很大的损失，但它在战后经济恢复是比较快的，随后其建筑活动也相当活跃。为限制城市无限的膨胀，在巴黎西郊建设了五个卫星城镇，目前都已形成相当的规模。如在巴黎西郊的拉德方斯卫星城，该城从1958年开始到1964年完成规划，新的城市面貌建筑风格同巴黎老区截然不同，它有最先进的技术设施，高层和超高层建筑林立，全城有完善的交通组织系统，整个城市分区明确，井然有序(图11-1、图11-2)。在建筑设计方面，二战后现代建筑派取代了学院派成为法国的主要风格。现代建筑大师勒·柯布西耶的一些建筑设计思想及建筑作品，如马赛公寓、朗香教堂都给法国建筑界以深刻影响，尤其对青年建筑师影响颇大。在建筑工业化体系上，法国大力发展大板建筑，技术比较成熟。二战后法国需要建造大量住宅，为了快速建设，减少投资，所以早在1948年即开始应用大板结构体系。在20世纪60年代末，法国又以大模板现浇工艺代替了预制大板建筑体系。法国在建筑技术上也不断创新，壳体结构方面处于世界领先地位，如在1958年建成的巴黎西郊国立工业技术中心陈列大厅，为三角形壳体结构，整个大厅覆盖面积达90000 m^2，采用了预制双曲薄壳，至今仍然是世界上跨度最大的壳体结构。法国在高层建筑方面也走在欧洲前列，如1972年在巴黎建成的蒙帕纳斯大厦高209 m，共59层，总建筑面积为116000 m^2。1977年建成的蓬皮杜国家艺术文化中心，又给巴黎的建筑艺术增加了绚丽的一笔。

图11-1 巴黎拉德方斯大拱门

图 11-2　拉德方斯建筑群

德国在第二次世界大战中损失最为严重，战争期间，约有500万户住宅被破坏。战后联邦德国的经济恢复较快，1970年时位于美、日后居第三位。战后联邦德国首先着手住宅建筑。建筑设计以现代建筑为主要潮流，受现代建筑师奥托·巴特宁(Otto Bartning)、汉斯·夏隆(Hans Scharoun)等一些人的影响，联邦德国的建筑趋向现代化，出现了不少具有国际水平的现代建筑，如柏林的爱乐音乐厅(1956—1963年，设计人夏隆，图11-3)，斯图加特的罗密欧与朱丽叶公寓(设计人夏隆)，西柏林国际会议中心。

图 11-3　柏林爱乐音乐厅

此外，联邦德国在建筑材料方面，尤其在采用预应力轻骨料混凝土、玻璃纤维水泥、保温墙板等方面取得的成果引起世界建筑界的广泛重视。联邦德国在空间网架结构的理论研究与应用上也取得很大成就，如杜塞尔多夫新博览会的展览大厅，采用了庞大的空间网架结构，其空间面积达122600 m^2，位于世界前列。

意大利在第二次世界大战中的损失要比德国轻一些，加上原有的工业基础比较好，到1970年其工业总产值已上升到世界的第七位。意大利的战后重建也是从住宅建筑入手的，住宅以多层为主,20 世纪 60 年代以前的住宅以解困为主,70 年代以后,住宅建设质量有了明显的提高。意大利是一个文明古国,其建筑风格也是多样的,在继承古代传统的同时,现代建筑风格也产生很大影响。意大利在近现代曾创作了不少享有盛名的建筑。如 1950 年建造的都灵展览馆,是一座波形装配式薄壳屋顶建筑。米兰体育馆为圆形双曲抛物面鞍形屋盖,其直径为 140 m,为当时世界第一。另外,罗马火车站候车大厅也是技术与艺术有机结合的成功作品。

意大利还是较早发展高层建筑的国家,在 20 世纪 50 年代就已出现了高层建筑,如 1958 年建成的皮瑞利大厦,因其结构体系的特殊而享有盛名。1957 年建成的罗马小体育馆(图 11-4),其网格穹窿薄壳屋顶也是享誉国际的杰作。

图 11-4 罗马小体育馆

2. 美国

从 1890 年起,美国一直保持着世界头号经济强国的称号。20 世纪以来,美国参与了两次世界大战,但在两次世界大战中都没有受到什么损失,而且还在一战中大发战争财,使其经济实力猛增。美国的建筑业也随着经济状况的上升而上升,其建筑业的生产总值已成为美国经济的三大支柱之一。在二战后,美国无论在建筑理论探索还是建筑科学的研究等诸多建筑领域,都处于世界领先水平,这一切都与它坚实的经济基础与先进的科学技术密不可分。

由于没有受到战争造成的损失,美国在居住建筑方面可以有选择地对多种建筑类型进行探索。居住建筑中有低、多、高层多种层数;住宅按标准有低标准的活动房屋,也有豪华的别墅花园。随着私人轿车的普及,美国的郊区住宅建筑在 20 世纪 60 年代极为兴旺,这样可以解决城市中心过度拥挤、环境污染的现状。在美国的大城市周围也搞过卫星城镇的建设,其特点是:建筑密度小,绿化空地多,建筑层数低,休闲场所多,生产性建筑少,适合富人居住。所以,美国的卫星城镇并不是为了控制人口膨胀、合理分布工业而设,而是为了满足富裕阶层休闲舒适生活而建设的。如位于华盛顿市以南 29 km 的雷士顿新城(图 11-5),全城人口 7.5 万人,建成于 1980 年,城内有高速公路通过,拥有高层旅馆、花园别墅、大片绿地、大型公共活动场所,生活条件相当完善,但这为少数人服务的城镇很难减轻华盛顿的人口压力。总之,美国在卫星城镇的建设方面并不成功。尽管这些新城条件很好、很美,但是起不到卫星城镇的应有作用,后来有的新城竟因居民过少,或因工厂不愿迁入而发展停滞。

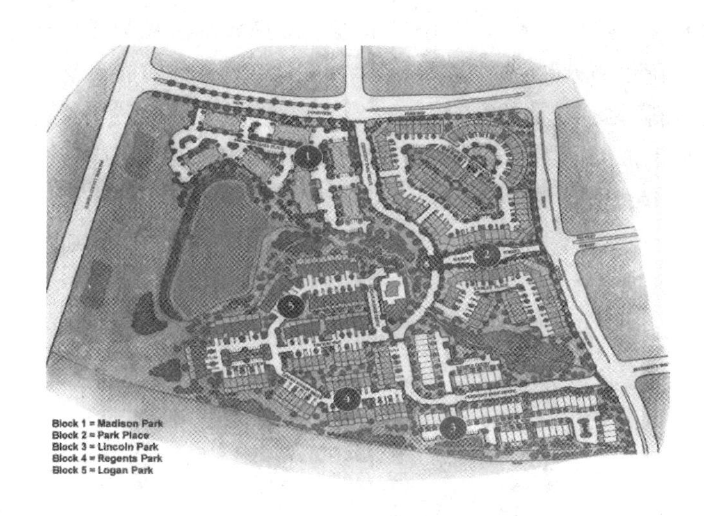

图 11-5 雷士顿城中心平面

发展高层建筑是二战后美国建筑的一大特征。美国是高层建筑的发源地，所以美国的高层建筑到处都是，这既可节约土地又可炫耀财富。通过多年的实践，从建筑造型艺术、结构体系的变革、施工技术现代化等一系列领域，美国都居世界领先地位。美国的高层建筑到 20 世纪 70 年代中期达到顶峰，如 1970 年建成的 100 层、高 343.5 m 的芝加哥汉考克大厦；1973 年建成的 110 层、高 411.5 m 的纽约世界贸易中心大厦；1974 年建成的 110 层、高 443 m 的芝加哥西尔斯大厦。钢筋混凝土结构造价低，防火性能好。1976 年建成的芝加哥水塔广场大厦，76 层，高 260 m，是当时世界最高的钢筋混凝土建筑物。

美国的建筑发展和美国人对建筑设计的不断探索息息相关。早在 19 世纪 70 年代，美国就出现了芝加哥学派，并为美国的现代建筑奠定了基础。首先它突出了功能在建筑中的地位，探讨了新技术在高层建筑中的应用，为美国高层建筑的发展开辟了新纪元。一些建筑大师也对美国的现代建筑发展产生很大影响。如赖特、密斯·凡·德·罗、格罗皮乌斯等都在美国大学任教，或在美国从事建筑设计。此外，法国的勒·柯布西耶、芬兰的阿尔托和瑞士的吉迪安等也经常到美国讲学，这样也就奠定了欧洲的现代建筑派理论在美国的根基，从而逐渐形成了美国的现代主义建筑。20 世纪 50 年代以后，美国在现代主义建筑基础上，出现了多种倾向，如雅典主义倾向、讲究技术精美的倾向，以及追求个性、注重理性、突出科技等倾向，并将这些建筑思潮影响到欧洲。到 20 世纪 70 年代以后，美国的建筑思潮已转入多元化时期，尤以后现代主义建筑在美国的影响最大，后又流行折中主义思潮。总之，美国作为一个多民族、多文化的国家，各种建筑思潮同时流行也就不足为怪。

3. 日本

第二次世界大战使日本的经济遭到重创。但经过十几年的恢复，到 20 世纪 60 年代，日本不论是工业生产还是科学技术都迅速发展，工业产值以 13%的增长率逐年增长。

二战后，日本首要解决的问题便是住房问题，当时的日本缺房户达 420 万户。1945 年战争结束后，日本政府便立即着手建造简易住宅 30 万套，以应急用。此后的 10 年间，住宅建设速度不快，直到 1955 年才开始了大规模的建设。20 世纪 60—70 年代的 10 年是日本经济大发展时期，建筑业也随之相应高速发展，其每年的住宅建筑量已达 100 万套。1980 年国家制订了最低居住水平和平均居住水平，规定最低限度每户建筑面积为 59 m^2。此外，日本的住宅建设已全面走上工业化的道路，大力发展钢筋混凝土和预应力钢筋混凝土装配式结构体系，积极应用新型建筑材料，推行工业化生产等。

二战期间广岛市被原子弹破坏，为了纪念死难者和制止战争，日本政府决定在爆炸位置建筑和平中心。1949 年由丹下健三设计纪念碹门和两层楼纪念馆(图 11－6)。1954 年中日民间友好恢复后，在藤泽市建造了中国作曲家聂耳的纪念碑，设计者是山口文象，纪念碑造型平稳，象征着作曲家与人民融为一体(图 11－7)。

11－6　广岛和平中心纪念馆与纪念碹门

图 11－7　日本藤泽市聂耳纪念碑

日本城市人口增长很快，人口密度大，地价昂贵，所以日本大城市除向外部扩大外，只能向高空或地下发展。20 世纪 60 年代以后，日本的大型公共建筑、商业建筑、体育建筑、高层建筑等类型都有突出的发展，建筑的新结构与新技术的应用也取得了相当的成就。大型的商业建筑一般设计成多功能的，把办公、旅馆、影剧院、停车场等结合在一起。大厦常和露天广场一起布置，为人们提供户外的休息场所，如东京新宿区的住友银行三角广场、三井大厦广场等。日本的购物中心是另一种形式的商业建筑，它是以一两个大型的综合商场，当中以步行街的形式与低层的专业商店相连，组成一个庞大的建筑物，如 1981 年建成的千叶县购物中心。日本的商业建筑中地下商业街所占的比重也很大，有的地下商业街规模很大，犹如地下城镇一般，如 1966 年建成的东京八重洲地下商业街，其面积达 68468 m^2。

日本虽是东方国家，但受西方影响较大，西方的建筑思想也渗透进来。总体看来，二战后日本建筑的发展，一直走着现代化建筑的道路，但在建筑创作与继承传统方面也出现争论。如日本建筑师丹下健三、武基雄等主张立足自身，发扬本国建筑传统；而以前川国男、吉阪隆正等为代表的西洋派，他们多数留学欧美，主张全面继承西方建筑理论。但在 20 世纪 60 年代以黑川纪章为代表的青年建筑师则选择了另一条道路。他们吸收西方建筑理论的精髓，结合日本建筑的特点，走一条传统建筑与现代建筑相结合的道路。除探讨建筑理论问题外，他们还创作了不少很负盛名的建筑作品，如东京代代木体育馆，采用了先进的悬索结构，但建筑造型都有很浓郁的日本乡土风格，这真是一次现代与传统的有机结合，且是一个极富个性的体育中心。

日本的文化建筑很注意结合日本传统手法。如 1961 年建成的东京文化会馆，设计者是前川国男。1963 年由大谷幸夫设计的京都国际会馆，造型近似传统神社叉形架，既象征国际合作，又具有耐震稳定作用(图 11 - 8)。

图 11 - 8　京都国际会馆

随着日本建筑技术的发展，20 世纪 60 年代后日本开始发展高层建筑，1968 年东京三井霞关大厦高 36 层，首次突破 30 层高度；1970 年建成高 47 层的东京新宿京王广场酒店；1974 年建成高 52 层的东京新宿住友大厦，同时竣工的还有 55 层高的新宿三井大厦。

总之，日本的建筑发展同其经济发展一样，非常快速。在建筑设计思想等方面受西方影响较大，同时也有不少建筑师结合本民族传统文化手法在新建筑上进行应用。

4. 苏联

第二次世界大战后，苏联开始在战争废墟上重建家园。早在 20 世纪 30 年代初，苏联就提出了“社会主义现实主义”的创作方针，并在二战后也把这个方针作为建筑设计的主导思想。

苏联提出的社会主义现实主义是指:“在建筑领域内,社会主义就意味着建筑的思想性与艺术形象真实性的结合,应当充分地符合每个建筑物的技术、文化、生活要求,符合最高的经济性与建筑施工技术的完善性。”其主张建筑形式的审美价值与实用价值的统一,反对形式主义,反对脱离实际盲目追求形式,一切都要从现实出发。

二战后初期,苏联只片面强调重工业,对住宅建筑不重视,矛盾较突出。到60年代初,其认识到了问题的严重性,并且开始了大规模的住宅建设,每年建设约1亿 m^2,到70年代末,人均居住水平已达7.14 m^2。在住宅建设中,大力推行大型预制构件,实行住宅建筑工业化。总之,苏联住宅建设尽管起步较晚,但是其建设速度与数量还是相当可观的。

苏联在20世纪50年代开始建造高层建筑。1950年兴建了第一批高层建筑,其中包括26层的莫斯科大学和斯摩棱斯克广场上的高层行政大楼(图11-9)。70年代初,苏联在莫斯科加里宁大街规划兴建了一批高层建筑,其造型是现代建筑风格的(图11-10)。

图11-9　莫斯科斯摩棱斯克广场的高层行政大楼

图11-10　莫斯科的加里宁大街

苏联一直重视纪念性建筑物的建设，二战后，一批纪念二战胜利、怀念英雄的纪念性建筑遍及全国各地，而且构思新颖，寓意深远(图 11-11)。

图 11-11　莫斯科的二战纪念碑

➢11.1.2　二战后各国建筑工业化的发展

自第二次世界大战以后，随着整个科学的发展以及工业技术的不断前进，人们的物质和文化生活水平不断提高，相应地对于建筑科学提出了更新、更高、更广的要求。建筑工业化问题就是各国亟待解决的建筑发展问题之一。由于许多国家遭到战争的破坏，因而住房极度困难，此外随着各国经济建设的发展，城市人口猛增，住房就更成为一个急需解决的大问题。为了加快建设速度，减轻劳动强度，节约投资，只有走建筑工业化的道路。

建筑工业化的发展，首先得益于新型建筑材料的研制与发展。这样不仅可以节约地球上的材料资源，还拓宽了建筑工业化应用范围。如塑料、合成树脂、铝合金玻璃等的生产及应用，高强混凝土、轻骨料混凝土、纤维混凝土等的研制与应用，都大大地促进了建筑工业化的发展。纵观各国的建筑工业化方法，基本有以下几种。

1. 发展预制装配式结构建筑

预制装配式结构建筑的特点是将建筑主要构件在工厂加工制作，然后送到现场进行安装，如大板建筑。大板建筑是住宅建筑工业化的主要发展趋势，许多国家都推广这种建筑体系。在苏联大板住宅建筑占 57%左右，法国的大板建筑技术也比较成熟，而且采用大板建造高层建筑。大板建筑的建筑围护材料采用预制混凝土墙板。为了适应高层建筑，有的国家又采用了预应力钢筋混凝土做骨架，然后再用夹有泡沫塑料的镀锌薄钢板或铝板的预制墙板做围护结构。这种板式体系与常用的梁、板、柱结构体系相比，具有很多优点，如空间整体刚度大、抗震性能好、构件类型少、施工简便、经济效果明显等。第一个主要用预制混凝土外墙板的大型建筑物是 20 世纪 50 年代勒·柯布西耶设计的马赛公寓。英国的哈爱特公寓(1961 年)更加简化了构件及装配，使造型更加简洁，为英国的大板建筑起到了示范作用。

盒子结构建筑也是预制装配式结构采用的方法之一，它是近几十年来新发展出来的一种独特建筑形式，也是当今装配式程度最高的一种建筑形式。它与大板建筑相比更为先进，它是把一个房间连同设备装修，按照定型模式，在工厂中依照盒子形式完全做好，然后运送到现场一次吊装完毕。它属于一种立体预制构件，其工厂预制程度可达70%～80%，施工现场的工作只需吊装，这样施工周期可大大缩短。此外，盒子建筑在节约用料上比其他类型建筑都要节省，与传统建筑相比它还有自重轻的特点，所以盒子建筑也是一个很有发展前途的建筑工业化方法之一。

2. **发展工业化建造体系**

通过20世纪50年代以后十几年的发展，各国将工厂预制构件和施工现场有效地结合起来，形成最理想的施工方式，从而形成了各自完整的建造体系。这些体系从专用向通用体系发展，使建筑工业化程度越来越高。在英国有轻钢构架CLASP学校建造体系（图11－12）。在美国有SCSD学校建造体系、Techcrete住宅体系。法国有凯默斯（Camus）住宅体系（图11－13）。这些都是经过多年研究发展起来的严密的建筑体系。

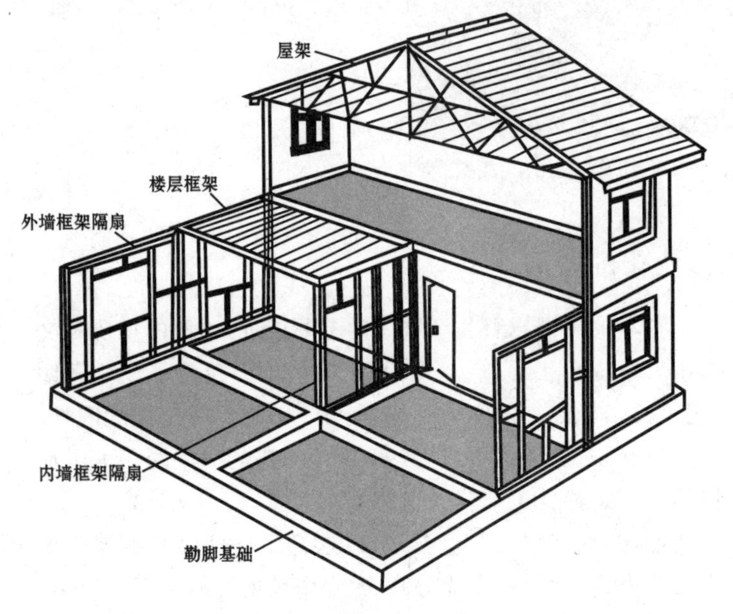

图11－12　英国框架隔扇装配式轻型钢结构建筑构造示意图

图11－13　法国凯默斯式住宅

➢11.1.3　高层及大跨度建筑

1. **高层建筑发展的原因**

高层建筑最早出现是在19世纪末，但得到广泛推广与发展是在20世纪，尤其是在二战之后。这是由于二战后，在一些资本主义国家里，城市人口高度集中，如纽约、芝加哥、东京、新加坡等城市用地十分紧张，地价昂贵，为了在有限的土地上能最大限度地增加使用面积，发展高层建筑可以解决住房缺乏以及城市规划等一系列问题；发展高层建筑可以扩大市区空地，有利于增加城市绿化，改善环境卫生；在建筑群布局上，可以改善城市面貌，丰富城市景观。特别是现代建筑结构、材料及施工技术的发展，以及电子计算机的应用等，为高层建筑的发展提供了物质及科学基础。

高层建筑的发展和一个国家的经济、科学技术水平等有直接的关系。如果没有先进的物质、技术手段作保证，是不可能发展高层建筑的。在一些发达的资本主义国家里，不少大公司、大财团积极发展高层建筑或超高层建筑，其用意是展示自己的财力、科技实力，从而也加快了高层建筑的发展。

2. 高层建筑发展的过程

高层建筑的发展到目前为止有100多年的历史。纵观高层建筑的发展历史，可以看到垂直交通问题的解决与否，左右着高层建筑的发展。19世纪中叶以前，欧美城市的建筑都在6层以内，1852年奥蒂斯在美国发明载重升降机后，高层建筑的发展才有了质的飞跃。这以后高层建筑的发展大致分为两个阶段。

第一阶段：从19世纪中叶到20世纪中叶，由于电梯的发明使用，城市高层建筑不断出现。19世纪末，美国高层建筑已达29层，高118 m；1913年，纽约建成了渥尔华斯大厦，57层，高234 m；1931年，纽约帝国大厦建成，102层，高380 m。

第二阶段：20世纪中叶以后，资本主义国家的经济状况逐渐好转，在建筑结构中已发展出一系列先进的结构体系，使高层建筑的发展又出现了高潮。在20世纪六七十年代的美国，高层建筑相当普遍，从40～60层到100层以上，高度不断增加。在近30年左右，随着亚洲和非洲经济的发展，在这些地区高层建筑的发展同样也很快。

3. 高层建筑的划分

1972年国际高层建筑会议规定，高层建筑一般以层数多少划分为四类：

第一类高层：9～16层(最高到50 m)；

第二类高层：17～25层(最高到70 m)；

第三类高层：26～40层(最高到100 m)；

第四类高层：超高层建筑，40层以上(100 m以上)。

国际会议的规定具有普遍的指导意义，但不少国家都将高层划分为30～40层，在欧洲20层即定为高层。

由于各国的经济实力不平衡，以及对高层建筑的认识有差异，所以各国发展高层建筑的政策也不尽相同。

在欧洲，法国是工业化程度很高的国家，但城市规划中为了保护古建筑，城市中心是看不到高层建筑的，高层建筑多建在市郊。1973年建成的蒙帕纳斯大厦，59层，高209 m，采用内筒加外钢柱结构体系。

在意大利，高层建筑发展较早，早在20世纪50年代，米兰就已建成了30层的皮瑞利大厦。意大利的高层建筑发展多集中在写字楼、办公楼上，居住建筑中的高层建筑数量不多。

在苏联，20世纪50年代后曾出现过高层建筑热，20世纪60年代有26层的莫斯科大学建筑。此外，1962年建成了540 m高的电视塔。

在北欧国家及英国等国家，高层建筑修建得不多，这和这些地区人口较少、用地不紧张有关。

在亚洲，多地震国家日本在20世纪60年代后废除以前的30 m高度的限制，开始兴建高层建筑。20世纪60年代建成新大谷饭店，17层。70年代建成京王广场酒店，47层，高169 m，为钢结构。以后日本又陆续建成了新宿住友大厦，52层；新宿三井大厦，55层；阳光大厦，60层，高240 m，结构为筒中筒。在亚洲其他国家和地区，如马来西亚、新加坡、中国，都有一些超高层建筑，并且随着经济实力的逐渐增强，高层建筑的发展将是前途光明的。

在北美洲，加拿大的高层建筑发展非常突出。如20世纪60年代中叶建成的多伦多市政厅大厦；70年代建成的多伦多市第一银行大厦，72层，高285 m；1976年建成的多伦多电视塔,高达 553.3 m。

美国之所以说是高层建筑的发源地,是因为其发展高层建筑的历史已有 100 多年,其高层建筑无论在数量上、质量上、施工经验上都称世界第一。它在每个时期的代表作品都在同时期世界范围内处于领先地位。下面就是每个时期的美国高层建筑代表作品。

1879 年,芝加哥学派的创始人詹尼设计的第一拉埃特大厦,它是一座 7 层砖墙与铁梁柱的混合结构。

1892 年,伯纳姆与鲁特设计的卡匹托大厦,22 层,高 91.5 m,钢框架,是 19 世纪美国最高建筑,此建筑有一个东方庙宇式的屋顶,是折中主义设计手法的体现。

1903 年,英格尔斯大楼,高 16 层,是世界上第一座钢筋混凝土结构的高层建筑。

1913 年,吉伯特设计的纽约渥尔华斯大厦建成,57 层,高 234 m(图 11-14),外形采用的是哥特复兴式的手法,建筑随着高度的上升而逐渐后退,这对以后的高层建筑的造型影响较大。

1931 年,纽约帝国大厦建成,102 层,高 380 m,是当时世界上最高的建筑物。这以后到二战时期,高层建筑发展滞缓,二战后,高层建筑又开始随经济复苏而发展。

1950 年纽约联合国大厦建成(图 11-15),造型呈板式,为今后发展板式高层建筑奠定了基础。

图 11-14　纽约渥尔华斯大厦

图 11-15　纽约联合国大厦

1952 年,SOM 建筑设计事务所设计的纽约利华大厦建成(图 11-16),共 24 层,全部采用玻璃幕墙,在板式建筑的设计中采用了新手法,使玻璃幕墙建筑风靡一时。

1965 年,芝加哥双塔式的玛利那城大厦建成(图 11-17),这是由于板式建筑风阻大,所以塔式高层建筑又开始流行,这座大厦共 60 层,高 177 m。

图 11－16 纽约利华大厦

图 11－17 芝加哥玛利那城大厦

1970 年，SOM 建筑设计事务所设计的芝加哥汉考克大厦建成（图 11－18），100 层，高 343.5 m，矩形平面，在四个立面上，突出的是五个十字交叉的巨大钢桁架支撑，再加上四角垂直钢柱以及水平的钢横梁，从而构成了桁架式筒壁，使大厦造型独特。

1973 年，纽约世界贸易中心大厦建成（图 11－19），大厦由两座完全一致的双塔建筑组成，110 层，高 411.5 m，另有地下 7 层。设计者是雅马萨基（Minoru Yamasaki，日本名为山崎实）。两座高塔的建筑面积达 1200000 m^2，总投资 7.5 亿美元。高塔平面为正方形，每层边长 63 m，外观为方柱体，为筒中筒结构体系。两座建筑物全部采用钢结构，共用去 192000 t 钢材。外墙面用铝材饰面，用量达 200000 m^2。每座大厦设有快速分段（分三段）电梯 23 部，速度为 486.5 m/min，分层电梯 85 部，每部可乘 55 人。地下有商场、地铁车站，并有四层汽车库，可停车 2000 辆。其设备层分别设在第 7、8、41、42、75、108、109 层上。第 110 层为屋面桁架层。大厦下部为商业区，在第 44 层及 78 层设有银行、邮政、公共食堂等服务设施，107 层为营业餐厅，其中一座大厦屋顶设 100.6 m 的电视塔，另一座大厦屋顶开放，供人游览。大厦其他层为办公层，每天可供 5 万人办公。大厦投入使用后，由于人流拥挤，分段分层电梯系统复杂，窗户窄小，使用不够方便。2001 年 9 月 11 日大厦坍塌。

图 11－18 芝加哥汉考克大厦

图 11－19 纽约世界贸易中心大厦

1974 年，由 SOM 建筑设计事务所设计的芝加哥西尔斯大厦建成，110 层，高 443 m，是世界上最高建筑物之一(图 11－20)，建筑总面积 418000 m^2，总投资为 1.8 亿美元。大厦结构采用筒束体系，建筑平面为 69 m×69 m 的正方形，由 9 个 23 m×23 m 的单元构成，每个单元即为一个筒体。这 9 个竖筒分别在不同层数上截止，从底部到 52 层便开始去掉 2 个竖筒，到 67 层时再去掉 2 个，到 92 层又去掉 3 个，竖筒削减都是按对角线削减的，以上由 2 个竖筒直升到顶，这样既在造型上可以变化，又可减小风速。大厦顶部允许位移900 mm。大厦内部设有高速电梯 102 部，有 5 个设备层，建筑用钢量为 7.6 万吨，混凝土用量为 55700 m^3。

图 11－20　芝加哥西尔斯大厦

1976 年，芝加哥水塔广场大厦建成。这是一幢 76 层的钢筋混凝土结构大楼，高 260 m，结构也采用套筒式，地下 4 层是车库，地面以上 1～7 层是商场，并有 1200 个座位的剧场和两个大商场，8～9 层为办公用房，12～31 层为旅馆，设有 450 套客房，33～73 层为公寓。

1984 年，美国电报电话公司大楼建成，这是美国现代主义建筑大师菲利普·约翰逊(Philip Johnson，1906—2005 年)的作品(图 11－21)。这座大厦套用了欧洲文艺复兴建筑的某些样式，使这座 20 世纪 80 年代的商业大厦具有古典的装束，这个转变说明约翰逊加入后现代主义建筑的行列之中，同时他也为高层建筑的发展开辟了新的天地。

图 11－21　美国电报电话公司大楼

1984 年，约翰逊的另一个建筑作品共和银行中心大厦建成，大厦位于得克萨斯州的休斯敦市中心，银行的营业大厅高达 24 m。大厦由高塔和一低层建筑组合而成，高塔高 238 m，高塔的外部设计在体形、材料和细部处理上都注意与低层建筑相协调，高塔顶由南向北逐渐迭落，形成三段台阶式山墙屋面，造型别致、优雅(图11-22)。

另外，这期间建造的超高层建筑也不少，如休斯敦贝壳广场大厦、波特兰的太平洋公司大厦、纽约奥林匹克大厦、纽约世界金融中心等，但高度和层数上都没有超过西尔斯大厦，都是在质量上下功夫。

4. **高层建筑结构体系的变革**

高层建筑的结构体系是发展高层建筑非常关键的技术。多层及高层、超高层建筑结构体系的变革情况如下。

(1)砖石结构体系。其优点是取材容易，耐久性、防火性好；缺点是自重大，强度很低。它适合6～8层的建筑，如加强一些技术处理，可达到20层。

(2)框架结构体系。这种体系建筑布置上较灵活，适应性较强，用料省；缺点是对抗水平荷载的刚度和强度较差。钢筋混凝土框架结构以不超过20层为宜，钢框架以不超过30层为宜。

图11-22 休斯敦共和银行中心大厦

(3)剪力墙结构体系。剪力墙一般为钢筋混凝土墙，它可以抵抗水平外力。这种结构体系弥补了框架结构体系的抗水平荷载能力差的缺点。工程实践中，一般多采用框架-剪力墙体系，使结构更为合理。钢筋混凝土框架-剪力墙体系可建到35层，钢结构框架-剪力墙体系最高可建60～70层。

(4)筒体体系。它是目前用于高层建筑与超高层建筑的最先进的结构体系之一。它的特点是由一个或几个筒体作为竖向承重结构，加强了整个建筑的刚度，平面布置灵活，节约材料。按筒的布置方式不同，可分为内筒式、框架筒式、筒中筒式及筒束式等。各种筒体结构不同，适应层数也不一样，一般在30～140层之间。

纵观高层建筑的发展，可以看到它和一个国家的经济实力、科技实力等有着密不可分的关系。在20世纪六七十年代，随着美国为代表的西方国家经济实力的猛增，高层建筑也迅猛发展。从高层建筑的发展趋势看，随着各国经济的发展，高层建筑还会向更高、更精的方向发展，而且在质量上更为讲究，并探索更先进的结构体系。

5. **大跨度建筑**

大跨度建筑从19世纪末开始发展，1889年巴黎世界博览会上展出的法国机械馆，采用了当时先进的结构体系——三铰拱，跨度达115 m。进入20世纪以后，一些大型公共建筑，又促使大跨度建筑结构向前探索。各种高强、轻质新材料的出现，以及结构理论的进步，都为大跨度结构的发展创造了充分的条件，并在探索大跨度结构体系方面，积累了不少经验。纵观大跨度建筑的结构形式，除了传统的梁架或桁架屋盖外，比较创新的结构有各种钢筋混凝土薄壳与折板结构、悬索结构、网架结构、钢管结构、张力结构、悬挂结构、充气结构等。

(1)薄壁壳体空间结构。早期的薄壳结构可以追溯到古罗马的万神庙，那时的壳顶为球壳，是最原始的一种。从那以后，人们不断地进行大空间的探索，特别是自20世纪以来，在壳顶造型上加以改进，设计出了双曲壳、扭壳、双曲抛物线扭壳、折板壳等。

(2)壳体结构。壳体结构是根据动物的卵壳仿生发展起来的，它的特点是用最少的材料，获得最大的效果，有的百米大跨度壳厚仅几厘米。现在世界上采用薄壳结构的大型建筑很多，如1950年建造的意大利都灵展览馆。1957年建造的罗马奥运会的小体育馆也为网格穹窿形薄壳结构。1959年建造的罗马奥运会大体育馆的屋盖是采用波形钢丝网水泥的圆顶薄壳。

(3)折板结构。折板结构也属薄壁空间体系,它施工简便,常采用的是预应力V形折板,在大跨度建筑也有应用,如1958年建成的联合国教科文组织的会议大厅的屋盖,便是实例。

(4)悬索结构。悬索结构是用悬挂的绳索来承受荷载的一种结构体系。它是受悬索桥的启发加以改进,并应用于建筑上的。现在各国对悬索结构的研究日益成熟,通过对新材料的研制,特别是高强钢丝的出现,对悬索结构的发展,提供了良好的条件。悬索结构多用于60～150 m左右的大跨度建筑物上,并且它有自重轻、节约钢材等优点。但它也有不足之处,即在强风引力下,容易丧失稳定。因此,在实际应用时要求技术较高。悬索结构的类型很多,一般可分为单曲面和双曲面两大类,常见的马鞍形悬索结构就是双曲面的一种,如1954年建成的美国罗利市的牲畜展赛馆(图11-23),1957年西柏林世界博览会上美国建造的牡蛎形的会堂,都是马鞍形悬索结构的代表。1964年日本建筑师丹下健三设计的东京奥运会大小两个体育馆更使悬索结构在技术上、造型上有所创新(图11-24)。

图11-23　美国罗利市牲畜展赛馆

图11-24　东京奥运会大小体育馆

(5)悬挂结构。悬挂结构体系与悬索桥的基本原理相同。1972年美国在明尼苏达州明尼阿波利斯市建造的联邦储备银行,即采用了这种悬挂结构体系,把16层的办公楼悬挂在100 m跨度的空中(图11-25)。

(6)张力结构。这是在悬索结构的基础上发展起来的。它是一种超轻结构,用钢索或玻璃

图 11－25 美国明尼阿波利斯市的联邦储备银行

纤维织品作为张力结构部件，其最大特点是覆盖面积特别大，是一般的结构体系难以达到的。另外，它还有施工简便、速度快等特点。在 1967 年蒙特利尔世界博览会上，由罗尔夫·古特布罗德和弗雷·奥托设计的联邦德国馆就是采用钢索网状的张力结构(图 11－26)。另外，沙特阿拉伯也修建了一座张力结构的国际体育馆，跨度为 288 m，是目前世界上跨度最大的此类结构建筑。

图 11－26 1967 年蒙特利尔世界博览会联邦德国馆

(7)网架结构。这是一种目前比较先进的结构体系，近 40 年来发展较快。它是用许多杆件组成的网状结构，特点是重量轻，整体性好，刚度大，适应性强。其跨度可达 200 m，其形式可分为平板型、曲面型两种。目前，网架结构已被广泛应用在大型体育馆、飞机库等建筑中。1966 年美国得克萨斯州休斯敦市建造的一座圆顶体育馆，采用曲面网架，直径达 193 m(图11－27)。1976 年美国新奥尔良市建造的大体育馆直径达 207.3 m，是世界上特大型体育馆之一。

图 11－27 美国休斯敦市体育馆(1996 年翻新修整)

(8)充气结构。它是20世纪40年代发展起来的一种新式大跨屋盖结构体系,多用于临时性工程或大跨度建筑。充气结构材料一般是用尼龙薄膜、人造纤维或金属薄片等,将其制成封闭型袋状,然后充气膨胀而成的。较有名气的此类建筑是1970年日本大阪举行的世界博览会中美国馆的充气建筑,1975年建成的美国密歇根州庞提亚克体育馆(跨度达168 m),都是大型充气建筑的代表作品。

11.2 二战后建筑设计的主要思潮

第二次世界大战以后,现代建筑设计的思想、原则广泛被人们接受,此时期的建筑思潮与建筑活动和战前相比有很大的变化。建筑理论的探索特别活跃,但它们都以现代建筑为主导,其总的原则是主张创新,建筑要有新的功能、新的形式;强调应该与新技术、新材料相结合;认为建筑空间是建筑的主体,建筑的美是通过建筑空间的多种组合表现出来的。纵观二战后的建筑思潮,大致可以分为三个阶段:

第一阶段是20世纪40年代末至50年代下半叶。这个时期是建筑理性主义倾向发展、成长时期。另外,以阿尔托为代表的"人情化"的地方性建筑也有较大影响。

第二阶段是20世纪50年代末至60年代末。现代建筑开始进入多元化时期,表现为粗野主义倾向、典雅主义倾向、技术精美的倾向、高度工业技术的倾向及讲究"个性"的倾向。

第三阶段是20世纪60年代末以后。现代建筑沿着多元化道路发展,但表现出了将现代建筑理论和风格推向极端,由此创立了一种精巧复杂或造作的现代主义风格,被称为"晚期现代主义"(Late Modernism)。另有一支企图从根本上否定现代建筑设计原则的,被称为"后现代主义"(Post Modernism),也在这个时期建立了自己的理论。

11.2.1 二战后建筑设计的主要倾向

1.强调理性主义的倾向

理性主义形成于两次世界大战之间,其代表人物是现代建筑代表人物格罗皮乌斯、勒·柯布西耶等。理性主义与现代建筑的主导思想完全一致,它强调功能,同时又强调理性在建筑中的地位,所以被称为理性主义。

二战后的理性主义,对很多建筑师影响较大,在20世纪四五十年代是建筑设计的主要思潮。他们在掌握理性主义的设计原则与方法的同时,更加注意结合环境,使理性主义设计更富有生命力。1945—1950年,由协和建筑师事务所(由格罗皮乌斯领导)设计的哈佛大学研究生中心便是理性主义设计的实例之一。另外,1951年由密斯·凡·德·罗设计的芝加哥湖滨大道两座高层公寓大楼建成。这两座大楼对20世纪五六十年代美国及世界的高层建筑造型产生了广泛的影响(图11-28)。

图11-28 芝加哥湖滨大道高层公寓

2.强调技术与艺术结合的倾向

二战后,现代建筑的发展紧紧随着科学技术及社会的进展而发生极大的变革，建筑除注重理性主义外，也同样注重技术与艺术的结合。

在探索如何使技术与艺术相结合的道路上，有两种倾向值得注意：一种是以现代建筑大师密斯·凡·德·罗为代表的，在设计中讲究技术精美的倾向，也有人称之为“密斯风格”。“密斯风格”的主要理论依据是密斯·凡·德·罗的名言“少就是多”。他主张简化结构体系、结构构件，净化建筑形式，追求适合功能变化的“全面空间”。在其所有建筑作品中，都可以看到他的这种风格，如二战后的西格拉姆大厦，其设计与施工上的精雕细刻，被誉为纽约最考究的大楼。再如他最后的作品西柏林的新国家美术馆，使讲究技术上的精美达到了顶点。

另一种倾向是利用建筑结构形式及结构构件去再现建筑艺术的表现方式，意大利的奈尔维是突出的代表人物。另外，埃罗·沙里宁在华盛顿郊区设计的杜勒斯国际机场候机楼把建筑的技术与艺术高度结合，创造出具有强烈表现力的建筑形式(图 11-29)。

图 11-29 华盛顿杜勒斯国际机场候机楼

3. 粗野主义倾向

粗野主义(Brutalism)是 20 世纪 50 年代下半叶到 60 年代中流行的一种建筑设计倾向。粗野主义建筑的形象多表现粗犷，建筑饰面多用石砌、清水墙或由粗糙的混凝土构件组成。粗野主义这个名称最初是由英国的一对建筑师史密森夫妇于 1954 年提出的，但在这之前法国建筑大师勒·柯布西耶设计的具有粗野主义建筑倾向的建筑——马赛公寓大楼已经建成，所以粗野主义的代表人物公认为勒·柯布西耶。印度昌迪加尔行政中心也是勒·柯布西耶设计的具有粗野主义建筑风格倾向的建筑作品(图 11-30)，这个大型建筑物好像一个巨大的雕塑品，给人的感觉是一次浇筑成型的，在这个建筑物中，可以看到粗重的雨篷与遮阳板，混凝土浇筑后的模板印子还留在表面，各种预制构件相互接头的地方也处理得很粗糙。这种风格和讲求技术精美倾向的风格正好相反。相比起来粗野主义的建筑经济一些。

粗野主义建筑在法国、英国等欧洲国家较为流行，日本及美国也有一些作品，到 20 世纪 60 年代末逐渐被其他风格取代。

图 11-30 印度昌迪加尔行政中心

4. **典雅主义倾向**

典雅主义(Formalism)是运用传统的美学法则来使现代的材料与结构产生规整、端庄与典雅的庄严感。典雅主义倾向在某些方面很像讲求技术精美的倾向,前者更注意钢筋混凝土的表现,后者主要讲求钢和玻璃结构在形式上的精美。

典雅主义风格主要流行于美国,它的代表人物主要是美国的菲利普·约翰逊、爱德华·斯东(E. D. Stone,1902—1978年)和雅马萨基等第二代建筑师,他们的作品多给人们一种古典主义的建筑形式,建筑富有条理,建筑形象常使人联想权力与财富。

1955年,斯东主持设计了美国在新德里的大使馆(图11-31),这是一个具有典雅主义风格的作品,建筑的四周是一圈两层楼高的、带有镀金钢柱的柱廊,柱廊后面是白色的漏窗式幕墙,后面还有玻璃墙用于保温,建筑外观端庄典雅,金碧辉煌。另外,约翰逊为内布拉斯加州立大学设计的谢尔屯艺术纪念馆及纽约的林肯艺术中心都给人们一种精心设计、精心施工、既古典又新颖、建筑技术精湛的形象。

图11-31　美国在新德里的大使馆

5. **注重高度工业技术的倾向**

注重高度工业技术的倾向简称重技派,这种建筑倾向主要活跃在20世纪六七十年代的欧美,在建筑表现上坚持采用新技术,并在建筑美学上力求表现现代结构、现代设备等现代科技成果。

这种风格提倡建筑应有适应性,主张用最新的材料,如钢、硬铝、塑料和各种化学制品,来制造体量轻,用料少,能够快速与灵活地装配、拆卸与改建的结构与房屋。对于结构构件以及设备管道,从不加掩饰,尽情暴露于外。这种风格的建筑打破了人们对于建筑的固有形式的习惯观念,把技术置于至高无上的地位。但这种风格同样注意尽量接近人们所习惯的生活方式与美学观,以迎合人们的审美要求。

注重高度工业技术倾向的建筑作品很多,其代表作品首推1977年由第三代建筑师伦佐·皮亚诺(Reuzo Piano)和理查德·罗杰斯(Richard Rogers)设计的蓬皮杜国家艺术文化中心[图11-32(a)],这个中心包括现代艺术博物馆、公共情报图书馆、工业设计中心和音乐与声乐研究所四个部分,前三部分集中在一栋长168 m、宽60 m、高42 m的六层大楼中,音乐与声乐研究所则布置在南面小广场地下。

这座大厦从建筑形象到结构安排均和普通建筑两样。在结构上采用了预制装配式钢管桁架梁柱结构，建筑内部空旷无固定分隔。特殊之处在于桁架与柱子的连接犹如现今的钢管脚手架，全部暴露于外；内部顶棚板下，满布多种管线，隔墙不到顶，各种设备管道全部暴露在外[图 11-32(b)]，并涂上各种颜色，红色的代表交通设备，绿色的代表供水系统，蓝色的代表空调系统，黄色的代表供电系统。面向广场的西立面，有一条由下而上的自动楼梯，用有机玻璃饰面，宛如一条巨龙腾空而起。

(a)

(b)

图 11-32 蓬皮杜国家艺术文化中心

这座反传统展览建筑外观、强调现代科技的建筑，于 1977 年 2 月开馆，便引起了全世界各界人士的极大反响。反对的人们说它像一个化工厂，与巴黎的文化格格不入；赞同的人们说设计勇于创新，突出强调科技，反映了新时代的要求。

1979 年建成的西柏林国际会议中心也是一个以技术美学思想为构思的著名建筑物。该建筑的设计者为建筑师拉尔夫·舒勒和鲁舒莉娜·舒勒·维特。这个庞大的建筑物长 313 m，宽 85 m，高 40 m(图 11-33)。该建筑物内部功能复杂，大会议厅可容纳 5000 人开会。大宴会厅可同时容纳 4000 人就餐，整个中心可同时容纳 2 万人。因为内部有许多大跨度厅堂采用了特殊的结构体系，从外部可见巨大的钢桁架。西柏林国际会议中心内部机电设备先进完善。整个建筑被当作一个庞大复杂的机器来处理，体现了 20 世纪未来派的建筑主张和技术美学思想。

图 11-33 西柏林国际会议中心

在同一时期的日本，著名日本建筑师黑川纪章、丹下健三等同样主张建筑应遵循事物的生长、变化与衰亡的原则，极力主张采用最新的技术来解决新形式，认为建筑不应该是一成不变和静止的，而应该是像生物的新陈代谢那样，具有一种动态过程，所以被称为新陈代谢派。新陈代谢派的基本立场同重技派的观点基本相仿。因为他们都认同高度工业技术在建筑中的主导地位。丹下健三设计的山梨文化会馆(图 11-34)就是一座以新型的工业技术革命为特征的建筑。

图 11-34　日本山梨文化会馆

6. **建筑的民族化与人情化倾向**

二战后讲究民族化与人情化的倾向，多是指建筑功能灵活，使用方便，空间处理自由活泼，使人感到空间不仅是简单流动，而是在不断延伸、变化的建筑风格。

讲究建筑民族化与人情化倾向，主要以北欧为活动中心。在北欧，工业化程度不如西欧发展得那么快，政治与经济也不像西欧那么动荡。所以，北欧的建筑一向都是比较朴素的，并且结合自己的具体实际形成了具有北欧特点的民族化与人情化的建筑。另外，日本在探索民族的地方性建筑方面也做了不少尝试，设计建造了不少具有民族特色的建筑。

在探索民族化与人情化建筑倾向的活动中，芬兰的第一代现代建筑大师阿尔瓦·阿尔托(Awar Aalto，1898—1976 年)可以说是一位杰出的代表人物，他设计的建筑作品能够反映时代的要求，并结合本民族本地区的特点，创造出独特的艺术风格。他的建筑不再是工业化与标准化的佳作，其具体表现为：有时用砖、木等传统建筑材料，有时用新材料与新结构；在建筑造型上，常以柔化环境为目的，喜欢用曲线或波浪形，在空间布局上做到有层次、有变化。他在 1952 年设计的珊纳特赛罗市政中心，就是他设计风格的最好体现(图 11-35)。这组建筑位于一个小山坡上，由会堂、办公楼、图书馆和一些小商店围合的一个四合院，就着地势高低，布置成参差错落的轮廓线，入口在内院的一角，通过自由的台阶可以拾级而上，院内外都有树丛，使整组红砖建筑完全融化在自然风景之中，为自然增辉。

图 11-35　珊纳特赛罗市政中心

另外，在他的另一个作品美国麻省理工学院学生宿舍贝克大楼中，可以看到7层的大楼采用波浪形的外观设计，减轻了建筑的沉重感，使他独特的设计手法再次显现出来(图11-36)。

图11-36 美国麻省理工学院贝克大楼

7.追求个性及象征性的倾向

追求个性及象征性倾向的建筑师，往往对千篇一律的现代建筑风格感到厌烦，喜欢设计自己喜欢的东西，所以在建筑形式上多千变万化，力求和别人的建筑有所区别。他们的设计手段一般是运用几何形构图，运用抽象或具体的象征手法，使建筑绝不雷同。

在运用几何形构图中，美籍华裔第二代现代建筑大师贝聿铭所设计的美国华盛顿的国家美术馆东馆1978年完成(图11-37)，便是一个杰出的代表作品。

图11-37 华盛顿国家美术馆东馆

该馆位于华盛顿的中心，在国会大厦及白宫附近，地形是一块梯形地带。设计者经过周密思考，将平面设计成由两个三角形——一个等边三角形(美术展览馆部分)和一个直角三角形(视感艺术高级研究中心)组成，两个部分既有联系，做到了整体统一，突出建筑的个性，又与环境相结合。其立面体形则由一些棱角分明的几何体组成，没有采用任何线角装饰，全部采用粉红色大理石贴面，简洁明快，巨大的光泽实墙与入口部分形成了鲜明的虚实对比，使几何形体更为明显，个性更为突出。美术馆的另一经典之处在于屋顶结构是以三棱锥体焊接的钢与玻璃顶棚，阳光透过顶棚洒满大厅之中，与光洁的大理石墙面相互辉映，变幻多端，光彩夺目。所以，又有人称之为光亮派建筑。

在贝聿铭的另一个作品中更能看到光亮派建筑的艺术魅力。这是 1989 年建成的巴黎卢浮宫扩建工程。扩建部分的入口放在卢浮宫的主要庭院的中央，这个入口被设计成一个边长 35 m、高 21.6 m 的玻璃金字塔(图 11－38)。金字塔的体形简单突出，而全玻璃的墙体清明透亮，没有沉重拥塞之感。

图 11－38　巴黎卢浮宫扩建工程

另外，反映这一倾向的建筑作品，还有 1973 年建成的由丹麦建筑师约恩·乌松设计的澳大利亚悉尼歌剧院。这是一座多功能的文化中心，内有中央大厅、音乐大厅、歌剧院以及各种排演厅、录音厅、展览厅等。该剧院坐落于便利朗角，三面环海，环境优美(图 11－39)。整个建筑设计在一个特大平台上，对于歌剧院、音乐厅、餐厅三个不同功能空间，采用了三组形式相似而方向相反的钢筋混凝土尖拱形，突出于大平台之上。整个建筑远眺恰似一叶帆舟鼓风而驰，具有强烈的动态感。这种采用象征主义手法进行的设计突出了建筑的个性，表现了建筑的特征。整个建筑无论从哪个角度看都很有特点，现已成为悉尼市的标志性建筑物。

图 11－39　悉尼歌剧院

另外，运用象征手法进行设计的还有勒·柯布西耶的朗香教堂，夏隆设计的柏林爱乐音乐厅等著名建筑。

➢11.2.2 晚期现代主义

二战后各种建筑倾向虽然很多,但它们都可以追溯到现代建筑这一根源上。因为它们都共同地讲究建筑的时代性,采用新技术,重视建筑的空间设计等。所不同的是每个建筑作品的侧重点不同,追求的风格不尽一致,所以表现出了多种风格的倾向。现代建筑已经发展了几十年,今后的道路应该如何走?英国的著名建筑评论家查尔斯·詹克斯(Charles Jencks)所说的晚期现代主义也许是现代建筑可以尝试的道路之一。

查尔斯·詹克斯在他所著的《晚期现代建筑》一书中,评述了晚期现代建筑的风格及特征。他认为:“晚期现代主义者在很大程度上将先驱们的理论和风格推向极端,由此创立了一种精巧复杂或做作的现代主义。”晚期现代主义的具体主张是什么呢?詹克斯认为:“晚期现代主义坚持不渝的真理,即美可能产生于工艺技术的完善以及建筑手段,在一定程度上也是它的目标……”晚期现代主义的特征是什么?詹克斯认为:“它夸张了现代主义的若干方面——极端的逻辑性,极端强调流线和机械设备,是对技术进行了做作的、装饰性的运用,是国际式的复杂体现,也是抽象的而不是习俗的形式语言,因而是极其现代的。”詹克斯在总结了建筑设计的历史后得出的结论是:“今天,各种运动可以迅速地遍及全球,断代时间的差距不存在了,代替它的是风格和思潮的多元化。过去的历史断代的时间差距以及今天的多元化使我们知道,优秀的建筑在形式上具有创造性,那么,即使在该时代‘告终’之后仍会出现。这样就可得出以下结论:现代主义或不如说从国际式中汲取了理想主义成分的作品,即使进入21世纪,还会出现。为了和先驱建筑师们的做法、观点加以区别,而把它们称之为‘晚期现代主义’。”这就是詹克斯勾画的晚期现代主义的全貌。

按詹克斯的晚期现代主义理论,日本的建筑师矶崎新的作品,可算是晚期现代主义的建筑作品,法国的蓬皮杜国家艺术文化中心也可以归为这一类作品。

➢11.2.3 后现代主义

后现代主义起源于20世纪60年代中期的美国,活跃于70年代。后现代主义的理论在世界各国的建筑界影响较大。后现代主义的建筑理论可以说是当代西方建筑思潮向多元论方向发展的一个重要流派,它不同于其他建筑倾向的地方在于:①它有较完整的建筑理论及实践;②在建筑设计思想上同现代建筑的各种主张相反。也就是说,它是一个企图全盘否定现代建筑理论的派别。

后现代主义的产生是和20世纪六七十年代现代建筑的发展状况分不开的。现代建筑的美学法则,主要是建立在理性与纯净的基础上,如现代派代表人物密斯·凡·德·罗就曾提出“少就是多”的理论。他追求简洁与超脱,但是这种纯净的理论难免产生单一形式的后果,使不少建筑师对此有反感,并对现代建筑的理论提出了挑战。首先对现代建筑观念进行发难的是来自美国费城的建筑师兼理论家罗伯特·文丘里(Robert Venturi),他在1966年写了一本书,名为《建筑的复杂性和矛盾性》。他在书中说:“建筑师再也不能被正统的现代建筑的那种清教徒式的语言吓唬住了,我赞成混杂的因素而不赞成‘纯粹的’,赞成折中的而不赞成‘洁净的’,赞成牵强附会而不赞成直截了当,赞成含混的暧昧的而不赞成直接的明确的;我主张凌乱的活力而不强求统一。我要意义上的丰富而不要意义上的简洁。”文丘里还针对“少就是多”提出了相反的论点“少就是厌烦”，主张建筑就是要装饰，因为有了装饰才使建筑有个性、有象征，才能不同于构筑物。

1977年，查尔斯·詹克斯在他的《后现代建筑语言》一书中，对后现代主义建筑的理论系统地进行了阐述。他认为现代建筑已经死亡，现在是后现代建筑发展的时候，同时他也为后现代建筑下了定义。他说：“一座后现代建筑至少同时在两个层次上表达自己：一层是对其他建筑师以及一小批对特定的建筑艺术语言很关心的人；另一层是对广大的公众、当地的居民，他们对舒适、传统房屋形式以及某种生活方式等问题很有兴趣。”同时，他为了使后现代建筑有更明确的概念，将其归纳为六方面的内容：①历史主义。倾向于借鉴历史遗产，作为新建筑设计的参考。②复古派。提倡大众化与传统化，要求再现古代建筑。③新方言派。要求建筑有地方乡土特色，有当地居民的生活气息。④个性化＋都市化＝文脉主义。文脉主义的意思是建筑要与环境有机结合，要成为建筑群中的一个有机组成部分。⑤隐喻与玄学。意为用象征主义的手法暗示建筑的内容或表达某种艺术意境。⑥后现代空间。采用复杂的、含混的空间组合，没有明确界限，内外空间互相渗透。后来美国的建筑师罗伯特·斯特恩(Robert A. M. Stern)将后现代建筑的特征归纳为以下三点：①文脉主义；②隐喻主义；③装饰主义。可以看出后现代主义抓住了人们要求从自己的周围环境中获得感情上满足的心理状态，主张装饰性、地方性、识别性等，但它与折中主义的复古、集仿主义有根本的区别。它是把古典建筑中有价值的东西加以消化或给以夸张，使其成为新建筑中的有机部分。后现代建筑派自身有白色派和灰色派之分。白色派注意地方传统，灰色派强调借鉴历史，但他们都对装饰感兴趣。

后现代建筑的作品很多，其中文丘里在1962年为他母亲设计的栗子山母亲住宅可以称得上后现代建筑的经典作品(图11-40)。该建筑建在美国的宾夕法尼亚费城栗子山处，建筑中复杂及富有内涵之处主要在建筑的立面上。整个立面以一个大的山墙面为主，可以看出来自美国式住宅的构思。山墙中间断裂，出自巴洛克式建筑的手法。这种手法一方面表明自己是高贵府邸，另一方面突出山墙尺度和力度。另外，他较好地运用了烟囱、门廊、窗子等建筑要素，使整个立面让人感到含混不清，增加了建筑的艺术趣味。

图11-40　美国费城的栗子山母亲住宅

在后现代建筑作品中，另一个很有影响力的作品是查尔斯·摩尔(Charles Moore)设计的美国新奥尔良市的意大利广场(图11-41)。这个广场是当地意大利团体举行庆典的地方，广场的特别之处在于，它在中间做了一系列的弧形墙面，包括一排古典柱头、拱券、柱顶、柱楣，全都漆上光彩的赭色、黄色、橙色。喷泉的水在周围上下各处喷射，发出响声。水池中有一个由石材砌成的岛屿，这个小岛的形状很明显是一幅意大利地图。整个广场除借鉴历史及采用象征性的手法外，在空间处理上，还具有含混、渗透等后现代建筑的空间特点。

图 11－41　美国新奥尔良市意大利广场

后现代建筑在大型公共建筑上的作品较少，但值得一提的是菲利普·约翰逊在1978年设计的美国电报电话公司大楼。大楼基部设计参考了意大利文艺复兴时期伯齐小教堂的构图，顶部则冠以巴洛克式的断裂山花，看上去更像一个古老的时钟顶。

从后现代建筑的建筑作品中可以看到，其建筑实践的范围主要是一些住宅和小型公共建筑，所以它要发展就必须在各个建筑设计领域进行渗透。另外，后现代建筑批判现代建筑的僵化模式，也促使现代建筑不断摸索，这无疑对建筑的发展起到了推动作用。

11.3　现代科学技术对建筑的影响

随着各国经济的迅猛发展，人们对建筑的要求也就越来越高，随之环境科学也就被提到了建筑的首要地位。它要求建筑师、规划师等从科学的角度来考虑环境中的各种因素。诸如要考虑生态平衡、环境保护、环境心理、环境生态以及能源节约等一系列问题。这些因素便是现代建筑设计方法中所积极探索、研究的目标。

11.3.1　研究环境科学与建筑的关系

近些年来，建筑本身分化出很多新的学科，如环境心理学、行为工程学、形态构成学、建筑仿生学、建筑符号学、节能建筑学、系统工程学、行为建筑学等。这些新学科的崛起，已引起很多建筑学家的广泛重视。

系统理论作为一种新的科学方法，成为推动各种学科向前发展的必要手段，建筑师们也开始运用系统论方法去研究建筑，从而把建筑又推向一个新的领域。

宏观建筑学的出现，使建筑师在考虑建筑的同时，还立足于整个环境、整个城市及区域，最后把“建筑·人·环境”形成一个整体的大系统。这个系统可包括国土整治、城市规划、小区规划和建筑组群。单体建筑作为环境中的一个单元部分，不可能脱离环境、脱离大系统去孤立地考虑设计，这样迟早是要失败的。

行为建筑学也是一门研究人与环境之间关系的学科。它是建筑学、心理学、行为科学的交叉学科。它主要研究建筑、环境对人的思想、情绪、欲望以及需求的影响，即如何能通过建筑的外在形象及内在精神来满足人们的行为及心理需求。行为建筑学的研究，可以让建筑师在设计阶段了解人的心理因素，判断将来人在这类建筑中的行为特点、心理状态以及各种反应，从而做出最合人类需求的建筑设计。

环境心理学是将心理学与环境学结合在一起形成的一门交叉新学科。它从社会环境的动态着手，来研究人的心理与社会环境之间的关系，以及人们在社会活动中的交往、工作、学习等一切行动与社会环境的关系。

建筑符号学的研究最初在20世纪50年代的意大利开始，60年代在世界各地展开。建筑符号学最初由研究符号学开始，然后又用符号学概念研究建筑，从而形成了建筑符号学。一个建筑给人的感受，是因时、因地等诸多因素而有所不同的。有的建筑能被大众接受，这是因为它发出的信息符号，早已与人的思想中已存的"信码"发生联想，于是很快便被欣然接受。由此可见，任何建筑要想被人乐于接受，首先应被接受者所了解。否则，设计者感觉再好也难以被人接受。

节能建筑学的研究已成为各国建筑师极为关切的问题。目前，世界上的能源消耗是相当大的。所以，许多国家都投入了很大精力进行节能建筑的研究。从现在研究的成果看，有如下的特点：①制定建筑节能立法及政策；②制定建筑节能措施，改进建筑设计方法，发展节能型建筑，改善建筑物的隔热保温性能；③在建筑中开发利用太阳能。

➢11.3.2 计算机辅助设计

计算机作为建筑的辅助设计工具，已有几十年的历史。目前世界上在建筑上运用计算机取得巨大成就的国家当属美国和日本。美国在20世纪50年代末就已尝试着在建筑设计中运用计算机。这以后计算机在建筑设计的信息检索、可行性研究、最优化设计、综合效益分析以及绘图等方面均已进入实用阶段，并已取得了实质性的成果。

利用计算机进行信息检索，可以使建筑师在瞬息之间从全世界的通信检索网络系统中获取大量的设计资料。如法国已建立了自动化建筑情报处理系统，可随时为设计人员提供信息资料。

利用计算机提供设计前期的可行性研究，进行设计的预测，完全可代替传统的模型研究方案的做法，并能事先对结构的可靠性提出论据。对一切声、光、电、热的物理性能做出模拟，从而可使设计人员及时获得方案效果的评价。

利用计算机进行最优化设计，对功能、技术、经济等方面进行分析比较，随时提供可行性方案，为获得最佳的综合效益提供可靠的信息。如美国SOM建筑设计事务所对于芝加哥湖畔三幢塔式高层，在其规划设计阶段，曾利用计算机对日照、投资、合理用地、环境因素等进行综合分析，提供了参考方案。

另外，计算机参与了传统的人工绘图工作，把设计人员从烦琐的绘图工作中解放出来。还可以利用三维动画对建筑进行观察，并能对图像进行分解、组合、缩放、移动或更换，以求达到最佳方案。

现在的时代是计算机的时代，相信随着计算机的不断更新换代，计算机软件的不断改进，计算机还会在更多的建筑领域为人类服务。

思考题

1. 简述高层建筑的沿革过程及主要结构体系。
2. 简述大跨度建筑的主要结构体系。
3. 简述第二次世界大战后建筑设计的主要倾向。
4. 简述晚期现代主义的建筑实例。
5. 简述后现代主义的建筑思想及代表作品。

参考文献

[1]李宏.中外建筑史[M].2版.北京:中国建筑工业出版社,2009.

[2]陈志华.外国建筑史(19世纪末叶以前)[M].4版.北京:中国建筑工业出版社,2010.

[3]刘敦桢,陈从周.中国建筑史参考图(非卖品)[Z].南京工学院建筑系、同济大学建筑系合印刷参考资料,1953.

[4]胡志毅.世界艺术史·建筑卷[M].北京:东方出版社,2003.

[5]李穆文.世界建筑史[M].西安:西北大学出版社,2006.

[6]沈福煦.建筑历史[M].上海:同济大学出版社,2012.

[7]李少林.中国建筑史[M].呼和浩特:内蒙古人民出版社,2006.

[8]李少林.西方建筑史[M].呼和浩特:内蒙古人民出版社,2006.

[9]侯幼彬,李婉贞.中国古代建筑历史图说[M].北京:中国建筑工业出版社,2002.

[10]刘敦桢.中国古代建筑史[M].2版.北京:中国建筑工业出版社,2008.

[11]王其钧.永恒的辉煌:外国古代建筑史[M].2版.北京:中国建筑工业出版社,2010.

[12]陈志华.外国古建筑二十讲(插图珍藏本)[M].北京:生活·读书·新知三联书店,2002.

[13]赵思毅,张赟.中国文人画与文人写意园林[M].北京:中国电力出版社,2006.

[14]袁新华.中外建筑史[M].北京:北京大学出版社,2009.

[15]石硕.青藏高原碉楼研究[M].北京:中国社会科学出版社,2012.

[16]徐宗威.西藏古建筑[M].北京:中国建筑工业出版社,2016.